中国通信学会普及与教育工作委员会推荐教材

21世纪高职高专电子信息类规划教材

21 Shiji Gaozhi Gaozhuan Dianzi Xinxilei Guihua Jiaocai

数字电子技术与实训教程

程勇 主编

付宏 副主编

人民邮电出版社

北京

图书在版编目（CIP）数据

数字电子技术与实训教程 / 程勇主编. —北京：人民邮电
出版社，2008.9
21世纪高职高专电子信息类规划教材
ISBN 978-7-115-18691-1

Ⅰ. 数… Ⅱ. 程… Ⅲ. 数字电路—电子技术—高等学校：
技术学校—教材 Ⅳ. TN79

中国版本图书馆 CIP 数据核字（2008）第 127607 号

内 容 提 要

本书按照理论联系实际、循序渐进、便于教学的原则编写，并将仿真软件 Multisim 8 的仿真实训贯穿全书，注重"实训与教学"的统一协调。全书共分 8 章，主要内容包括数字逻辑电路基础知识、逻辑门、逻辑代数与逻辑函数、组合逻辑电路、触发器、时序逻辑电路、脉冲波形的产生与变换、数模和模数转换器、半导体存储器和可编程逻辑器件等。全书叙述简明、概念清楚，知识结构合理、重点突出，深入浅出、通俗易懂、图文并茂，例题、习题、案例丰富，各章均有学习要求、重点难点和小结便于教学和自学。

本书可作为高职高专教育及成人教育电子信息、计算机、电力、电子、通信及自动化等专业学习数字电子技术课程的教材或参考书，也可供相关技术人员参考。

21世纪高职高专电子信息类规划教材

数字电子技术与实训教程

◆ 主 编 程 勇
　副主编 付 宏
　责任编辑 蒋 亮

◆ 人民邮电出版社出版发行　北京市崇文区夕照寺街 14 号
　邮编　100061　电子函件　315@ptpress.com.cn
　网址　http://www.ptpress.com.cn
　北京铭成印刷有限公司印刷

◆ 开本：787×1092　1/16
　印张：14
　字数：352 千字　　　　　　　　2008 年 9 月第 1 版
　印数：1 – 3 000 册　　　　　　2008 年 9 月北京第 1 次印刷

ISBN 978-7-115-18691-1/TN

定价：24.00 元

读者服务热线：(010)67170985　印装质量热线：(010)67129223
反盗版热线：(010)67171154

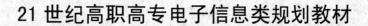

编 委 会

（按姓氏笔画排序）

马晓明	王钧铭	韦泽训	刘建成
孙社文	孙青华	朱祥贤	严晓华
吴柏钦	张立科	李斯伟	周训斌
武凤翔	宫锦文	黄柏江	惠亚爱
滑 玉	蒋青泉	谭中华	

执行编委：蒋 亮

前　言

本书是依据教育部制订的《高职高专教育数字电子技术基础课程教学基本要求》编写的。

本书的编写原则是从高等职业教育的特点及要求出发，结合数字电子技术课程具有较强的实践性特点，以应用为目的，以理论够用为度，讲清概念、结合实际、强化训练，突出适应性、实用性和针对性，注重"实训与教学"的协调统一。

全书共 8 章。第 1 章为数字电路基础，介绍数制与编码，逻辑代数的基本概念、公式和定理，逻辑函数的化简，逻辑函数的表示方法及其相互之间的转换。第 2 章为集成逻辑门电路，介绍分立元件门电路、TTL 门电路和 CMOS 门电路，TTL 门电路和 CMOS 门电路的技术参数以及在实际使用中的一些注意事项。第 3 章为组合逻辑电路，介绍组合逻辑电路的基本分析和设计方法，以及若干典型组合逻辑电路的组成、工作原理及应用，仿真在组合逻辑电路中的运用等。第 4 章为集成触发器，介绍各种集成触发器的结构和逻辑功能，不同逻辑功能触发器的相互转换，仿真测试触发器及其转换。第 5 章为时序逻辑电路，介绍时序逻辑电路的基本分析和设计方法，以及常用时序逻辑电路的工作原理及其应用，仿真在时序逻辑电路中的运用等。第 6 章为脉冲波形的产生与整形，介绍获得脉冲信号的方法和具体电路，以及在脉冲波形产生和整形中应用十分广泛的 555 集成定时器的应用，同时将仿真测试贯穿其中。第 7 章为数模与模数转换电路，介绍数模转换和模数转换的基本原理与几种常用的典型电路，并用仿真软件进行仿真测试。第 8 章为半导体存储器和可编程逻辑器件，介绍半导体存储器和 PLD 器件的结构特点、工作原理和使用方法。

本书将业界应用广泛的仿真软件 Multisim 8 贯穿全书，通过仿真将原本枯燥、抽象的内容变得形象生动，使学习者更容易掌握和了解新知识、新信息，同时也有利于学生增强创新开发意识、培养实践能力，做到学以致用。

本书由程勇主编，负责制定编写大纲及统筹工作；付宏为副主编。其中，第 1、2、3、4、5、8 章由程勇编写，第 6、7 章由付宏编写。

由于编者水平有限，加之时间仓促，书中的错误和缺点在所难免，欢迎读者批评指正。

编　者
2008 年 8 月

目 录

第1章

数字电路基础

【本章内容简介】 本章主要介绍了脉冲波形及其主要参数，数字电路的特点及分类，数制与编码的概念，各种数制之间的转换。同时本章还介绍了不同类型逻辑表达式的相互转换以及最简与或表达式，并重点介绍了逻辑代数的基本运算法则、基本公式、基本定理和化简方法。通过本章的学习，要求能够熟练地运用真值表、逻辑表达式、卡诺图、波形图和逻辑图表示逻辑函数。

【本章重点难点】 逻辑代数中的基本定律、基本公式。逻辑函数的表示方法及相互转换。逻辑函数的公式化简法、四变量及四以下变量逻辑函数的卡诺图化简法。

【技能点】 会用函数信号发生器产生各种信号波形，并用示波器进行观察。

1.1 数字电路概述

现代社会中，数字电路有着广泛的应用，这是现代电子技术发展的方向。数字电子计算机、数字式仪表、数字控制装置、工业逻辑系统等现代电子控制设备都是以数字电路为基础的。数字电路包括信号的产生、放大、整形、传送、控制、存储、计数、运算等组成部分。

逻辑代数是分析和设计数字电路的基本工具，逻辑函数化简是数字电路分析及设计的基础。

1.1.1 数字信号与数字电路

1. 数字信号与数字电路

电子电路中的信号可分为两类。一类是时间上连续的信号，称为模拟信号，如温度、速度、压力、磁场、电场等物理量通过传感器变成的电信号，模拟语音的音频信号和模拟图像的视频信号等，图 1-1(a)所示为模拟信号的波形。对模拟信号进行传输、处理的电子线路称为模拟电路，如放大器、滤波器、信号发生器等。另一类是时间和幅度上都是离散的（即不连续的）信号，称为数字信号，图 1-1(b)所示为数字信号的波形。对数字信号进行传输、处理的

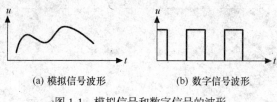

(a) 模拟信号波形　　　　(b) 数字信号波形

图 1-1　模拟信号和数字信号的波形

电子线路称为数字电路，如数字电子钟、数字万用表等都是由数字电路组成的。

数字电路被广泛应用于数字电子计算机、数字通信系统、数字式仪表、数字控制装置及工业逻辑系统等领域。

2．脉冲信号和数字信号

（1）脉冲信号。所谓脉冲信号，是指在短时间内作用于电路的离散的电流和电压信号，如图 1-2 所示。

图 1-2(a)所示为理想矩形脉冲的波形，它从一种状态变化到另一种状态不需要时间，而实际矩形脉冲波形与理想波形是不同的。下面以图 1-3 所示的实际矩形脉冲波形为例来说明描述脉冲信号的各种参数。

(a) 矩形波　　　　(b) 尖顶波

图 1-2　常见的脉冲波形

① 脉冲幅值 U_m：脉冲幅值 U_m 是脉冲信号从一种状态变化到另一种状态的最大变化幅度。

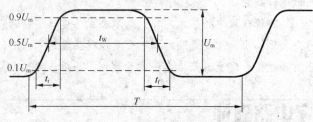

图 1-3　实际矩形脉冲波形

② 脉冲前沿 t_r：信号由幅值的 10%上升到幅值的 90%所需的时间，称为脉冲信号的前沿。

③ 脉冲后沿 t_f：信号由幅值的 90%下降到幅值的 10%所需的时间，称为脉冲信号的后沿。

④ 脉冲宽度 t_W：由信号前沿幅值的 50%变化到后沿幅值的 50%所需的时间，称为脉冲信号的宽度。

⑤ 脉冲周期 T：周期性变化的脉冲信号完成一次变化所需的时间，称为脉冲信号的周期。

⑥ 脉冲信号的频率 f：单位时间内脉冲信号变化的次数，称为脉冲信号的频率。

在数字电路中，通常是根据脉冲信号的有无、个数、宽度和频率来进行工作的，所以数字电路抗干扰能力较强（干扰往往只影响脉冲幅度），准确度较高。

（2）正、负脉冲信号。脉冲信号可以分为正脉冲和负脉冲两种。变化后比变化前的电平值高的脉冲信号称为正脉冲，如图 1-4(a)所示；变化后比变化前的电平值低的脉冲信号称为负脉冲，如图 1-4(b)所示。

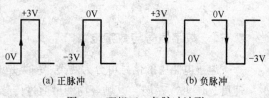

(a) 正脉冲　　　　(b) 负脉冲

图 1-4　理想正、负脉冲波形

（3）数字信号。所谓数字信号，是指可以用两种逻辑电平 0 和 1 来描述的信号。

逻辑电平 0 和 1 不表示具体的数量，而是一种逻辑值。若逻辑电路中的高电平用逻辑 1 表示、低电平用逻辑 0 表示，则称之为正逻辑；若高电平用逻辑 0 表示、低电平用逻辑 1 表示，则称之为负逻辑。目前在逻辑电路中习惯采用正逻辑，今后如无特殊说明，本书一律采用正逻辑。理想脉冲信号的前沿和后沿可视为零，因此可以用两个离散的电压值来表示脉冲波形，这时数字波形和脉冲波形是一致的，只不过前者用逻辑电平表示，而后者用电压值表示。

3．数字电路的优点与模拟电路相比，数字电路具有以下显著的优点。

（1）结构简单，便于集成化、系列化生产，成本低廉，使用方便。
（2）抗干扰性强，可靠性高，精度高。
（3）处理功能强，不仅能实现数值运算，还可以实现逻辑运算和判断。
（4）可编程数字电路实现各种算法较为容易，具有很大的灵活性。
（5）数字信号更易于存储、加密、压缩、传输和再现。

4．数字电路举例

图 1-5 所示为用来测量周期信号频率的数字频率计的逻辑框图，测量的结果用十进制数字显示出来。由于被测信号一般是模拟信号，所以首先要将被测信号放大并整形，使被测信号变换为频率与它相同的矩形脉冲信号。为了测量频率，还要有个时间标准，如以秒（s）为单位，把 1s 内通过的脉冲个数记录下来，就得出了被测信号的频率。这个时间标准由秒脉冲发生器产生，它是一个宽度为 1s 的矩形脉冲，称为秒脉冲。用秒脉冲去控制门电路，把门打开 1s。在这段时间内，来自整形电路的矩形脉冲可以通过门电路进入计数器。计数器累计的脉冲个数就是被测信号在 1s 内重复的次数，也就是被测信号的频率。最后通过数字显示电路和显示器将测量结果直接显示出来。

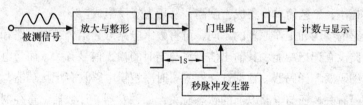

图 1-5　数字频率计逻辑框图

1.1.2　数字电路的特点与分类

1．数字电路的特点

由于数字电路的工作信号是不连续的二值信号，反映在电路上则为只有电流的有、无或电平的高、低两种状态，所以数字电路在结构、工作状态、研究内容和分析方法等方面都与模拟电路不同。数字电路具有如下几个特点。

（1）因为电子器件（如二极管、三极管）的导通与截止两种状态的外部表现是电流的有、无或电平的高、低，所以数字电路在稳态时，电子器件处于开关状态，即工作在饱和区或截止区。

这种有和无、高和低相对立的两种状态，分别用 1 和 0 两个数值来表示。

（2）因为数字信号中的 1 和 0 没有任何数量的含义，只表示两种不同的状态，所以在数字电路的基本单元电路中，对元件的精度要求不高，允许有较大的误差，电路在工作时只要能可靠地区分开 1 和 0 两种状态就可以了。

（3）因为在数字电路中人们关心和研究的主要问题是输出信号的状态（0 或 1）与输入信号的状态（0 或 1）之间的逻辑关系，所以在数字电路中不能采用模拟电路的分析方法，而是以逻辑代数作为主要工具，利用真值表、逻辑表达式、波形图等来表示电路的逻辑功能。因此，数字电路又称为逻辑电路。

（4）因为数字电路不仅具有算术运算能力，还具有逻辑推理和逻辑判断能力，所以人们才能够制造出各种数控装置、智能仪表、数字通信设备以及数字电子计算机等现代化的科技产品。

2．数字电路的分类

最基本的数字电路由二极管、三极管、电阻等元器件组成，目前，数字电路一般都采用集成电路组成。数字电路大致可从以下几个方面进行分类。

（1）按集成度分类，可将数字电路分为小规模（SSI，每片数十器件）、中规模（MSI，每片数百器件）、大规模（LSI，每片数千器件）和超大规模（VLSI，每片器件数目上万）数字集成电路。集成电路从应用的角度又可分为通用型和专用型两大类。通用型是指已被定型的标准化、系列化的产品，适用于各种不同的数字电路。专用型是指为某种特殊用途专门设计的、具有特定的复杂而完整功能的产品，只适用于专用的数字电路。典型的专用型数字集成电路有计算机中的存储器芯片（RAM、ROM），微处理器芯片（CPU）及语音芯片等。

（2）按所用器件制作工艺的不同，可将数字电路分为双极型（TTL 型）和单极型（MOS 型）两类。双极型电路开关速度快，频率高，信号传输延迟时间短，但制造工艺较复杂。单极型电路输入阻抗高，功耗小，工艺简单，集成密度高，易于大规模集成。

（3）按照电路的结构和工作原理的不同，可将数字电路分为组合逻辑电路和时序逻辑电路两类。组合逻辑电路没有记忆功能，其输出信号只与当时的输入信号有关，而与电路以前的状态无关，如加法器、编码器、译码器、数据选择器等。时序逻辑电路具有记忆功能，其输出信号不仅和当时的输入信号有关，还与电路以前的状态有关，如触发器、计数器、寄存器、顺序脉冲发生器等。组合逻辑电路和时序逻辑电路是各种数字系统和数字设备（如数字电子计算机）的基本组成部件。

1.1.3　数制和编码

所谓数制就是记数的方法，在生产实践中，人们通常采用位置记数法，即将表示数字的数码从左至右排列起来。常用的数制有十进制、二进制、八进制、十六进制等。

1．各种数制及其表示方法

（1）十进制。十进制是用 10 个不同的数码 0，1，2，3，…，9 来表示数值的，其记数规律是"逢十进一"，采用的是以 10 为基数的记数体制。一种数制中允许使用的数码个数称为该数制的基数，数中不同位置上数码的单位数值称为该数制的位权或权。基数和权是数制的两个要素。任何一个十进制数都可以写成以 10 为底的幂之和的形式，即

$$(N)_{10} = \sum_{i=-\infty}^{\infty} K_i \times 10^i \qquad (1\text{-}1)$$

式（1-1）中 i 为数字中各数码 K 的位置号，为正负整数，小数点前第 1 位 $i=0$，第 2 位 $i=1$，依此类推，小数点后第 1 位 $i=-1$，第 2 位 $i=-2$，依此类推。式（1-1）称为数的按权展开式。10 表示基数，K_i 为第 i 位的权。

例如： $(123.45)_{10} = 1 \times 10^2 + 2 \times 10^1 + 3 \times 10^0 + 4 \times 10^{-1} + 5 \times 10^{-2}$

在日常生活中，人们习惯于采用十进制数。但在数字电路中一般采用二进制数，有时也采用八进制数和十六进制数。对于任何一个数可以用不同的数制来表示。

（2）二进制。二进制的数码为 0、1，基数为 2，其记数规律是"逢二进一"，即 1+1=10（必须注意，这里的"10"与十进制数的"10"是完全不同的概念）。其按权展开式为

$$(N)_2 = \sum_{i=-\infty}^{\infty} K_i \times 2^i \qquad (1\text{-}2)$$

例如：$(1101.01)_2 = 1 \times 2^3 + 1 \times 2^2 + 0 \times 2^1 + 1 \times 2^0 + 0 \times 2^{-1} + 1 \times 2^{-2} = (13.25)_{10}$

利用上述方法，可以将任何一个二进制数转换为十进制数。

（3）八进制数和十六进制数。二进制数的缺点是，当位数很多时不便于书写和记忆，容易出错。因此，在数字电路应用中通常采用二进制的缩写形式——八进制和十六进制。

八进制的基数为 8，采用的 8 个数码为 0、1、2、3、4、5、6、7，进位规则为"逢八进一"。任何一个八进制数 N 可以表示为

$$(N)_8 = \sum_{i=-\infty}^{\infty} K_i \times 8^i \qquad (1\text{-}3)$$

例如：$(123.45)_8 = 1 \times 8^2 + 2 \times 8^1 + 3 \times 8^0 + 4 \times 8^{-1} + 5 \times 8^{-2}$

利用上述方法，可以将任何一个八进制数转换为十进制数。

十六进制的基数为 16，采用的 16 个数字符号为 0、1、2、3、4、5、6、7、8、9、A、B、C、D、E、F，其中字母 A、B、C、D、E、F 分别代表十进制的 10、11、12、13、14、15，进位规则为"逢十六进一"。任何一个十六进制数 N 其按权展开式为

$$(N)_{16} = \sum_{i=-\infty}^{\infty} K_i \times 16^i \qquad (1\text{-}4)$$

例如：$(4E6)_{16} = 4 \times 16^2 + 14 \times 16^1 + 6 \times 16^0 = (1254)_{10}$

利用上述方法，可以将任何一个十六进制数转换为十进制数。

上述几种数制各有其优缺点，应用场合也各不相同。人们习惯于使用十进制进行数据运算，但是用电路表示 10 个数码很繁琐；而二进制数只有 0 和 1 两个数码，用电路表示两个数码很容易实现，因此在数字电路中多使用二进制。二进制数字的位数较多，不易读写，利用二进制与十进制和十六进制的对应关系对十进制、十六进制进行二进制编码，用起来就很方便了。

2．几种数制之间的转换

（1）非十进制数转换为十进制数。可以将非十进制数写为按权展开式，得出其相加的结果，就是与其对应的十进制数。

（2）十进制数转换为非十进制数。整数部分可用"除基取余法"，即将原十进制数连续除以要转换的记数体制的基数，每次除完所得余数就作为要转换数的数码，先得到的余数作为转换数的低位，后得到的为高位，直到除得的余数为 0 为止，这种方法可概括为"除基取余，倒序排列"。

【例 1.1】 将十进制数 26 转换为二进制和十六进制数。

解：

$$
\begin{array}{r|l}
2 & 26 \qquad\qquad 余数 \cdots\cdots 0 \\ \hline
2 & 13 \qquad\qquad\quad\; \cdots\cdots 1 \\ \hline
2 & 6 \qquad\qquad\quad\; \cdots\cdots 0 \\ \hline
2 & 3 \qquad\qquad\quad\; \cdots\cdots 1 \\ \hline
2 & 1 \qquad\qquad\quad\; \cdots\cdots 1 \\ \hline
& 0
\end{array}
$$

所以 $(26)_{10} = (11010)_2$

同理，

$$
\begin{array}{r|l}
16 & 26 \qquad\qquad 余数 \cdots\cdots A \\ \hline
16 & 1 \qquad\qquad\quad\;\; \cdots\cdots 1 \\ \hline
& 0
\end{array}
$$

所以 $(26)_{10} = (1A)_{16}$

十进制小数部分转换为其他进制小数可采用"乘基取整法"，即将原十进制纯小数乘以要转换的数制的基数，取其积的整数部分作为系数，剩余的纯小数部分再乘基数，先得到的整数作为转换数的高位，后得到的为低位，直至其纯小数部分为 0 或到一定精度为止。这种方法可概括为"乘基取整，顺序排列"。

【例 1.2】 将十进制小数 0.8125 转换为二进制、八进制和十六进制数。

解： 利用"乘基取整法"，转换为二进制数，计算过程如下

$$
\begin{array}{ll}
0.8125 \\
\underline{\times\quad 2} & 整数 \qquad 高位 \\
1.6250 \cdots\cdots 1 = k_{-1} \\
0.6250 \\
\underline{\times\quad 2} \\
1.2500 \cdots\cdots 1 = k_{-2} \\
0.2500 \\
\underline{\times\quad 2} \\
0.5000 \cdots\cdots 0 = k_{-3} \\
0.5000 \\
\underline{\times\quad 2} \\
1.0000 \cdots\cdots 1 = k_{-4} \qquad 低位
\end{array}
$$

则 $(0.8125)_{10} = (0.1101)_2$

同理，转换为八进制数

$$
\begin{array}{r}
0.8125 \\
\times\ \ \ \ 8 \\
\hline
6.5000\cdots\cdots 6 = k_{-1}
\end{array}
\qquad \text{整数} \qquad \text{高位}
$$

$$
\begin{array}{r}
0.5000 \\
\times\ \ \ \ 8 \\
\hline
4.0000\cdots\cdots 4 = k_{-2}
\end{array}
\qquad\qquad\qquad \text{低位}
$$

则　$(0.8125)_{10} = (0.64)_8$

转换为十六进制数

$$
\begin{array}{r}
0.8125 \\
\times\ \ \ \ 16 \\
\hline
13.0000\cdots\cdots 13 = k_{-1}
\end{array}
\qquad \text{整数}
$$

则　$(0.8125)_{10} = (0.D)_{16}$

（3）二进制数与八进制数、十六进制数之间的转换。

① 二进制数与八进制数之间的转换：由表 1-1 可知，1 位八进制数的 8 个数码正好对应于 3 位二进制数的 8 种不同组合。利用这种对应关系，可以很方便地在八进制与二进制之间进行数的转换。

由二进制数转换为八进制数的方法是：以小数点为界，将二进制数的整数部分从低位开始，小数部分从高位开始，每 3 位分成一组，头尾不足 3 位的补 0，然后将每组的 3 位二进制数转换为 1 位八进制数。

表 1-1　　　　　　　　　几种进制数之间的对应关系

十 进 制 数	二 进 制 数	八 进 制 数	十六进制数
0	0000	0	0
1	0001	1	1
2	0010	2	2
3	0011	3	3
4	0100	4	4
5	0101	5	5
6	0110	6	6
7	0111	7	7
8	1000	10	8
9	1001	11	9
10	1010	12	A
11	1011	13	B
12	1100	14	C
13	1101	15	D
14	1110	16	E
15	1111	17	F

例如：将二进制数 11101110.0101 转换为八进制数。

$$
\underline{011}\quad\underline{101}\quad\underline{110}\ .\ \underline{010}\quad\underline{100}
$$

$$
\downarrow\qquad\downarrow\qquad\downarrow\qquad\quad\downarrow\qquad\downarrow
$$

$$
3\qquad\ 5\qquad\ 6\quad .\quad\ 2\qquad\ 4
$$

则 $(11101110.0101)_2 = (356.24)_8$

将八进制数转换为二进制数，只要将每 1 位八进制数用 3 位二进制数表示即可。

例如：将八进制数 251.36 转换为二进制数。

$$
\begin{array}{ccccc}
2 & 5 & 1 & . & 3 & 6 \\
\downarrow & \downarrow & \downarrow & & \downarrow & \downarrow \\
\underline{010} & \underline{101} & \underline{001} & . & \underline{011} & \underline{110}
\end{array}
$$

则 $(251.36)_8 = (10101001.01111)_2$

② 二进制数与十六进制数之间的转换：由表 1-1 可知，1 位十六进制数的 16 个数码正好对应于 4 位二进制数的 16 种不同组合。利用这种对应关系，可以很方便地在十六进制与二进制之间进行数的转换。

由二进制数转换为十六进制数的方法是：以小数点为界，将二进制数的整数部分从低位开始，小数部分从高位开始，每 4 位分成一组，头尾不足 4 位的补 0，然后将每组的 4 位二进制数转换为 1 位十六进制数。

例如：将二进制数 1101101101.0100101 转换为十六进制数。

$$
\begin{array}{ccccc}
\underline{0011} & \underline{0110} & \underline{1101} & . & \underline{0100} & \underline{1010} \\
\downarrow & \downarrow & \downarrow & & \downarrow & \downarrow \\
3 & 6 & D & . & 4 & A
\end{array}
$$

则 $(1101101101.0100101)_2 = (36D.4A)_{16}$

将十六进制数转换为二进制数，只要将每 1 位十六进制数用 4 位二进制数表示即可。

例如：将十六进制数 4FA.C6 转换为二进制数。

$$
\begin{array}{ccccc}
4 & F & A & . & C & 6 \\
\downarrow & \downarrow & \downarrow & & \downarrow & \downarrow \\
\underline{0100} & \underline{1111} & \underline{1010} & . & \underline{1100} & \underline{0110}
\end{array}
$$

则 $(4FA.C6)_{16} = (10011111010.1100011)_2$

3. 编码

数字电路中处理的信息除了数值信息外，还有文字、符号以及一些特定的操作（如计算机键盘上的空格操作）等。为了处理这些信息，必须将这些信息也用二进制数码来表示。这些特定的二进制数码称为这些信息的代码。这些代码的编制过程称为编码，又称为码制。码制就是指用二进制代码表示数字、信息或符号的编码方法。

本书介绍二-十进制编码。

在数字电子计算机中，十进制数除了转换成二进制数参加运算外，还可以直接用十进制数进行输入和运算。十进制数码（0～9）是不能在数字电路中运行的，必须将其转换为二进制码。用二进制码表示十进制数的编码方法称为二-十进制编码，即 BCD 码。常用 BCD 码的几种编码方式如表 1-2 所示，其方法是将十进制的 10 个数码分别用 4 位二进制代码来表示。BCD 码有很多种形式，常用的有 8421 码、余 3 码、格雷码、2421 码、5421 码等。

表 1-2　　　　　　　　　　　　　常用的 BCD 码

十 进 制 数	8421 码	余 3 码	格 雷 码	2421 码	5421 码
0	0000	0011	0000	0000	0000
1	0001	0100	0001	0001	0001
2	0010	0101	0011	0010	0010
3	0011	0110	0010	0011	0011
4	0100	0111	0110	0100	0100
5	0101	1000	0111	1011	1000
6	0110	1001	0101	1100	1001
7	0111	1010	0100	1101	1010
8	1000	1011	1100	1110	1011
9	1001	1100	1101	1111	1100
权	8421			2421	5421

（1）8421 码。在 8421 码中，10 个十进制数码与自然二进制数一一对应，即用二进制数的 0000～1001 来分别表示十进制数的 0～9。8421 码是一种有权码，各位的权从左到右分别为 8、4、2、1，所以根据代码的组成便可知道代码所代表的十进制数的值。

8421BCD 码是一种最基本的 BCD 码，应用也较普遍。例如，一个 3 位十进制数 473 用 8421BCD 码可写成

十进制数：　　　　4　　　　7　　　　3
8421BCD 码：　0100　　0111　　0011

8421 码与十进制数之间的转换只要直接按位转换即可。

例如：$(123.45)_{10} = (0001\ 0010\ 0011.0100\ 0101)_{8421}$

　　　　$(0011\ 0010\ 0001.0110\ 0101)_{8421} = (321.65)_{10}$

（2）格雷码。格雷码的特点是：从一个代码变为相邻的另一个代码时只有一位发生变化。这是考虑到信息在传输过程中可能出错，为了减少错误而研究出的一种编码形式。例如，当将代码 0111 变化为 1000 时，8421 码是表示十进制数 7 到 8 的变化，8421BCD 码需 4 位都发生变化。若用格雷码表示则为 0100 变化为 1100，编码只变化了一位。格雷码的缺点是与十进制数之间不存在规律性的对应关系，不够直观。

格雷码与十进制码及二进制码的对应关系如表 1-3 所示。

表 1-3　　　　　　　　格雷码与十进制码及二进制码的对应关系

十 进 制 码	二 进 制 码	格 雷 码
0	0000	0000
1	0001	0001
2	0010	0011
3	0011	0010
4	0100	0110
5	0101	0111
6	0110	0101
7	0111	0100
8	1000	1100
9	1001	1101
10	1010	1111
11	1011	1110

十 进 制 码	二 进 制 码	格 雷 码
12	1100	1010
13	1101	1011
14	1110	1001
15	1111	1000

其他的 BCD 码，如 5421 码、2421 码、余 3 码等，读者可根据需要查阅相关的书籍和手册。

1.2 逻辑代数与逻辑函数

1.2.1 逻辑代数

所谓逻辑，就是指事物的各种因果关系。就其整体而言，数字电路输出量与输入量之间的关系是一种因果关系，它可以用逻辑表达式来描述，因而数字电路又称为逻辑电路。逻辑代数（也称布尔代数)是研究逻辑电路的数学工具，它为分析和设计逻辑电路提供了理论基础。逻辑代数用二值函数进行逻辑运算。利用逻辑代数可以将客观事物之间复杂的逻辑关系用简单的代数式描述出来，从而方便地研究各种复杂的逻辑问题。

逻辑代数与普通代数一样，也是用字母表示变量，但是变量的取值只有 0 和 1。这里的 0 和 1 并不表示数量的大小，而是两种对立的逻辑状态，例如，"是"与"不是"，"通"与"断"，"高电平"与"低电平"等，0 和 1 的含义要根据所研究的具体事件来确定。

1. 基本的逻辑运算

基本的逻辑关系有 3 种：逻辑与、逻辑或、逻辑非。与之相对应，逻辑代数也有 3 种基本的运算，即与运算、或运算和非运算。

逻辑与运算可表示为

$$F = A \cdot B \qquad （其中的 "·" 表示逻辑乘，一般可以省略不写）$$

逻辑或运算可表示为

$$F = A + B$$

逻辑非运算可表示为

$$F = \overline{A}$$

基本逻辑运算的法则如表 1-4 所示。

表 1-4　　　　　　　　　　　基本逻辑运算的法则

逻 辑 与	逻 辑 或	逻 辑 非
$A \cdot 1 = A$	$A + 0 = A$	
$A \cdot 0 = 0$	$A + 1 = 1$	$\overline{\overline{A}} = A$
$A \cdot \overline{A} = 0$	$A + \overline{A} = 1$	
$A \cdot A = A$	$A + A = A$	

2. 逻辑代数的基本定律

根据逻辑代数的基本运算法则，可以推导出如下基本定律：

交换律 $A + B = B + A$

                  $AB = BA$

结合律 $A + B + C = A + (B + C)$

                  $ABC = A(BC) = (AB)C$

分配律 $A(B + C) = AB + AC$

                  $A + BC = (A + B)(A + C)$

吸收律 $AB + A\bar{B} = A$

                  $A + AB = A$

                  $(A + B)(A + \bar{B}) = A$

                  $A(A + B) = A$

                  $A + \bar{A}B = A + B$

                  $A(\bar{A} + B) = AB$

反演律 $\overline{A + B} = \bar{A}\,\bar{B}$

                  $\overline{AB} = \bar{A} + \bar{B}$

3. 几种常用的逻辑运算

除了基本的逻辑运算以外，还经常用到与非、或非、异或、同或等逻辑运算来处理逻辑问题。

与非运算 $F = \overline{AB}$

或非运算 $F = \overline{A + B}$

异或运算 $F = A\bar{B} + \bar{A}B$

同或运算 $F = AB + \overline{AB}$

4. 逻辑代数运算的基本规则

逻辑代数有 3 个重要规则，利用这 3 个规则，可以得到更多的公式，从而使公式的应用范围更为广泛，使用也更为灵活。

（1）代入规则。在任何一个逻辑等式中，如果将等式两边所有出现某一变量的地方都用同一个逻辑函数代替，则等式依然成立。这个规则称为代入规则。

例如：已知等式 $\overline{AB} = \bar{A} + \bar{B}$，用函数 $Y = AC$ 代替等式两边中的 A，则新的表达式依然成立，既 $\overline{(AC)B} = \overline{AC} + \bar{B} = \bar{A} + \bar{B} + \bar{C}$

（2）反演规则。对于任何一个逻辑表达式 F，如果将表达式中所有的"·"换成"+"，"+"换成"·"，"0"换成"1"，"1"换成"0"，原变量换成反变量，反变量换成原变量，那么所得到的表达式就是函数 F 的反函数 $\bar{F}$。这个规则称为反演规则。

需要注意的是，在运用反演规则求一个函数的反函数的时候，必须按照逻辑运算的优先顺序进行：先算括号内的接着与运算，然后或运算，最后非运算；否则就容易出错。

例如：函数 $F = A\bar{B} + C\bar{D}E$ 的反函数为

         $\bar{F} = (\bar{A} + B)(\bar{C} + D + \bar{E})$

（3）对偶规则。对于任何一个逻辑表达式 F，如果将表达式中所有的"·"换成"+"，"+"换成"·"，"0"换成"1"，"1"换成"0"，而变量保持不变，那么所得到的表达式是一个新函数 F'。F' 称为函数 F 的对偶函数。这个规则称为对偶规则。

在求一个函数的对偶函数时，同样需要注意运算的先后顺序。

例如：函数 $F = A\overline{B} + C\overline{DE}$ 的对偶函数为

$$F' = (A + \overline{B})(C + \overline{D} + E)$$

对偶规则的意义在于：如果两个函数相等，则它们的对偶函数也相等。

1.2.2　逻辑函数及其表示法

1. 逻辑函数

任何一个具体的逻辑因果关系都可以用一个确定的逻辑函数来描述。有了逻辑函数就可以方便地研究各种复杂的逻辑问题。

下面用图 1-6 所示的指示灯控制电路来说明逻辑函数的实际意义。首先确定各逻辑值的含义：设开关闭合为 1，断开为 0；灯亮为 1，灯灭为 0。用 A、B 作为开关 S_1、S_2 的状态变量，用 F 作为灯 H 的状态变量。

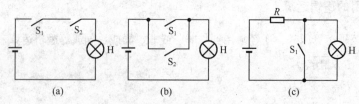

图 1-6　指示灯控制电路

（1）与运算。只有当决定一件事情的所有条件全部具备时，这样的事情才会发生，这样的逻辑关系称为与逻辑关系。

对于图 1-6(a)所示的电路，只有当开关 S1 与 S2 都闭合，即 A 与 B 均为 1 时，F 才能为 1，灯才能亮。所以灯和开关之间的逻辑关系为逻辑与，表示为 $F = AB$。显然，用这个函数可以描述电路的实际逻辑关系。

（2）或运算。在决定一件事情的所有条件中，只要具备一个或一个以上的条件，这件事情就会发生，这样的逻辑关系称为或逻辑关系。

对于图 1-6(b)所示电路，只要开关 S1、S2 有一个闭合，即 A 或 B 有一个为 1 时，F 就能为 1，灯就能亮。所以灯和开关之间的逻辑关系为逻辑或，表示为 $F = A + B$。

（3）非运算。当决定一件事情的条件不具备时，这件事情才会发生，这样的逻辑关系称为非逻辑关系。

对于图 1-6(c)所示电路，当开关 S1 断开时灯亮，当开关 S1 闭合时灯灭。因此，灯和开关之间的逻辑关系为逻辑非，表示为 $F = \overline{A}$。

2. 逻辑函数的表示方法

任何逻辑函数都可以用逻辑表达式、逻辑符号图（简称逻辑图）、真值表和卡诺图 4 种形式来表示，对于同一个逻辑函数，它的几种表示方法是可以相互转换的。表 1-5 所示为常用逻辑函数用逻辑表达式、逻辑图和真值表 3 种形式表示时的对应关系。

由表 1-5 可以看出，用真值表来表示逻辑函数时，变量的各种取值与函数值之间的关系一目了然。在研究某事件的逻辑关系时，一般不容易看出其逻辑关系的逻辑表达式，但容易列出其真值表。因此，在对一个逻辑问题建立逻辑函数时，常常是先写出函数的真值表，由真值表再转换成函数的逻辑表达式。

表 1–5　　　　　　　　　　几种常用逻辑函数的表示方法

逻 辑 函 数	逻辑表达式	逻 辑 图	逻 辑 真 值 表				特　　　点
逻辑与	$F=AB$	A — & — F, B	A 0 0 1 1	B 0 1 0 1	F 0 0 0 1		A, B 全为 1 时，F 为 1
逻辑或	$F=A+B$	A — ≥1 — F, B	A 0 0 1 1	B 0 1 0 1	F 0 1 1 1		A, B 全为 0 时，F 为 0
逻辑非	$F=\overline{A}$	A — 1 ○— F	A 0 1	F 1 0			F 与 A 状态相反
逻辑与非	$F=\overline{AB}$	A — & ○— F, B	A 0 0 1 1	B 0 1 0 1	F 1 1 1 0		A, B 全为 1 时，F 为 0
逻辑或非	$F=\overline{A+B}$	A — ≥1 ○— F, B	A 0 0 1 1	B 0 1 0 1	F 1 0 0 0		A, B 全为 0 时，F 为 1
逻辑异或	$F=\overline{A}B+A\overline{B}$	A — =1 — F, B	A 0 0 1 1	B 0 1 0 1	F 0 1 1 0		A, B 不同时，F 为 1
逻辑同或	$F=AB+\overline{A}\,\overline{B}$	A — =1 ○— F, B	A 0 0 1 1	B 0 1 0 1	F 1 0 0 1		A, B 相同时，F 为 1

3．逻辑函数表示形式的转换

同一个逻辑函数可以用逻辑表达式、真值表和逻辑图 3 种形式中的任意一种来表示。逻辑表达式又有多种形式，如与或表达式、或与表达式、与非-与非表达式、或非-或非表达式、与或非表达式等。因此，对同一个逻辑函数，根据需要可以采用任一种形式来表示，各种形式之间也可以相互转换。

$$F=\overline{A}B+A\overline{C}\quad\text{（与或式）}$$

$$=\overline{\overline{\overline{A}B+A\overline{C}}}=\overline{\overline{\overline{A}B}\cdot\overline{A\overline{C}}}\quad\text{（与非与非式）}$$

例如：　　$=(A+B)(\overline{A}+\overline{C})\quad\text{（或与式）}$

$$=\overline{\overline{(A+B)(\overline{A}+\overline{C})}}=\overline{\overline{A+B}+\overline{\overline{A}+\overline{C}}}\quad\text{（或非或非式）}$$

$$=\overline{\overline{A}\,\overline{B}+AC}\quad\text{（与或非式）}$$

下面介绍常用的几种逻辑形式间的转换。

（1）由真值表转换到与或表达式和逻辑图。由真值表转换到与或表达式是经常用到的逻辑表达方式。其方法是：将其真值表中每一组使输出函数值为 1 的输入变量都写成一个乘积项；在这些乘积项中，取值为 1 的变量，则该因子写成原变量，取值为 0 的变量，则该因子写成反变量；将这些乘积项相加，就得到了函数的与或表达式。

例如，将异或逻辑的真值表转换成与或逻辑表达式时，由表 1-5 的真值表可知，能使 F 为 1 的 A 和 B 取值的组合有两种：其一是 $A=0$，$B=1$，将 A 取反再与 B 相与可得 $\overline{A}B$；其二是 $A=1$，$B=0$，将 B 取反再与 A 相与可得 $A\overline{B}$。将两个与项（$\overline{A}B$ 和 $A\overline{B}$）相或，便得到其对应的逻辑表达式为 $F = \overline{A}B + A\overline{B}$。

有了逻辑表达式，按照先与后或的运算顺序，用逻辑符号表示并正确连接起来，就可以画出如图 1-7 所示的逻辑图。

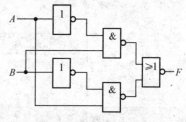

图 1-7　异或逻辑电路图

（2）由逻辑表达式转换到真值表。由逻辑表达式转换到真值表也是常用的转换。其方法是：把函数中变量各种取值的组合有序地填入真值表中（有 n 个变量时，变量取值的组合有 2^n 个），再计算出变量各组取值时对应的函数值，并填入表中，就完成了转换。

例如，将异或逻辑表达式转换成真值表。异或逻辑表达式为 $F = \overline{A}B + A\overline{B}$，当真值表中 A 填 0，B 填 0 时，计算表达式中第一项 $\overline{A}B$ 的值是 0，第二项 $A\overline{B}$ 的值是 0，两个与项逻辑值相加为 0。所以对 A 和 B 的这一组取值，真值表中 F 的值填 0。按上述方法将 A 和 B 取值的 4 种组合逐一填入真值表中，就完成了转换。

由逻辑表达式转换到真值表的转换就是将所有的变量对应的所有赋值运算一遍，将变量的赋值与运算的结果以填表的形式表示出来。

（3）逻辑表达式与逻辑图的转换。常用的逻辑表达式与逻辑图（见表 1-5）之间的对应关系非常重要，是逻辑表达式与逻辑图间转换的依据。

4．逻辑表达式的变换

对于一个逻辑函数，当用不同电路来实现时，其逻辑表达式的形式也不同，这时就需要将逻辑表达式进行变换。下面的两个例子是常用的变换。

【例 1.3】　将与或表达式 $F=AB+CD$ 变成与非-与非表达式。

解：$F = AB + CD = \overline{\overline{AB + CD}}$ 　　　（利用 $\overline{\overline{A}} = A$）

$\quad\quad = \overline{\overline{AB}\ \overline{CD}}$ 　　　　　　（利用 $\overline{A+B} = \overline{A}\ \overline{B}$）

变换后的表达式中只含有与非关系。

【例 1.4】　将与非-与非表达式 $F = \overline{\overline{AB}\ \overline{BC}}$ 变成与或表达式。

解：$F = \overline{\overline{AB}\ \overline{BC}} = AB + BC$ 　　　（利用 $\overline{AB} = \overline{A} + \overline{B}$）

1.3　逻辑函数的公式化简法

由实际问题归纳出的逻辑函数并不像表 1-3 所列的函数那么简单。为了便于了解函数的逻辑功能，或者为了使实现该函数的电路更为简单，常需对函数进行化简。逻辑函数最简式对不同形式的表达式有不同的标准和含义。如与非-与非表达式的最简式要求与运算的因子最少，非运算的次数最少。对于与或表达式，最简式是指式中包含的乘积项最少，而且每个与项中变量的个数最少。因为与或表达式比较常见，而且又比较容易转换为其他形式，故在本书中先来介绍与或表达式的常用公式化简法。

公式化简法也称公式法，其实质就是反复使用逻辑代数的基本定律和常用公式，消去多余的乘积项和每个乘积项中多余的因子，以求得最简式。公式法化简时没有固定的方法可循，能否得到满意的结果，与掌握公式的熟练程度和运用技巧有关。

　　现将常用的化简方法列于表 1-6。

表 1-6　　　　　　　　　　　　　常用的公式化简方法

方法名称	所 用 公 式	方 法 说 明
并项法	$AB + A\bar{B} = A$	（1）将两项合并为一项，消去一个因子 （2）根据代入规则，A 和 B 也可以是一个逻辑式
吸收法	$A + AB = A$	将多余的乘积项 AB 消掉
消去法	（1）$A + \bar{A}B = A + B$ （2）$AB + \bar{A}C + BC = AB + \bar{A}C$	（1）消去乘积项中的多余因子 （2）消去多余的项 BC
配项法	（1）$A + \bar{A} = 1$ （2）$A + A = A$ 或 $A \cdot \bar{A} = 0$	（1）用该式乘某一项，可使其变为两项，再与其他项合并化简 （2）用该式在原式中配重复乘积项或互补项，再与其他项合并化简

　　在化简较复杂的逻辑函数时，往往需要灵活、交替、综合地利用多个基本公式和多种方法才能获得比较理想的化简结果。

　　【例 1.5】 化简逻辑函数 $F = AB + A\bar{C} + \bar{B}C + B\bar{C} + ADEF$。

　　解：

$$F = AB + A\bar{C} + \bar{B}C + B\bar{C} + ADEF$$
$$= A(B + \bar{C}) + \bar{B}C + B\bar{C} + ADEF$$
$$= A\overline{\bar{B}C} + \bar{B}C + B\bar{C} + ADEF$$
$$= A + \bar{B}C + B\bar{C} + ADEF$$
$$= A + \bar{B}C + B\bar{C}$$

　　【例 1.6】 化简逻辑函数 $F = \overline{\overline{A} + \overline{\overline{B} + \overline{CD}} + \overline{\overline{ADB}}}$。

　　解：

$$F = A + \overline{\overline{B} + \overline{CD}} + \overline{\overline{AD\,B}}$$
$$= A + BCD + AD + B$$
$$= (A + AD) + (B + BCD)$$
$$= A + B$$

　　【例 1.7】 化简逻辑函数 $F = A\bar{B} + C + \bar{A}CD + \bar{B}CD$。

　　解：

$$F = A\bar{B} + C + \bar{A}CD + \bar{B}CD$$
$$= A\bar{B} + C + \bar{C}(\bar{A} + \bar{B})D$$
$$= A\bar{B} + C + (\bar{A} + \bar{B})D$$
$$= A\bar{B} + C + \overline{AB}D$$
$$= A\bar{B} + C + D$$

1.4 逻辑函数的卡诺图化简法

公式化简法需要使用者熟练地掌握公式，并具有一定的技巧，还需要对所得的结果是否是最简式有判断力，所以在化简较复杂的逻辑函数时，此方法有一定的难度。在实践中人们还找到了一些其他的方法，其中最常用的是卡诺图化简法，它比较适用于四变量以内的逻辑函数的化简。

1.4.1 逻辑函数的最小项及最小项表达式

对于 n 个变量函数，如果其与或表达式的每个乘积项都包含 n 个因子，而这 n 个因子分别为 n 个变量的原变量或反变量，每个变量在乘积项中仅出现一次，则这样的乘积项称为函数的最小项，这样的与或表达式称为最小项表达式。

由函数的真值表可直接写出函数的最小项表达式，即将真值表中所有使函数值为1的各组变量的取值组合以乘积项之和的形式写出来，在乘积项中，变量取值为1的写原变量文字符号，变量取值为0的写反变量文字符号。例如，真值表表1-7所示的逻辑函数所对应的最小项表达式为

$$F = \overline{A}\,\overline{B}C + \overline{A}B\overline{C} + AB\overline{C} + ABC$$

表1-7　　　　　　　　　　F 函数的真值表

A	B	C	F	A	B	C	F
0	0	0	0	1	0	0	0
0	0	1	1	1	0	1	0
0	1	0	1	1	1	0	1
0	1	1	0	1	1	1	1

最小项的编号：一个 n 变量函数，最小项的数目为 2^n，为了表示方便，最小项常以代号的形式写为 m_i，m 代表最小项，下标 i 为最小项的编号。i 是 n 变量取值组合排成二进制数所对应的十进制数。例如，$\overline{A}\,\overline{B}C$ 对应二进制数为 001，转换为十进制数为 1，即为 m 的下标，记为 m_1，$AB\overline{C}$ 对应二进制数为 110，转换为十进制数为 6，该最小项记为 m_6。现将三变量的最小项编号列于表 1-8 中。

表1-8　　　　　　　　　　三变量的最小项编号表

$A\ B\ C$	最　小　项	代　　号	$A\ B\ C$	最　小　项	代　　号
0　0　0	$\overline{A}\ \overline{B}\ \overline{C}$	m_0	1　0　0	$A\ \overline{B}\ \overline{C}$	m_4
0　0　1	$\overline{A}\ \overline{B}\ C$	m_1	1　0　1	$A\ \overline{B}\ C$	m_5
0　1　0	$\overline{A}\ B\ \overline{C}$	m_2	1　1　0	$A\ B\ \overline{C}$	m_6
0　1　1	$\overline{A}\ B\ C$	m_3	1　1　1	$A\ B\ C$	m_7

有了最小项的编号形式，逻辑函数表达式就可以用代号的形式来表示。

逻辑函数 F 可以表示为

$$F = \overline{A}\,\overline{B}C + \overline{A}B\overline{C} + AB\overline{C} + ABC$$
$$= F(A, B, C) = m_1 + m_2 + m_6 + m_7$$
$$= \sum m(1, 2, 6, 7)$$

1.4.2 逻辑函数的卡诺图表示方法

1. 卡诺图的画法规则

卡诺图是逻辑函数的图形表示方法，它以其发明者美国贝尔实验室的工程师卡诺（Karnaugh）来命名。这种方法是将 n 变量函数填入一个矩形或正方形的二维空间即一个平面中，把矩形或正方形等分为 2^n 个小方格，这些小方格分别代表 n 变量函数的 2^n 个最小项，每个最小项占一格。在画卡诺图时，标注变量区域划分的方法是分别以各变量将矩形或正方形的有限平面一分为二，其中一半定为原变量区，在端线外标原变量符号并写为 1，另一半定为反变量区（可不标反变量符号）并写为 0，即一个变量的原变量和反变量各有独立区域，不能重复，这样综合起来就是一个含有 2^n 个小方格的方格图。各小方格按端线外标注的文字和数字符号作为参考坐标，这样也就分别代表了相应的最小项，人们可以按着对号入座的方式将最小项填入卡诺图。

卡诺图也可以这样理解：将逻辑函数真值表中的最小项重新排列成矩阵形式，并且使矩阵的横方向和纵方向的逻辑变量的取值按照格雷码的顺序排列，这样的构成图形就是卡诺图。

卡诺图是真值表的图形化的表达形式。

图 1-8 所示为二变量、三变量和四变量卡诺图的画法。

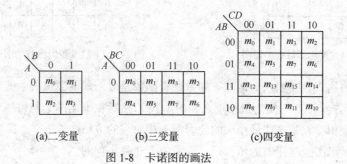

(a)二变量   (b)三变量   (c)四变量

图 1-8 卡诺图的画法

如果一个逻辑函数的某两个最小项只有一个变量不同，其余变量均相同，则这样的最小项称为相邻最小项。如 ABC 和 $AB\overline{C}$、$AB\overline{C}D$ 和 $ABCD$。相邻最小项相加可以合并消去一个变量，如 $AB\overline{C} + ABC = AB(\overline{C} + C) = AB$。逻辑函数化简的实质就是相邻最小项的合并。

卡诺图的特点是任意两个相邻最小项在图中也是相邻的；并且图中最左列的最小项与最右列的最小项也是相邻的；最上面一行的最小项与最下面一行的相应最小项也是相邻的。

2. 用卡诺图表示逻辑函数

既然任何一个逻辑函数都可以写成与或表达式，能表示为若干最小项之和的形式，而最小项在卡诺图中又都有相应的位置，那么自然也就可以用卡诺图来表示逻辑函数了。具体做法是：如果逻辑函数为最小项和的表达形式，那么就在卡诺图上把逻辑表达式中存在的各最小项在卡诺图中所对应的小方格内填入 1，逻辑表达式不存在的最小项在卡诺图中其余的方格里填入 0，这样就得到表示逻辑函数的卡诺图了。

下面举例说明卡诺图与函数式的对应关系。

（1）根据逻辑函数画卡诺图。

【例1.8】 用卡诺图表示逻辑函数

$$F = A\overline{B}CD + A\overline{B}C\overline{D} + \overline{A}\,\overline{B}CD + \overline{A}\,\overline{B}C\overline{D} + ABCD + AB\overline{C}D + \overline{A}B\overline{C}D + \overline{A}B\overline{C}\,\overline{D}$$

解： 因为函数 F 为四变量最小项和的形式，可将函数 F 改写为下列形式

$$F = A\overline{B}CD + A\overline{B}C\overline{D} + \overline{A}\,\overline{B}CD + \overline{A}\,\overline{B}C\overline{D} + ABCD + AB\overline{C}D + \overline{A}B\overline{C}D + \overline{A}B\overline{C}\,\overline{D}$$

$$= m_{11} + m_{10} + m_3 + m_2 + m_{15} + m_{13} + m_5 + m_4$$

$$= \Sigma\, m(2,3,4,5,10,11,13,15)$$

然后画出四变量卡诺图，将对应于函数式中各最小项的方格位置上填入 1，其余方格位置上填入 0，就得到了图1-9所示的函数 F 的卡诺图。

【例1.9】 用卡诺图表示逻辑函数

$$F(A,B,C,D) = \Sigma\, m(1,3,4,6,7,11,14,15)$$

解： 该函数为四变量函数，在最小项 m_1、m_3、m_4、m_6、m_7、m_{11}、m_{14} 和 m_{15} 相对应的方格内填入 1，其余方格内填入 0，即得该函数的卡诺图，如图1-10所示。

AB\CD	00	01	11	10
00	0	0	1	1
01	1	1	0	0
11	0	1	1	0
10	0	0	1	1

图1-9　例1.8逻辑函数的卡诺图

AB\CD	00	01	11	10
00	0	1	1	0
01	1	0	1	1
11	0	0	1	1
10	0	0	1	0

图1-10　例1.9逻辑函数的卡诺图

（2）用与或表达式直接填入卡诺图。如果逻辑函数是以一般的逻辑表达式给出的，可先将函数变换为与或表达式（不必变换为最小项之和的形式），然后在卡诺图上与每一个乘积项所包含的那些最小项（该乘积项就是这些最小项的公因子）相对应的方格内填入 1，其余的方格内填入 0，即得到该函数的卡诺图。这样做的依据是，任何一个非最小项的乘积项利用配项的方法都可以写为最小项之和的形式，这个乘积项就是那些被展开的最小项的公因子。

例如，对于函数 $F = \overline{(A+D)(B+\overline{C})}$，将其变换为与或表达式 $F = \overline{A}\,\overline{D} + \overline{B}C$，乘积项 $\overline{A}\,\overline{D}$ 所包含的最小项有 m_0、m_2、m_4、m_6，乘积项 $\overline{B}C$ 所包含的最小项有 m_2、m_3、m_{10}、m_{11}，在和这些最小项相对应的方格（即与 $AD=00$ 及 $BC=01$ 相应的方格）内填入 1，其余的方格内填入 0，即得该函数的卡诺图，如图1-11所示。

AB\CD	00	01	11	10
00	1	0	1	1
01	1	0	0	1
11	0	0	0	0
10	0	0	1	1

图1-11　函数 $F = \overline{(A+D)(B+\overline{C})}$ 的卡诺图

1.4.3　用卡诺图法化简逻辑函数

1. 卡诺图的性质

（1）卡诺图中任何 2 个标 1 的相邻最小项，可以合并为一项，并消去一个变量。

在逻辑函数与或表达式中，如果两乘积项仅有一个因子不同，而这一因子又是同一变量的原变量和反变量，则两项可合并为一项，消除其不同的因子，合并后的项为这两项的公因子。如将四变量卡诺图中的 m_{14}、m_{15} 两项相加得

$$m_{14} + m_{15} = ABC\overline{D} + ABCD = ABC(\overline{D} + D) = ABC$$

因为 D 和 $\overline{D}$ 为互补因子，组成或项可消去，最小项的这种性质称为在逻辑上相邻。由于在建立卡诺图时，卡诺图中最小项的位置是按最小项编号的格雷码方式排列的，这就产生了这样一个结果：凡是在图中几何相邻的项，就一定具有逻辑相邻性，将这些相邻项相加，则可消去多余的因子。

（2）卡诺图中任何 4 个标 1 的相邻最小项，可以合并为一项，并消去两个变量。

如某四变量函数中包含 m_6、m_7、m_{14}、m_{15}，则用公式法化简时可写为

$$
\begin{aligned}
m_6 + m_7 + m_{14} + m_{15} &= (\overline{A}BC\overline{D} + \overline{A}BCD) + (ABC\overline{D} + ABCD) \\
&= \overline{A}BC(\overline{D} + D) + ABC(\overline{D} + D) \\
&= \overline{A}BC + ABC \\
&= BC(A + \overline{A}) \\
&= BC
\end{aligned}
$$

BC 为该四项的公因子，消去两个变量 A 和 D。

而在卡诺图中，这四项几何相邻，很直观，可以把它们圈为一个方格群，直接提取其公因子 BC，如图 1-12 所示，这就是几何相邻与逻辑相邻的一致性。

（3）同理，卡诺图中任何 8 个标 1 的相邻最小项，可以合并为一项，并消去 3 个变量。

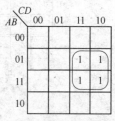

图 1-12　4 个相邻最小项的化简

2．用卡诺图化简逻辑函数的基本步骤

根据上述原理，利用卡诺图化简逻辑函数可以按以下步骤进行。

（1）将逻辑函数变换为与或表达式。

（2）画出逻辑函数的卡诺图。

（3）合并最小项。在合并画圈时，每个圈所包括的含有 1 的方格数目必须为 2^i 个，并可根据需要将一些方格同时画在几个圈内，但每个圈都要有新的方格，否则它就是多余的，同时不能漏掉任何一个方格。此外，要求圈的个数最少，并且每个圈所包围的含有 1 的方格数目最多，这样化简后函数的乘积项最少，且每个乘积项的变量也最少，即化简后的逻辑函数才是最简的。

（4）将整理后的乘积项加起来，就是化简后的最简与或表达式。

（5）在利用卡诺图进行逻辑函数化简时应注意遵循下列几项原则，以保证化简结果准确、无遗漏。

① 所谓 2^i 个含有 1 的方格数相邻画一个圈是指，$i=0$，1，2，3 时分别为 1 个 1、2 个 1、4 个 1、8 个 1 相邻的方格构成方形（或矩形），可以用包围圈将这些 1 圈起来，形成方格群，这包括上下、左右、相对边界、四角等各种相邻的情况（把卡诺图看成是封闭的图形，几何相邻的最小项也是逻辑相邻的），如图 1-13 所示，其中图(a)、图(b)、图(e)、图(i)所示为两个相邻最小项的

化简，图(c)、图(d)、图(f)、图(h)、图(l)所示为 4 个相邻最小项的化简，图(g)、图(j)、图(k)所示为 8 个相邻最小项的化简。

图 1-13 相邻最小项的化简示意图

② 包围圈越大，即方格群中包含的最小项越多，公因子越少，化简结果越简单。

③ 在画包围圈时，最小项可以被重复包围，但每个方格群至少要有一个最小项与其他方格群不重复，以保证该化简项的独立性。

④ 必须把组成函数的全部最小项都圈完，为了不遗漏，一般应先圈定孤立项，再圈只有一种合并方式的最小项。

⑤ 方格群的个数越少，化简后的乘积项就越少。

下面举几个例子来说明图形法化简的过程。

【例 1.10】 利用图形法化简函数 $F = \Sigma\, m(3,4,6,7,10,13,14,15)$。

解：（1）先把函数 F 填入四变量卡诺图，如图 1-14 所示。

该卡诺图中方格右上角的数字为每个最小项的下标，使用者熟练掌握卡诺图应用以后，该数字可以不必标出。

（2）画包围圈。从图 1-14 中看出，$m(6,7,14,15)$ 不必再圈了，尽管

图 1-14 例 1.10 的卡诺图

这个包围圈最大，但它不是独立的，这 4 个最小项已被其他 4 个方格群全圈过了。

（3）提取每个包围圈中最小项的公因子构成乘积项，然后将这些乘积项相加，得到最简与或表达式为

$$F = \overline{A}CD + \overline{A}B\overline{D} + ABD + AC\overline{D}$$

需要说明的是，圈画的不同，得到的简化表达式也不同，但表达同一逻辑思想的目的是一样的。也就是说，表达同一个逻辑目的可以有不同的逻辑表达式。

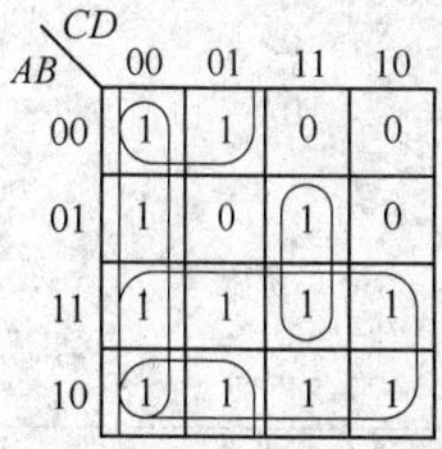

【例 1.11】 利用卡诺图法将下式化为最简与或表达式。

$$F = ABC + ABD + A\overline{C}D + \overline{C}\,\overline{D}$$
$$+ A\overline{B}C + AC\overline{D} + \overline{A}\,\overline{B}\,\overline{C} + \overline{A}BCD$$

解：（1）首先将函数 F 填入四变量卡诺图，如图 1-15 所示。

图 1-15　例 1.11 的卡诺图

（2）合并画圈。

（3）整理每个圈中的公因子作为乘积项。

（4）将上一步骤中各乘积项加起来，得到最简与或表达式为 $F = \overline{C}\,\overline{D} + \overline{B}\,\overline{C} + A + BCD$

1.4.4　含随意项的逻辑函数的化简

1. 含随意项的逻辑函数

前面所讨论的逻辑函数，对应于每一组变量的取值，都能得到一个完全确定的函数值（0 或 1）。如果一个逻辑函数有 n 个变量，函数就有 2^n 个最小项，对应于每一个最小项，函数都有一个确定的值。

但在实际工作中经常会遇到另外一些逻辑函数，只要求某些最小项函数有确定的值，而对其余最小项，函数的取值可以随意，既可以为 0，也可以为 1；或者，在逻辑函数中变量的某些取值组合根本不会出现，或不允许出现（不符合客观事实）。这些函数可以随意取值或不会出现的变量取值所对应的最小项称为随意项，也叫做约束项或无关项。

在真值表和卡诺图中，随意项所对应的函数值往往用符号"×"表示。在逻辑表达式中，通常用字母 d 表示随意项，或者用等于 0 的条件等式来表示随意项。该条件等式就是由随意项加起来所构成的值为 0 的逻辑表达式，叫做约束条件。

【例 1.12】 十字路口的交通信号灯，设红、绿、黄灯分别用 A、B、C 来表示；灯亮用 1 表示，灯灭用 0 表示；停车时 $F=1$，通车时 $F=0$。写出此问题的逻辑表达式。

解：交通信号灯在实际工作时，一次只允许一个灯亮，不允许有两个或两个以上的灯同时亮。如果在灯全灭时，允许车辆感到安全时可以通行，根据客观事实，则该问题的逻辑关系可以用表 1-9 所示的真值表来描述，其卡诺图如图 1-16 所示。由真值表可以写出逻辑表达式为

$$F = \overline{A}\,\overline{B}C + \overline{A}B\overline{C}$$
$$\overline{A}BC + A\overline{B}C + AB\overline{C} + ABC = 0 \qquad （约束条件）$$

因为对应于最小项 $\overline{A}BC$、$A\overline{B}C$、$AB\overline{C}$ 和 ABC，不允许有变量取值，所以这 4 个最小项就是该逻辑函数的随意项。上面的逻辑表达式也可以写成

$$F = \sum m(1,4) + \sum d(3,5,6,7)$$

表1-9　　　　　　　　　　　　交通信号灯的真值表

A	B	C	F
0	0	0	0
0	0	1	1
0	1	0	0
0	1	1	×
1	0	0	1
1	0	1	×
1	1	0	×
1	1	1	×

2. 含随意项的逻辑函数的化简

化简含随意项的逻辑函数时，充分利用随意项可以得到更加简单的逻辑表达式，因而其相应的逻辑电路也更简单。在化简过程中，随意项的取值可视具体情况取0或者取1而定。简单地说，如果随意项对化简有利，则取1；如果随意项对化简不利，则取0。

在例 1.12 中，如果不利用随意项，则化简结果为：

$$F = \overline{A}\,\overline{B}C + A\overline{B}\,\overline{C}$$

如果利用随意项，则化简结果为：$F = A + C$

BC\A	00	01	11	10
0	0	1	×	0
1	1	×	×	×

图1-16　交通信号灯的卡诺图

显然，利用随意项化简的结果要简单得多，该结果的含义也非常明确，在实际生活中，看到红灯或着黄灯亮，就要停车了。

1.5　逻辑函数门电路的实现

逻辑函数经过化简之后，得到了最简逻辑表达式，根据逻辑表达式，就可采用适当的逻辑门来实现逻辑函数。逻辑函数的实现是通过逻辑电路图表现出来的。逻辑电路图是由逻辑符号以及其他电路符号构成的电路连接图。逻辑电路图是除真值表，逻辑表达式和卡诺图之外，表达逻辑函数的另一种方法。逻辑电路图更接近于逻辑电路设计的工程实际。

由于采用的逻辑门不同，实现逻辑函数的电路形式也不同。

例如，逻辑函数 $F = AB + AC + BC$ 可用 3 个与门和 1 个或门，连接成先"与"后"或"的逻辑电路，实现 F 逻辑函数，如图 1-17(a)所示。

若将 F 函数变换成与非形式，即 $F = \overline{\overline{AB}\,\overline{AC}\,\overline{BC}}$，可用 4 个与非门组成的逻辑电路实现该函数，如图 1-17(b)所示。

如果允许电路输入采用反变量，对逻辑函数

$$F = \overline{AB + CD + B\overline{D}} = \overline{\overline{A} + \overline{B}} + \overline{\overline{C} + \overline{D}} + \overline{\overline{B} + D}$$

可用 4 个或非门实现；对逻辑函数 $F = \overline{\overline{AC} + \overline{AB}}$，可用 2 个与门和 1 个或非门实现，逻辑电路如图 1-17(c)、图 1-17(d)所示。在所有基本逻辑门中，与非门是工程实际中大量应用的逻辑门，单独使用与非门可以实现任何组合的逻辑函数。

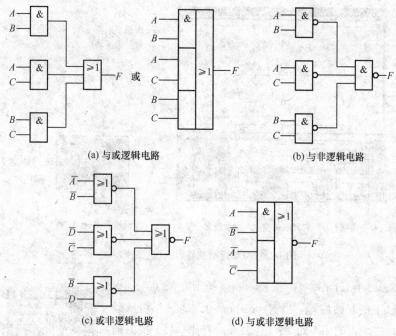

(a) 与或逻辑电路   (b) 与非逻辑电路

(c) 或非逻辑电路   (d) 与或非逻辑电路

图 1-17 逻辑门电路实现逻辑函数

1.6 仿真实训：示波器的使用及波形的观察

一、实训的目的和任务

1. 掌握仿真软件 Multisim 8 中示波器的使用
2. 掌握仿真软件 Multisim 8 中信号发生器的使用
3. 学习观察信号波形的方法

二、示波器使用介绍

1. 示波器简介

示波器是用来观察信号波形并测量信号幅度、频率及周期等参数的仪器，是电子实验中使用最为频繁的仪器之一，其电路标识和面板如图 1-18 所示。Multisim 8 中示波器种类有多种，如双通道示波器、四通道示波器，和专业的安捷伦示波器、泰克示波器等。本书只介绍前两种示波器的基本使用。

2. 示波器设置

根据示波器的使用重点，对 Timebase、Channel A、ChannelB、Trigger 等设置进行系统的介绍。

（1）时基（扫描时间）设置选项组

时基设置选项组对应在示波器面板上为 Timebase，如图 1-19 所示，时基可以设置的范围为 0.1ns/Div ～ ls/Div。

时基设置选项组可以设置示波器的水平增益和波形在水平方向上的位移。为了在示波器上得到一个便于观察的波形，可设置 Scale 的值接近信号频率的倒数。例如，输入示波器的信号为 1kHz，

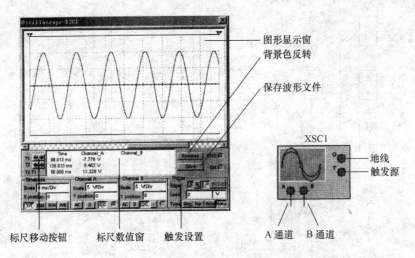

图 1-18　双通道示波器面板和电路标识

这时可以设置 Scale=1ms/Div 左右。X position（范围为 – 5.0 ~ 5.0），设置信号在 x 轴上的起始位置。当 X position=0 时，波形将从最左侧开始显示。一个正的值（如 2.0）将波形向右侧平移，负值则相反。

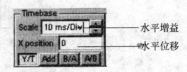

图 1-19　时基设置选项组示意图

在时基设置选项组中还有 4 个按钮，即 Y/T Add B/A A/B，用来转换波形的显示方式，可以从幅度对时间（Y/T）方式转换为显示通道之间互为横竖坐标的显示方式（A/B、B/A），也可以将两通道的波形相加（Add）。

另外，示波器接地与否均可。

（2）通道设置选项组

这一选项组中的两个通道设置完全一样，如图 1-20 所示，其中包含了水平增益、垂直位置和耦合方式的设置。值得注意的一点是，在通道 B 中的按钮 ，可将通道 B 的输入信号进行 180° 的相移。

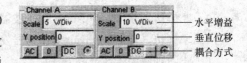

图 1-20　通道设置选项组示意图

当选择 AC 耦合方式时，只有交流信号能进入示波器，这种耦合方式相当于在示波器的探针中串联了一个电容。但实际的示波器在使用 AC 耦合时，第一个周期的信号波形是不准确的，原因是信号中的直流成分在开始时也混入了示波器中。

如果选择 DC 耦合方式，交流和直流信号就都可以显示了。在使用 DC 耦合方式时，不应该在探针前人为地串联电容，此外，示波器没有为电流测量提供测量通道。如果选择 0 耦合方式，将会在 Y position 所设置的位置上出现一条参考电平线。

（3）触发设置选项组

该选项组设置示波器的触发信号源等参数，如图 1-21 所示。

上升/下降沿触发方式可以设置波形的起始显示位置是在其上升部还是下降部。触发电平是信号的触发门限，只有高于触发电平的信号才会在示波器上显示。

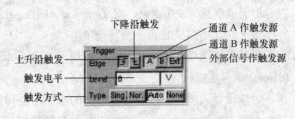

图 1-21　触发设置选项组示意图

触发信号可以是内部的，即使用通道 A 或通道 B 作为触发信号，也可以使用外部信号。

使用外部触发信号时，可以将触发信号接在示波器的触发源接线柱上。4 种触发方式功能如下。

None：关闭触发源。

Auto：使用通道 A、通道 B 或外部信号作为触发源。

Nor.：设置示波器每次到达触发电平时进行刷新。

Sing：设置示波器在信号到达触发电平时才触发。当信号显示满一屏时，只有再次按下此按钮波形才会改变。

3. 四通道示波器的使用

四通道示波器的使用与一般示波器差不多。只是在原来两通道的基础上增添了通道 C 和通道 D，这样便能在一些复杂的电路中观察多路的信号波形。四通道示波器的面板如图 1-22 所示。

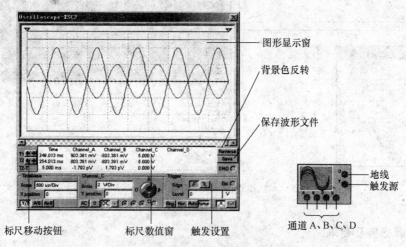

图 1-22 四通道示波器面板和电路标识

四通道示波器的时基设置和触发设置与一般示波器相同，使用时可参考一般示波器的内容。在通道设置中，用一个旋钮来选择当前调整的通道，使用起来十分方便。

三、函数信号发生器的使用

函数信号发生器实际上是一台可提供正弦波、三角波和方波的电压源。它在电路仿真中提供了十分方便和实际的功能，波形的频率、幅度、占空比和直流偏置都可以调整。函数信号发生器的频率范围很宽，几乎覆盖了交流、音频乃至射频的频率信号。

图 1-23 所示为 Multisim 8 中函数信号发生器的接线柱说明和面板图。可以选择 3 种波形作为函数信号发生器的输出信号。

对于方波信号，还可设置它的上升/下降时间参数。方法是：单击 按钮设置输出

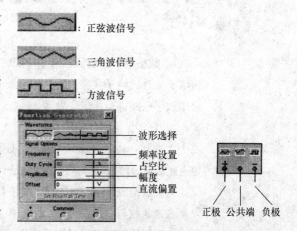

图 1-23 函数信号发生器的接线柱说明和面板图

为方波，这时上升/下降设置按钮 [Set Rise/Fall Time] 变为可用状态，单击该按钮，弹出"上升/下降时间参数设置"对话框，如图 1-24 所示，输入设计的上升/下降时间参数，单击 Accept 按钮以确认。

图 1-24　上升/下降时间参数设置

四、示波器波形观察电路

在仿真软件 Multisim 8 上画出如图 1-25 所示电路图，并仿真测试示波器及信号发生器的使用。

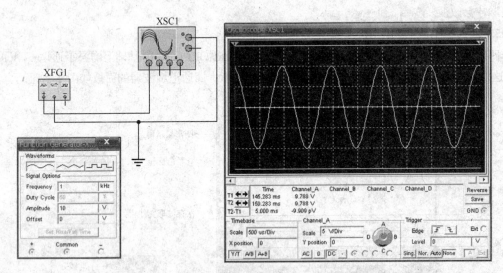

图 1-25　示波器与信号发生器的连接及调试的结果

五、实训报告及要求

写出观察某一频率的正弦波、方波、三角波的步骤。

小结

1. 数字信号的数值相对于时间的变化过程是跳变的、间断性的。对数字信号进行传输、处理的电子线路称为数字电路。模拟信号通过模数转换后可变成数字信号，即可用数字电路进行传输、处理。

2. 日常生活中使用十进制，但在计算机中基本上使用二进制，有时也使用八进制或十六进制。利用按权展开法可将任意进制数转换为十进制数。将十进制数转换为其他进制数时，整数部分采用基数除法，小数部分采用基数乘法。利用 1 位八进制数由 3 位二进制数构成，1 位十六进制数由 4 位二进制数构成，可以实现二进制数与八进制数以及二进制数与十六进制数之间的相互转换。

　　二进制代码不仅可以表示数值，而且可以表示符号及文字。BCD 码是用 4 位二进制代码代表 1 位十进制数的编码,有多种 BCD 码形式,最常用的是 8421BCD 码。

3. 逻辑代数是分析和设计数字电路的重要工具。利用逻辑代数,可把实际逻辑问题抽象为逻辑函数来描述,并且可用逻辑运算的方法,解决逻辑电路的分析和设计问题。

与、或、非是 3 种基本逻辑关系。与非、或非、与或非、异或则是由与、或、非 3 种基本逻辑运算复合而成的 4 种常用逻辑运算。

逻辑代数的公式和定理是推演、变换及化简逻辑函数的依据。

4. 逻辑函数的化简有公式法和图形法等。公式法是利用逻辑代数的公式、定理和规则来对逻辑函数化简,这种方法适用于各种复杂的逻辑函数,但需要熟练地运用公式和定理,且具有一定的运算技巧。图形法就是利用函数的卡诺图来对逻辑函数化简,这种方法简单直观,容易掌握,但变量太多时卡诺图太复杂,图形法已不适用。在对逻辑函数化简时,充分利用随意项可以得到十分简单的结果。

5. 逻辑函数可用真值表、逻辑表达式、卡诺图、逻辑图和波形图 5 种方式表示,它们各具特点,但本质相通,可以互相转换。由于由真值表到逻辑图和由逻辑图到真值表的转换,直接涉及数字电路的分析和设计问题,因此转换显得非常重要。

6. 仿真软件 Multisim 8 是学习数字电路有效的辅助工具,它可以在计算机上完成电路的连接及测试,大大提高了数字电路学习的效率。

7. 示波器是数字电路及硬件电路中经常使用的仪器,熟练的使用示波器可以帮助使用者分析、检查电路以及排除实际电路中的故障。

习题

1-1　将下列各数转换成十进制数:$(101.1)_2$,$(101.1)_8$,$(101.1)_{16}$。

1-2　将十进制数 1234 转换为二进制数及 8421 码。

1-3　将十进制数 2075 和 20.75 转换成二进制数、八进制数和十六进制数。

1-4　将下列函数转换为最小项表达式。

(1) $F(A,B,C) = AB + AC$

(2) $F(A,B,C,D) = AD + BC\overline{D} + \overline{A}\,BC$

1-5　列出逻辑函数 $F = A\overline{B} + AC + BC\overline{D}$ 的真值表。

1-6　用公式法将下列函数化简为最简与式。

(1) $F = A\overline{B}C + \overline{A}BC + ABC + \overline{A}\,\overline{B}C$

(2) $F = (\overline{A} + B)(\overline{ACD} + AD + \overline{\overline{B}\,\overline{C}})A\overline{B}$

(3) $F = \overline{A} + \overline{B} + \overline{C} + ABC$

(4) $F = A\overline{B}C + A\overline{B} + A\overline{D} + \overline{A}\,\overline{D}$

1-7　用图形法将下列函数化简为最简与式。

(1) $F = A\overline{B}\,\overline{C} + ABC + \overline{A}\,BC + \overline{A}\,\overline{B}C$

(2) $F = A\overline{B}\,\overline{C} + \overline{A}\,B + A\overline{D} + C + BD$

(3) $F = AB\overline{C} + \overline{AC} + \overline{ABC} + \overline{BC}$

（4）$F(A,B,C,D) = \Sigma\ m(0,1,8,9,10)$

（5）$F(A,B,C) = \Sigma\ m(0,1,2,3,6,7)$

（6）$F(A,B,C,D) = \Sigma\ m(0,1,2,5,8,9,10,12,14)$

1-8　用图形法将下列函数化简为最简与或式。

（1）$F(A,B,C,D) = \Sigma\ m(1,5,8,9,13,14) + \Sigma\ d(7,10,11,15)$

（2）$F(A,B,C,D) = \Sigma\ m(0,2,3,4,6,12) + \Sigma\ d(7,8,10,14)$

1-9　将下列函数转换为与非-与非表达式，并画出逻辑图。

（1）$F = AB + BC + AC$

（2）$F = \overline{\overline{AB\overline{C}} + \overline{\overline{AB}} + \overline{BC} + \overline{AB}}$

1-10　写出如图 1-26 所示各个逻辑电路输出信号的逻辑表达式，并对照 A、B 端给定的输入波形画出各个输出端信号的波形。

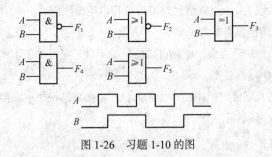

图 1-26　习题 1-10 的图

1-11　写出如图 1-27 所示各个逻辑电路输出信号的逻辑表达式并化简。

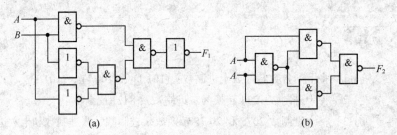

(a)   (b)

图 1-27　习题 1-11 的图

1-12　试用图形法化简如图所示电路的逻辑图，并将化简结果以逻辑图的形式画出。

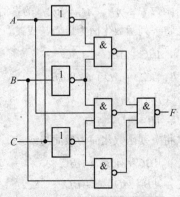

图 1-28　习题 1-12 的图

第2章
集成逻辑门电路

【本章内容简介】 本章主要介绍分立元件门电路、TTL 门电路和 CMOS 门电路。门电路是组成数字电路的基本单元电路，了解了门电路的工作原理和逻辑功能，能更好地使用集成逻辑门电路。要求掌握各种 TTL 门电路和 CMOS 门电路的逻辑功能，理解 TTL 门电路的主要参数及 TTL 电路与 CMOS 电路的主要差异。本章还介绍了 TTL 门电路和 CMOS 门电路的技术参数以及在实际使用中的一些注意事项，介绍了仿真测试门电路逻辑功能的问题。

【本章重点难点】 难点是分立元件门电路的工作原理；重点是 TTL 门电路和 CMOS 门电路的技术参数及应用中的问题。

【技能点】 集成门电路逻辑功能的测试。

能实现基本和常用逻辑运算的电子电路称为门电路。由于在二值逻辑中，逻辑变量的取值 0 和 1 是两种截然不同的逻辑状态，所以在电路中也需要用两种截然相反的状态来表示，而电路的状态是靠半导体元件的导通与截止来控制和实现的，因此半导体元件称为电子开关。二极管、三极管和场效应管在数字电路中就是构成这种电子开关的基本开关元件。相应地，门电路也称为开关电路。

2.1 分立元件门电路

在集成技术迅速发展和广泛应用的今天，分立元件门电路已经很少有人使用，但不管功能多么强大、结构多么复杂的集成门电路，都是以分立元件门电路为基础，经过改造演变而来的。了解分立元件门电路的工作原理，有助于学习和掌握集成门电路。分立元件门电路是由二极管、三极管和 MOS 管以及电阻等元件组成的门电路。

2.1.1 二极管与门

图 2-1(a)所示为由二极管构成的有两个输入端的与门电路。A 和 B 为输入，F 为

输出，二极管的符号为 VD。

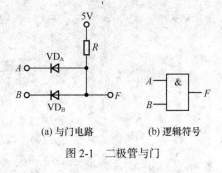

图 2-1 二极管与门

假设二极管是硅管，正向结压降为 0.7V，输入高电平为 3V，低电平为 0V。现在来分析这个电路如何实现与逻辑运算。输入 A 和 B 的高、低电平共有 4 种不同的组合，下面分别讨论。

$V_A = V_B = 0V$。在这种情况下，很显然。二极管 VD_A 和 VD_B 都处于正向偏置，VD_A 和 VD_B 均导通，由于二极管的正向导通压降为 0.7V，使 V_F 被钳制在 $V_F = V_A$（或 V_B）+0.7V = 0.7V。

$V_A = 0V$，$V_B = 3V$。$V_A = 0V$，故 VD_A 先导通。由于 VD 钳位作用，$V_F = 0.7V$，此时 VD_B 反向偏置，处于截止状态。

$V_A = 3V$，$V_B = 0V$。显然 VD_B 先导通，$V_F = 0.7V$。此时 VD_A 反向偏置，处于截止状态。

$V_A = V_B = 3V$。在这种情况下，VD_A 和 VD_B 均导通，因二极管钳位作用，$V_F = V_A$（或 V_B）+0.7V = 3.7V。上述输入与输出电平之间的对应关系如表 2-1 所示。

表 2-1   二极管与门电平测试表

输入（V）		输出（V）
V_A	V_B	V_F
0	0	0.7
0	3	0.7
3	0	0.7
3	3	3.7

假定高电平 3V 或 3.7V 代表逻辑取值 1，低电平 0V 或 0.7V 代表逻辑取值 0，则可以把表 2-1 输入与输出电平关系表转换为输入与输出的逻辑关系表，这个表就是表 2-2 所示的与逻辑真值表。

表 2-2   与逻辑真值表

输 入		输 出
A	B	F
0	0	0
0	1	0
1	0	0
1	1	1

由此可见，图 2-1 所示电路满足与逻辑的要求：只有输入端都是 1，输出才是 1，否则输出就是 0，所以它是一种与门，其逻辑表达式为 $F = AB$。与门是数字电路的基本单元之一，其逻辑符号如图 2-1(b)所示。

2.1.2 二极管或门

图 2-2(a)所示为由二极管构成的有两个输入端的或门电路，图 2-2(b)所示为或门的逻辑符号。电路分析可分为两种情况。

（1）$V_A = V_B = 0V$

显然，二极管 VD_A 和 VD_B 都导通，$V_F = V_A$（或 V_B）- 0.7V = - 0.7V

（2）V_A、V_B任意一个为 3V

例如，在 V_A =3V 时，VD_A 先导通，因二极管钳位作用，$V_F = V_A - 0.7V = 2.3V$。此时，VD_B 截止。如果将高电平 2.3V 和 3V 代表逻辑 1，低电平 – 0.7V 和 0V 代表逻辑 0，那么，根据上述分析结果，可以得到表 2-3 所示逻辑真值表。通过真值表可看出，只要输入有一个 1，输出就为 1；否则，输出就为 0。由此可知，输入变量 A、B 与 F 之间的逻辑关系是或逻辑。因此，图 2-2 所示电路为实现或逻辑运算的或门，其逻辑表达式为 $F = A + B$。

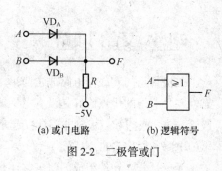

图 2-2 二极管或门

表 2-3　　　　　　　　　　　或逻辑真值表

输　　入		输　　出
A	B	F
0	0	0
0	1	1
1	0	1
1	1	1

2.1.3　三极管非门

图 2-3 所示为三极管非门电路及其逻辑符号，三极管的符号为 VT。电路只有一个输入，只需分两种情况讨论它的工作状态。

1．V_A=0V

由于 V_A=0V，它与–5V 分压后使 VT 的基极电平 $V_B<0$，所以，三极管处于截止状态，输出电压 V_F 将接近于 V_{CC}，即 $V_F \approx V_{CC}$=3V。

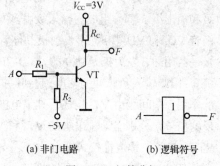

图 2-3 三极管非门

2．V_A =3V

由于 V_A = 3V，三极管 VT 发射结正向偏置，VT 导通并处于饱和状态（可以设计电路使基极电流大于临界饱和基极电流，在这种情况下，三极管为饱和状态），三极管 VT 饱和状态时，V_{CE}=0.3V，因此，V_F=0.3V。假定用高电平 3V 代表逻辑 1，低电平 0V 和 0.3V 代表逻辑 0，根据上述分析结果，可得到表 2-4 所示的真值表。根据真值表可知，输入变量 A 与输出变量 F 之间是非逻辑的关系，其逻辑表达式为 $F = \overline{A}$。

表 2-4　　　　　　　　　　　非逻辑真值表

输　　入	输　　出
A	F
0	1
1	0

2.1.4　复合门电路

二极管与门和或门电路非常简单，但缺点是存在电平偏移、带负载能力差、工作速度低、可靠性差。非门的优点恰好是没有电平偏移、带负载能力强、工作速度高、可靠性高。因此常将二极管与门、或门和三极管非门连接起来，构成与非门和或非门。这种门电路称为二极管-三极管逻辑门电路，简称 DTL 电路。

无论是分立元件组成的门电路还是集成门电路，只要其逻辑功能相同，在逻辑电路图中都可以用相应的逻辑符号来表示。

2.2　TTL 集成门电路

分立元件的门电路体积大、可靠性差。而集成门电路不仅微型化、可靠性高、耗电小，而且运行速度快，便于多级连接。以半导体器件为基本单元，集成在一块硅片上，并具有一定的逻辑功能的电路称为逻辑集成电路。输入端和输出端都用双极型三极管的逻辑电路称为晶体管-晶体管逻辑（Transistor-Transistor Logic）电路，简称 TTL 电路。TTL 电路的开关速度较高，其缺点是功耗较大（相比 CMOS 电路而言）。

2.2.1　基本 TTL 与非门工作原理

图 2-4 所示为 TTL 与非门的电路图。它由输入级、中间级和输出级 3 部分组成。输入级由多发射极晶体管 VT_1、二极管 VD_1 和 VD_2 构成。多发射极晶体管 VT_1 中的基极和集电极是共用的，发射极是独立的。VD_1 和 VD_2 为输入端限幅二极管，限制输入负脉冲的幅度，起到保护多发射极晶体管 VT_1 的作用。中间级由 VT_2 构成，其集电极和发射极产生相位相反的信号，分别驱动输出级的 VT_3 和 VT_1。输出级由 VT_3、VT_4 和 VD_3，构成推拉式输出。

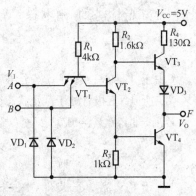

图 2-4　TTL 与非门典型电路

假定输入信号高电平为 3.6V，低电平为 0.3V，三极管发射结导通时 $V_{BE} = 0.7V$，三极管饱和时 $V_{CE} = 0.3V$，二极管导通时电压 $V_D = 0.7V$。这里主要分析 TTL 与非门的逻辑关系，并估算电路相关各点的电平。

（1）输入有一个（或两个）为 0.3V。假定输入端 A 为 0.3V，那么 VT_1 的 A 发射结导通。VT_1 的基极电平 $V_{B1} = V_A + V_{BE1} = 0.3V + 0.7V = 1.0V$。此时，$V_{B1}$ 作用于 VT_1 的集电结和 VT_2、VT_3 的发射结上，V_{B1} 过低，不足以使 VT_2 和 VT_4 导通。因为要使 VT_2 和 VT_4 导通，至少需要 $V_{B1} = 2.1V$。当 VT_2 和 VT_4 截止时，电源 V_{CC} 通过电阻 VR_2 向 VT_3 提供基极电流，使 VT_3 和 VD_3 导通，其电流流入负载。因为电阻 R_2 上的压降很小，可以忽略不计，输出电平为

$$V_O = V_{CC} - V_{BE3} - V_{D3} = 5 - 0.7 - 0.7 = 3.6V$$

实现了输入只要有一个低电平，输出就为高电平的逻辑关系。

（2）输入端全为 3.6V。当输入端 A、B 都为高电平 3.6V 时，电源 V_{CC} 通过电阻 R_1 先使 VT_2 和 VT_4 导通，使 VT_1 基极电平 $V_{B1} = 3 \times 0.7V = 2.1V$，$VT_1$ 的两个发射结处于截止状态，而集电结处于正向偏置的导通状态。这时 VT_1 处于倒置运用。倒置运用时 VT 的电流放大倍数近似为 1。因此 $I_{B1} = I_{B2}$。只要合理选择 R_1、R_2 和 R_3，就可以使 VT_2 和 VT_4 处于饱和状态。由此，VT_2 集电极电平 V_{C2} 为

$$V_{C2} = V_{CE2} + V_{BEA} = 0.3 + 0.7 = 1.0V$$

V_{C2} 为 1.0V，不足以使 VT_3 和 VD_3 导通，故 VT_3 和 VD_3 截止。因 VT_4 处于饱和状态，故 $V_{CEA} = 0.3V$，也即 $V_O = 0.3V$，实现了输入全为高电平，输出为低电平的逻辑关系。

通过上述分析可知，当输入有一个或两个为 0.3V 时，输出为 3.6V；当输入全为 3.6V 时，输出为 0.3V。电路实现了与非门的逻辑关系。

2.2.2 TTL 集成电路的技术参数

TTL 门电路是基本逻辑单元，是构成各种 TTL 电路的基础。TTL 集成电路产品有多个系列，如表 2-5 所示。

表 2-5　　　　　　　　　　常用集成逻辑电路分类表

系列	子系列	代号	名　称	时间/ns	工作电压/V	功　耗
TTL 系列	TTL	74	普通 TTL 系列（某些资料上称为 N 系列或 STD 系列）	10	74 系列：4.75 ~ 5.25	10mW
	HTTL	74H	高速 TTL 系列	6		22mW
	LTTL	74L	低功耗 TTL 系列	33		1mW
	STTL	74S	肖特基 TTL 系列	3		19mW
	ASTTL	74AS	先进肖特基 TTL 系列	3	54 系列：4.5 ~ 5.5	8mW
	LSTTL	74LS	低功耗肖特基 TTL 系列	9.5		2mW
	ALSTTL	74ALS	先进低功耗肖特基 TTL 系列	3.5		1mW
	FTTL	74F	快速 TTL 系列	3.4		4mW
CMOS 系列	CMOS	40/45	互补型场效应管系列	125	3 ~ 18	1.25μW
	HCMOS	74HC	高速 CMOS 系列	8	2 ~ 6	2.5μW
	HCTMOS	74HCT	与 TTL 电平兼容型 HCMOS 系列	8	4.5 ~ 5.5	2.5μW
	ACMOS	74AC	先进 CMOS 系列	5.5	2 ~ 5.5	2.5μW
	ACTMOS	74ACT	与 TTL 电平兼容型 ACMOS 系列	4.75	4.5 ~ 5.5	2.5μW

74LS 系列产品具有较好的综合性能，是 TTL 集成电路的主流，是应用最广的系列。

TTL 集成电路参数很多，现以 TTL 与非门为例介绍一些反映性能的主要参数。

1. 电压传输特性

电压传输特性是指输出电压 u_o 随输入电压 u_I 变化的特性。如果将 TTL 与非门的某输入端电压由 0V 逐渐增加到 5V，其他输入端接 5V，测量输出端电压，则可以得到一条电压变化的曲线——电压传输特性曲线，如图 2-5 所示。

2. 与非门的电压传输特性

由图 2-5 可见，当 u_I 从 0 开始逐渐增加时，在一定的 u_I 范围里输出保持高电平基本不变。当 u_I 上升到一定数值后，输出很快下降为低电平，此后即使 u_I 继续增加，输出也基本保持低电平不变。

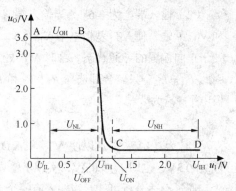

图 2-5 与非门的电压传输特性

3. 主要参数

（1）输出高电平 U_{OH}。U_{OH} 是指 TTL 与非门的一个或几个输入为低电平时的输出电平，产品规范值 $U_{OH} \geqslant 2.4V$，标准高电平 $U_{SH} = 2.4V$。

（2）高电平输出电流 I_{OH}。I_{OH} 是指输出为高电平时，提供给外接负载的最大输出电流，超过此值会使输出高电平下降。I_{OH} 表示电路的拉电流负载能力。

（3）输出低电平 U_{OL}。U_{OL} 是指 TTL 与非门的输入全为高电平时的输出电平，产品规范值 $U_{OL} \leqslant 0.4V$，标准低电平 $U_{SL} = 0.4V$。

（4）低电平输出电流 I_{OL}。I_{OL} 是指输出为低电平时，外接负载的最大输出电流，超过此值会使输出低电平上升。I_{OL} 表示电路的灌电流负载能力。

（5）扇出系数 N_O。N_O 是指一个门电路能带同类门的最大数目，它表示门电路的带负载能力。一般 TTL 门电路 $N_O \geqslant 8$，功率驱动门的 N_O 可达 25。

（6）最大工作频率 f_{max}。f_{max} 是指门电路的最大工作频率，超过此频率门电路就不能正常工作。

（7）输入开门电平 U_{ON}。U_{ON} 是指在额定负载下使与非门的输出电平达到标准低电平 U_{SL} 的输入电平。它表示使与非门开通的最小输入电平。一般 TTL 门电路的 $U_{ON} \approx 1.8V$

（8）输入关门电平 U_{OFF}。U_{OFF} 是指在额定负载下使与非门的输出电平达到标准高电平 U_{SH} 的输入电平。它表示使与非门关断所需的最大输入电平。一般 TTL 门电路的 $U_{OFF} \approx 0.8V$。

（9）高电平输入电流 I_{IH}。I_{IH} 是指输入为高电平时的输入电流，也即当前级输出为高电平时，本级输入电路造成的前级拉电流。

（10）低电平输入电流 I_{IL}。I_{IL} 是指输入为低电平时的输出电流，也即当前级输出为低电平时，本级输入电路造成的前级灌电流。

（11）平均传输时间 t_{pd}。t_{pd} 是指信号通过与非门时所需的平均延迟时间。在工作频率较高的数字电路中，信号经过多级传输后造成的时间延迟，会影响电路的逻辑功能。

从与非门的输入端加上一个脉冲信号 u_I 到输出端输出一个脉冲信号 u_O，其间有一定的时间延迟，如图 2-6 所示。它表示了门电路的开关速度。用平均传输延迟时间 t_{pd} 表示这个参数为

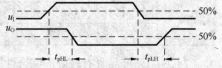

图 2-6 TTL 与非门的传输时间延迟

$$t_{pd} = \frac{t_{pHL} + t_{pLH}}{2}$$

t_{pd} 越小，表示门电路的开关速度越快。

（12）空载功耗。空载功耗是指与非门空载时的功率损耗，它等于电源总电流 I_{CC} 与电源电压

U_{CC} 的乘积。

上述参数指标可以在 TTL 集成电路手册里查到。对于功能复杂的 TTL 集成电路，在使用时还要参考手册上提供的波形图（或时序图）、真值表（或功能表），以及引脚信号电平的要求，这样才能正确使用各类 TTL 集成电路。

4. 其他类型的 TTL 门电路

在实际的数字系统中，为了便于实现各种不同的逻辑函数，在 TTL 门电路的定型产品中，除了与非门之外，还有或非门、与门、或门、与或非门、异或门、反相器等几种常见的类型。它们尽管功能不同，但输入端、输出端的电路结构均与 TTL 与非门基本相同，所以前面介绍的各种特性和参数，对这些门电路同样适用。

2.2.3　集电极开路的门电路和三态门

1. 集电极开路的门电路

集电极开路的门电路（OC 门）是基于线与逻辑的实际需要而产生的。所谓线与就是将两个以上的门电路的输出端直接并联起来，用以实现几个函数的逻辑乘，这在理论上是可行的，但用普通的门电路实现却是不安全的。因为普通门电路的输出级大部分都采用互补的工作方式，如将两个与非门的输出端直接相连，就可能出现一条自 U_{CC} 到地的低阻通路，则必然有很大的电流流过两个门输出级，这个电流的数值将远远超过正常的工作电流，从而造成门电路的损坏。为了解决线与问题，在 TTL 电路中把门电路输出级改为集电极开路的三极管结构，简称 OC 门。

图 2-7(a)、(b)分别为 OC 门的电路结构和逻辑符号。这种门工作时需要在输出级开路的集电极和电源之间加负载电阻，该负载电阻称为上拉电阻 R_C，只要 R_C 的数值选择适当，就能做到既保证输出高、低电平符合要求，又保证输出级三极管不过载。

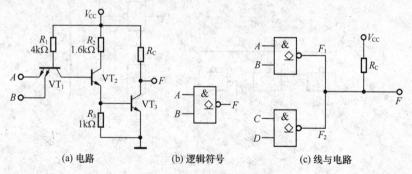

(a) 电路　　　　　　(b) 逻辑符号　　　　　　(c) 线与电路

图 2-7　OC 门电路及逻辑符号

线与功能是 OC 门在应用中的主要特点。两个 OC 门实现线与的电路如图 2-7(c)所示。当两个门的输出 F_1 和 F_2 均为高电平时，其输出 F 为高电平。F_1 和 F_2 有一个为低电平时，F 为低电平，显然完成的是与运算 $F = F_1 \cdot F_2 = \overline{AB} \cdot \overline{CD}$。这种不用与门完成的与运算称为线与逻辑。

设 n 个 OC 门线与，后面带 m 个负载门，则上拉电阻（也有称为外接电阻）R_C 的取值范围为

$$\frac{U_{CC} - U_{OL\,max}}{I_{OL} - mI_{IL}} \leqslant R_C \leqslant \frac{U_{CC} - U_{OH\,min}}{nI_{OH} + mI_{IH}}$$

其中 $U_{\text{OL max}}$ 为规定的产品低电平上限值，$U_{\text{OH min}}$ 为规定的产品高电平下限值，I_{OL} 为每个 OC 门所允许的最大负载电流，I_{OH} 为 OC 门输出管截止时的漏电流，I_{IL} 为每个负载门的低电平输入电流，I_{IH} 为负载门的高电平输入电流。

2. TTL 三态门

（1）三态门简称 TSL 门，它是在普通门的基础上，加上使能控制电路和控制信号构成的。所谓三态门，是指其输出有 3 种状态，即高电平、低电平和高阻态（开路状态）。在高阻态时，其输出与外接电路呈断开状态。图 2-8 所示为三态与非门的逻辑图。

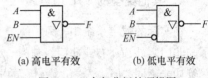

(a) 高电平有效   (b) 低电平有效

图 2-8   三态与非门的逻辑图

图 2-8(a)所示的三态门是控制端为高电平时有效。当 $EN=1$ 时，与普通与非门的逻辑功能相同；当 $EN=0$ 时，不论 A、B 的状态如何，输出均为高阻态（与外电路隔断）。

图 2-8(b)所示的三态门是控制端为低电平时有效。当 $\overline{EN}=0$ 时，与普通与非门的逻辑功能相同；当 $\overline{EN}=1$ 时，不论 A、B 的状态如何，输出为高阻态。

（2）三态门在数据传输中的应用。

① 用三态门接成总线结构。使用三态门可以实现用一条（或一组）总线分时传送多路信号，如图 2-9(a)所示。工作时，分时使各门的控制端为 1，即同一时间里只让一个门处于有效状态，而其余门处于高阻态。这样，用同一根总线就可以轮流接收各三态门输出的信号，极大地简化了数据传送电路的结构。用总线传送信号的方法，在计算机和数字系统中被广泛采用。

② 用三态门实现数据的双向传输。在图 2-9(b)中，当 $EN=1$ 时，G_1 工作，G_2 处于高阻态，数据 D_1 经反相后送到总线。当 $EN=0$ 时，G_1 处于高阻态，G_2 工作。总线上的数据经反相后在 G_2 的输出端送出。

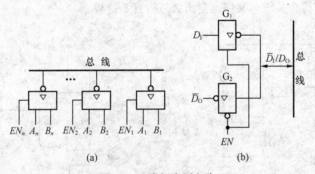

图 2-9   三态门应用电路

2.3   CMOS 集成门电路

CMOS 集成电路的许多最基本的逻辑单元，都是用 P 沟道增强型 MOS 管和 N 沟道增强型 MOS 管按照互补对称形式连接起来构成的，故称为互补型 MOS 集成电路，简称 CMOS 集成电路。CMOS 集成电路具有电压控制、功耗极低、连接方便等一系列优点，是目前应用最广泛的集成电路之一。

CMOS 器件的系列较多，有 4000、HC、HCT、AC、ACT 等。其中 4000 为普通 CMOS；HC 为高速 CMOS；HCT 为能够与 TTL 兼容的 CMOS；AC 为先进的 CMOS；ACT 为先进的能够与 TTL 兼容的 CMOS。

CMOS 器件的电源电压：4000 系列为 3～18 V；HC 系列为 2～6 V；HCT、AC、ACT 等与 TTL 系列相同，为 5V。

2.3.1　常用 CMOS 逻辑门

1. CMOS 非门电路

图 2-10 所示为 CMOS 非门逻辑电路，是 CMOS 电路的基本单元。它由一个 P 沟道增型 MOS 管 VT_1 和一个 N 沟道增强型 MOS 管 VT_2 构成，两管漏极相连作为输出端 F，两管栅极相连作为输入端 A。VT_1 源极接正电源 V_{DD}，VT_2 源极接地，V_{DD} 大于 VT_1、VT_2 开启电压绝对值之和。

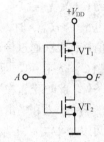

图 2-10　CMOS 非门逻辑电路

当输入 $V_A = 0V$（低电平）时，VT_1 管的栅源极电压 $V_{GS1} = -V_{DD}$，故 VT_1 导通，输出与 V_{DD} 相连；而 $V_{GS2} = 0V$，VT_2 截止，输出与地断开，因此，输出电平 $V_F = V_{DD}$（高电平）。

当输入 $V_A = V_{DD}$（高电平）时，VT_1 的栅源极电压 $V_{GS2} = 0V$，VT_1 截止，输出与 V_{DD} 断开；而 $V_{GS2} = V_{DD}$，VT_2 导通，输出与地相连，因此，输出为 0V（低电平）。所以，电路实现非运算

$$F = \overline{A}$$

2. CMOS 与非门电路

图 2-11 所示为两输入 CMOS 与非门电路。同非门电路相比，它增加了一个 P 沟道 MOS 管与原 P 沟道 MOS 管并接，增加了一个 N 沟道 MOS 管与原 N 沟道 MOS 管串接。每个输入分别控制一对 P、N 沟道 MOS 管。

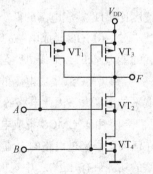

图 2-11　CMOS 与非门逻辑电路

当输入 A，B 中至少有一个为低电平时，两个 P 沟道 MOS 管也至少有一个导通，而两个 N 沟道 MOS 管有一个截止，输出为高电平。只有当输入 A，B 都为高电平时，两个 P 沟道管都截止，两个 N 沟道管都导通，输出为低电平。所以电路实现与非运算

$$F = \overline{AB}$$

通过串接 N 沟道管，并接 P 沟道管，可实现多于两输入的与非门。

常用的 CMOS 门电路还有 CMOS 或非门。

利用与非门、或非门和非门可以组成 CMOS 与门、或门、异或门等逻辑电路。

同 TTL 集成逻辑电路相似，CMOS 门电路还有漏极开路门（OD 门），功能是可以实现线与。CMOS 门电路也有三态门，功能与 TTL 三态门相同。

2.3.2 CMOS 传输门

图 2-12(a)和(b)分别为 CMOS 传输门及其逻辑符号，其中 N 沟道增强型 MOS 管 VT_N 的衬底接地，P 沟道增强型 MOS 管 VT_P 的衬底接电源 U_{DD}，两管的源极和漏极分别连在一起作为传输门的输入端和输出端，在两管的栅极上加上互补的控制信号 C 和 $\overline{C}$。

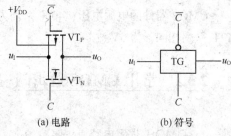

(a) 电路　　(b) 符号

图 2-12　CMOS 传输门及其逻辑符号

传输门实际上是一种可以传送模拟信号或数字信号的压控开关，工作原理如下。

当 C =0、$\overline{C}$ =1 时，即 C 端为低电平（0V）、$\overline{C}$ 端为高电平（$+U_{DD}$）时，VT_N 和 VT_P 都不具备开启条件而截止，即传输门截止。此时不论输入 u_I 为何值，都无法通过传输门传输到输出端，输入和输出之间相当于开关断开一样。

当 C =1、$\overline{C}$ =0，即 C 端为高电平（$+U_{DD}$）、$\overline{C}$ 端为低电平（0V）时，VT_N 和 VT_P 都具备了导通条件。此时若 u_I 在 0V ~ U_{DD} 范围之内，VT_N 和 VT_P 中必定有一个导通，u_I 可通过传输门传输到输出端，输入和输出之间相当于开关接通一样，$u_O=u_I$。如果将 VT_N 的衬底由接地改为接 $-U_{DD}$，则 u_I 可以是 $-U_{DD}$ ~ $+U_{DD}$ 之间的任意电压。

由于 MOS 管的结构是对称的，即源极和漏极可互换使用，所以 CMOS 传输门具有双向性，即信号可以双向传输，因此 CMOS 传输门又称为双向开关。传输门也可以用作模拟开关，用于传输模拟信号。

2.3.3 CMOS 集成电路的特点

CMOS 集成电路和 TTL 集成电路比较，具有以下特点。

（1）由于 CMOS 管的导通电阻比双极型晶体管的导通电阻大，所以 CMOS 集成电路的工作速度比 TTL 集成电路的低。

（2）CMOS 集成电路的输入阻抗很高，在频率不高的情况下，电路的扇出能力较大，即带负载的能力比 TTL 集成电路强。

（3）CMOS 集成电路的电源电压允许范围较大，约在 3 ~ 18V，这就使得电路的输出高、低电平的摆幅大，因此电路的抗干扰能力比 TTL 集成电路强。

（4）由于 CMOS 集成电路工作时总是一管导通，另一管截止，而截止管的电阻很高，这就使在任何时候流过电路的电流都很小，因此 CMOS 集成电路的功耗比 TTL 集成电路小得多。门电路的功耗只有几 μW，中规模集成电路的功耗也不会超过 100 μW。

（5）因 CMOS 集成电路的功耗很小，使得内部发热量小，因此 CMOS 集成电路的集成度比 TTL 集成电路高。

（6）CMOS 集成电路的温度稳定性好，抗辐射能力强，因此 CMOS 集成电路适合于在特殊环境下工作。

（7）由于 CMOS 集成电路的输入阻抗高，使其容易受静电感应而击穿，因此在使用和存放时应注意静电屏蔽，焊接时电烙铁应接地良好，尤其是 CMOS 集成电路多余不用的输入端绝对不能悬空，应根据需要接地或接高电平。

2.4　集成电路的使用

2.4.1　集成电路的使用常识

1．常见数字集成电路的封装

集成电路就是采用一定的生产工艺将晶体管、电阻、电容等元器件包括连接线路都集中在一个很小的硅片上，这个小硅片称为晶片。将晶片用塑料或陶瓷封起来，并引出外部连接线。其外形大小、形状和外部连接线的引出方式、尺寸标准称为集成电路的封装。为满足不同的应用场合，同一型号的集成电路一般都有不同形式的封装，在使用集成电路前一定要查清集成电路的封装，特别是在设计印制电路板时，初学者往往会发生印制电路板做完后，在组装器件时因封装不对而造成印制电路板报废的情况。

随着集成电路安装工艺技术的发展，封装也在不断地发展。目前集成电路的封装规格不下数百种，图 2-13 所示为数字集成电路常见的几种封装形式。

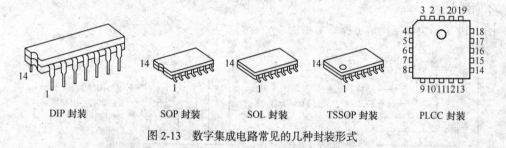

图 2-13　数字集成电路常见的几种封装形式

2．数字集成电路的引脚

数字集成电路的引脚一般都在十几至几十个，如何识别引脚的编号对正确使用集成电路是至关重要的。实际应用中不乏将集成电路装反而烧坏器件的例子。

对于器件两边引脚封装的集成电路器件（如 DIP、SOP 等），顶面的一边有一个缺口，一般在文字的左侧。面对集成电路顶面，缺门朝左。则左下角的第一个引脚为 1 号，从 1 号开始逆时针顺序给引脚编号。

有些两边引脚封装的器件体积较小，封装上并无缺口，甚至第一引脚处的标记也没有，这一类器件就只能以文字方向辨别。

对于四边引脚封装的器件，其四个角有一个角为缺角，用于定位。这类器件在第一引脚处有一个标记，然后逆时针方向顺序排列，如图 2-13 所示。

3．数字集成电路技术参数的获得途径

在使用某一集成电路前需要仔细阅读电路的技术参数，在信息技术发达的当今社会，获得技术参数的途径很多，主要有两大来源。

（1）来自数字集成电路数据手册。目前市面上各种各样的数字集成电路数据手册十分丰富，既有按某一类数字集成电路收集的综合性手册，也有各生产厂家提供的产品手册等。

（2）来自互联网。在互联网上查找集成电路的资料也十分方便，具体方法有以下几种。

① 互联网上有许多有关电子技术和集成电路的网站，这些网站一般都提供了集成电路的技术资料、供货情况甚至参考价格等信息，如"http：//www．ieechina.com"、"http：//www．21ic.com"。

② 在集成电路生产厂家的网站上查找。互联网上提供集成电路技术参数资料的网站上，一般都提供有国内外集成电路生产厂商的网址，这些生产厂家的网站上都会提供该公司产品的详细技术参数资料。

4．数字集成电路的型号

数字集成电路的型号一般由 5 部分组成。

第一部分（字母）：前缀，我国国家标准为字母"C"+器件类型代码，国际上多为厂商代码。

第二部分（数字）：系列代码，常见数字集成电路系列有"40"、"45"、"140"、"145"、"74"、"54"等。

第三部分（字母）：子系列代码，表示器件的工艺类型，无此部分时表示为普通类型。

第四部分（数字）：功能代码，表示该器件的逻辑功能。

第五部分（字母）：我国国家标准为"工作温度范围"和"封装形式"，国际上不同厂商的产品有不同的含义。

图 2-14 所示为数字集成电路型号举例。

图 2-14　数字集成电路型号举例

同一系列数字集成电路中逻辑功能相同的，其外部引脚相同，如 74 系列中四 2 输入与非门有 7400、74LS00、74HC00、74ALS00、74HCT00 等，外部封装与引脚都相同，如图 2-15 所示。尽管它们有着相同的逻辑功能和外形，但它们的技术参数却不相同，使用中是否能直接代换，需要根据技术参数来决定。

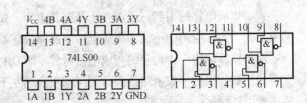

图 2-15　集成逻辑电路管脚及内部逻辑电路图

2.4.2　TTL 逻辑门电路使用中的几个实际问题

1．多余输入端的处理

为防止干扰，增加工作的稳定性，与非门多余输入端一般不应悬空（悬空相当于逻辑 1），而应将其接正电源或接固定的高电平；也可以接至使用端，如图 2-16 所示。或门和或非门多余输入端可直接接地。

2．使用中的注意事项

① 对已经选定的元器件一定要进行测试，参数的性能指标应满足设计要求，并留有余量。要准确识别各元器件的引脚，以免接错，造成人为故障甚至损坏元器件。

② TTL 电路的电源电压应满足 5 V ± 10%，使用时不能将电源与"地"引线端颠倒错接，否则将会因电流过大造成器件损坏。

③ 电路的各输入端不能直接与高于

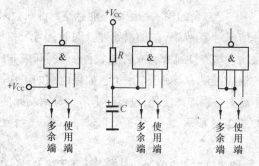

(a) 接至正电源　(b) 接至固定高电平　(c) 接至使用端

图 2-16　多余输入端的处理

+5.5v、低于-0.5V 的低内阻电源连接，因为低内阻电源能提供较大电流，会因过热而烧毁器件。

④ 除三态门和 OC 门之外，输出端不允许并联使用，OC 门线与时应按要求配好上拉电阻。

⑤ 输出端不允许与电源或"地"短路，否则会造成器件损坏，但可以通过电阻与电源相连，输出高电平。

⑥ 在电源接通情况下，不要移动或插入集成电路，因为电流的冲击会造成永久性损坏。

⑦ 一个集成块中一般包括几个门电路，为了降低功耗，可将不使用的与非门和或非门等器件的所有输入端接地，并将它们的输出端连到不使用的与门输入端上，如图 2-17 所示。

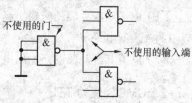

图 2-17　不使用门的处理

⑧ 为了防止动态尖峰或脉冲电流通过公共电源内阻耦合到逻辑电路造成干扰，在电源与地线间通常接入 $10 \sim 100 \mu F$ 的低频去耦滤波电容。大电容器有分布电感，不能滤除高频干扰，因此每一芯片电源端还应加接 0.1pF 的电容，以滤除高频开关噪声。

⑨ 为了减少噪声，应将电源"地"和信号"地"分开。先将信号"地"汇集一点，然后用最短的导线将二者连在一起。如果系统中含有模拟和数字两种电路，同样应将二者的"地"分开，然后再选一个合适的公共点接地。必要时可设计模拟和数字两块电路板，各备直流电源，然后将二者的"地"连接在一起。

⑩ TTL 电路通常要求输入信号上升沿或下降沿小于 0 ~ 50ns/V，当外加输入信号不满足此要求时，必须加施密特触发器整形。

2.4.3　CMOS 逻辑门电路的正确使用

CMOS 电路由于输入电阻高，因此极易接受静电电荷。为了防止产生静电击穿，生产 CMOS 时，在输入端加上标准保护电路，但这并不能保证绝对安全，因此在使用 CMOS 电路时，必须采取以下预防措施。

（1）存放 CMOS 集成电路时要屏蔽，一般放在金属容器内，也可以用金属箔将引脚短路。

（2）组装、调试时，电烙铁、仪表、工作台应有接地良好。操作人员服装、手套等应选用无静电材料制作。焊接时烙铁功率不应超过 20W，最好用电烙铁余热快速焊接；也可以将插件座焊在线路板上，而后器件插在座上，这样最安全。

（3）多余的输入端绝对不能悬空，否则会因受干扰而破坏逻辑关系。可以根据逻辑功能需要，分情况对多余输入端加以处理。例如，与门和与非门的多余输入端应接到 U_{DD} 或高电平上；或门和或非门的多余输入端应接到 U_{SS} 或低电平上；如果电路的工作速度不高，不需要特别考虑功耗，也可以将多余输入端同使用端并联，如图 2-18 所示。

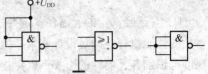

图 2-18　CMOS 门多余输入端的处理

2.4.4　CMOS 电路与 TTL 电路的连接

在实际应用中，有时电路需要同时使用 CMOS 和 TTL 电路，由于两类电路的电平并不能完全兼容，因此存在相互连接的匹配问题。

1. CMOS 和 TTL 电路之间连接条件

CMOS 和 TTL 电路之间连接必须满足两个条件。

（1）电平匹配。驱动门输出高电平要大于负载门的输入高电平，驱动门输出低电平要小于负载门的输入低电平。

（2）电流匹配。驱动门输出电流要大于负载门的输入电流。

2. CMOS 驱动 TTL

只要两者的电压参数兼容，一般情况下不用另加接口电路，仅按电流大小计算扇出系数即可。

3. TTL 驱动 CMOS

因为 TTL 电路的 V_{OH} 小于 CMOS 电路的 V_{IH}，所以 TTL 一般不能直接驱动 CMOS 电路。可采用图 2-19 所示电路，提高 TTL 电路的输出高电平。R_{UP} 为上拉电阻。如果 CMOS 电路 V_{DD} 高于 5V，则需要电平变换电路。

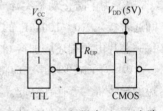

图 2-19　TTL 驱动 CMOS 电路

【相关知识】　数字电路实验装置的结构与使用

数字电路实验装置种类很多，结构不尽相同，但如果要能完成数字电路的常规实验，基本应有以下几个部分。

（1）电源。能够提供 TTL 和 CMOS 芯片工作的合适电源。一般有固定电压和可调电压两种。

（2）脉冲信号源。

① 连续脉冲。提供一定幅值、频率可调的脉冲信号，作为实验的输入信号使用。

② 单次脉冲。手动一次，输出一个脉冲信号，提供不连续的脉冲信号。

（3）逻辑电平指示。一组发光二极管，用其亮灭来显示输出电平的高低。

（4）逻辑电子开关。一组拨动开关，用以设定输入电平的高低。

（5）IC 插座。用来安装所要测试的芯片。

图 2-20 所示为某型号的数字电路实验箱。

图 2-20　数字电路实验箱面板图

2.5　仿真实训：用仿真软件 Multisim 8 测试集成逻辑门功能

一、实训的目的和任务

1. 掌握基本门电路的逻辑功能及测试方法
2. 熟悉仿真软件 Multisim 8 的使用

二、实训内容

1. 测试与非门集成电路 74LS00 的逻辑功能

（1）按图 2-21 所示电路图连线，灯泡作为输出的指示，同时接有虚拟万用表 XMM1 作为电平数值的测定。

（2）自行设计真值表格并将测试结果填入。

（3）关于集成电路 74LS00 的管脚图及逻辑功能，请自行查阅有关资料。

2. 测试与非门集成电路 74LS20 的逻辑功能

（1）按图 2-22 所示电路图连线，灯泡作为输出的指示，同时接有虚拟万用表 XMM1 作为电平数值的测定。

（2）自行设计真值表格并将测试结果填入。

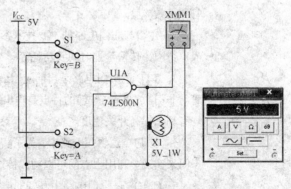

图 2-21　仿真测试 74LS00 接线图

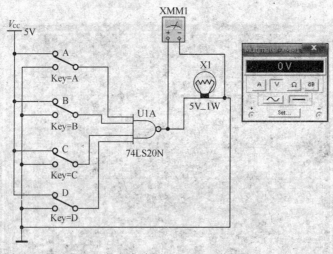

图 2-22　仿真测试 74LS20 接线图

（3）关于集成电路 74LS20 的管脚图及逻辑功能，请自行查阅有关资料。

3. 参照上述测试电路，可以自行设计并测试其他逻辑门电路的逻辑功能，比如与或非、异或等。

三、实训报告及要求

1. 写出测试门电路逻辑功能的过程。

2. 填写有关测试的真值表格。

3. 总结虚拟万用表的使用特点。

小结

1. 实现逻辑运算的电路称为逻辑门电路，组成门电路的关键器件是二极管、三极管和场效应管。

2. 逻辑与非门电路的主要技术参数为输入和输出高、低电平，扇入、扇出系数，噪声容限，传输延迟时间及功耗等。

3. TTL 逻辑门电路是当前应用最广泛的门电路之一，电路的基础是 NPN 型晶体管与非门。TTL 与非门的特点是输出阻抗低，带负载能力强，无论输入级还是输出级均有利于提高开关速度。

4. 在 TTL 逻辑门电路中，为了实现线与的逻辑功能，可以采用集电极开路门和三态门来实现。利用三态门可以构成传送数据总线。

5. CMOS 逻辑门电路由互补的增强型 N 沟道和 P 沟道场效应管（MOS 管）构成，它是目前应用较广泛的另一种逻辑门电路。与 TTL 门电路相比，它的优点是功耗低，扇出系数大（指带同类门负载），噪声容限亦大，开关速度接近 TTL 门，有取代 TTL 门的趋势。

6. 在逻辑门电路的实际应用中，有可能遇到不同类型门电路之间，门电路与负载之间的接口技术问题以及抗干扰问题。

7. 仿真软件 Multisim 8 有常用的集成电路型号，熟悉这些逻辑门电路的逻辑功能及特点，可以为以后接触实际集成电路芯片做好充分的准备。

习题

2-1 已知三输入与非门中输入 A、B 和输出 F 的波形如图 2-23 所示，请在（1）～（5）波形中选定输入 C 的波形。

2-2 已知逻辑电路及 A 和 B 的输入波形如图 2-24 所示，请在（1）～（4）波形中确定输出 F 的波形。如果 $B=0$，则输出 F 波形如何？

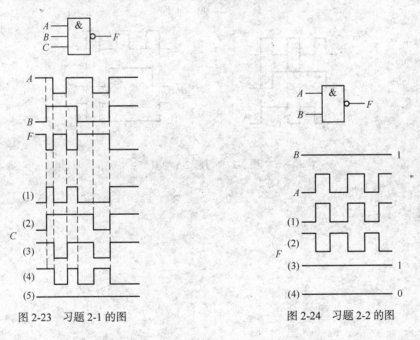

图 2-23 习题 2-1 的图

图 2-24 习题 2-2 的图

2-3 在如图 2-25 所示输入波形条件下，请分别画出二变量 A，B 与、或、与非、或非的输出 F 波形。

图 2-25 习题 2-3 的图

2-4 OC 门电路连接图如图 2-26 所示，试列出输入输出真值表，写出 F 的逻辑表达式。

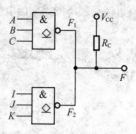

图 2-26 习题 2-4 的图

2-5 逻辑门的输入端 A、B 和输出波形如图题 2-27 所示，请分别写出逻辑门的表达式。

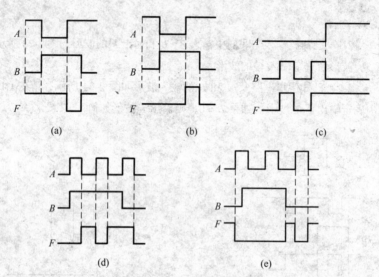

(a)　　　　　　　　(b)　　　　　　　　(c)

(d)　　　　　　　　(e)

图 2-27 习题 2-5 的图

第3章

组合逻辑电路

【本章内容简介】 本章主要介绍组合逻辑电路功能的分析方法，以及组合逻辑电路的设计方法，还介绍各种集成组合逻辑电路的工作原理，常用的中规模组合逻辑器件，包括编码器、译码器、数据选择器、数值比较器、加法器等的逻辑功能及使用，同时要求在学习过程中了解组合逻辑电路中的竞争和冒险现象。

【本章重点难点】 难点是组合逻辑电路的设计，重点是中规模组合逻辑器件，包括编码器、译码器、数据选择器、数值比较器、加法器等的逻辑功能及使用。

【技能点】 中规模集成组合逻辑电路加法器、编码器、译码器、译码驱动器和数码显示器、数据选择器等逻辑功能的测试及应用。

数字电路按逻辑功能和电路结构的特点可划分为两大类，一类称为组合逻辑电路，另一类称为时序逻辑电路。

本章先介绍小规模集成电路组成的组合逻辑电路的分析和设计方法，然后介绍常用的中规模集成组合逻辑电路：编码器、译码器、数据选择器、数据分配器、加法器和数值比较器。

3.1 组合逻辑电路的分析与设计

在任何时刻，输出状态只决定于同一时刻各输入状态的组合，而与先前状态无关的逻辑电路称为组合逻辑电路。组合逻辑电路是根据实际需要将逻辑门进行组合，构成具有各种逻辑功能的电路。图 3-1 所示是组合逻辑电路的结构框图。A 为输入变量，F 为输出变量。

组合逻辑电路的特点如下：

（1）输出与输入之间没有反馈延迟通路；

（2）电路中不含记忆元件。

图 3-1 组合逻辑电路的框图

3.1.1 组合逻辑电路的分析

组合逻辑电路分析的主要任务是根据给出的逻辑图确定逻辑功能。其一般步骤如下：

（1）写出逻辑图输出端的逻辑表达式；

（2）化简和变换逻辑表达式；

（3）列出真值表；

（4）根据真值表和逻辑表达式对逻辑电路进行分析，最后确定电路的逻辑功能。

对于一个已知的逻辑电路，研究它的工作特性和逻辑功能称为分析。对于已经确定要完成的逻辑功能，给出相应的逻辑电路称为设计。分析和设计是两个相反的过程。下面举例说明组合逻辑电路的分析方法。

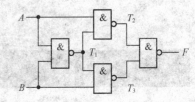

图 3-2   例 3.1 的逻辑图

【例 3.1】 试分析图 3-2 所示逻辑电路的逻辑功能，要求写出输出表达式，列出真值表。

解：（1）从给出的逻辑图，由输入到输出，写出各级逻辑门的输出表达式为

$$T_1 = \overline{AB}$$

$$T_2 = \overline{A\,\overline{AB}}$$

$$T_3 = \overline{B\,\overline{AB}}$$

$$F = \overline{\overline{A\,\overline{AB}}\ \overline{B\,\overline{AB}}}$$

（2）进行逻辑变换和化简。

$$F = \overline{\overline{A\,\overline{AB}}\ \overline{B\,\overline{AB}}}$$

$$= A\overline{AB} + B\overline{AB}$$

$$= A(\overline{A} + \overline{B}) + B(\overline{A} + \overline{B})$$

$$= A\overline{B} + \overline{A}B$$

（3）列出真值表如表 3-1 所示。

表 3-1   例 3-1 真值表

A	B	F
0	0	0
0	1	1
1	0	1
1	1	0

由表达式和真值表分析可知，图 3-2 所示电路的逻辑功能为异或运算。

【例 3.2】 分析如图 3-3 所示逻辑电路的逻辑功能。

解：由图 3-3 可以直接写出逻辑表达式为

$$F_0 = \overline{A_1}\ \overline{A_0}$$

$$F_1 = \overline{A_1}A_0$$

$$F_2 = A_1\overline{A_0}$$

$$F_3 = A_1A_0$$

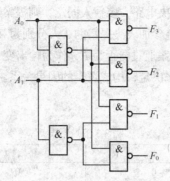

图 3-3　例 3.2 的逻辑图

再根据表达式列出真值表如表 3-2 所示。由表 3-2 看出 $A_1A_0 = 00$ 时，$F_0 = 1$，其他输出为 0；$A_1A_0 = 01$ 时，$F_1 = 1$，其他输出为 0；$A_1A_0 = 10$ 时，$F_2 = 1$，其他输出为 0；$A_1A_0 = 11$ 时，$F_3 = 1$，其他输出为 0。这种对于输入代码，有一个输出为 1，其余输出为 0 的逻辑电路，称为译码器。

表 3–2　　　　　　　　　　　　　　　　例 3.2 的真值表

A_0	A_1	F_0	F_1	F_2	F_3
0	0	1	0	0	0
0	1	0	1	0	0
1	0	0	0	1	0
1	1	0	0	0	1

3.1.2　组合逻辑电路的设计及举例

组合逻辑电路设计的任务是根据给定的逻辑问题，设计出能实现其逻辑功能的逻辑电路，并画出实现逻辑功能的逻辑图。用逻辑门实现组合逻辑电路时，要求使用的芯片最少，连线最少。组合逻辑电路的设计与逻辑电路的分析过程相反。

用小规模集成电路设计组合逻辑电路的一般步骤如下：

（1）分析设计任务，确定输入变量、输出变量，找到输出与输入之间的因果关系，列出真值表；

（2）由真值表写出逻辑表达式；

（3）化简变换逻辑表达式；

（4）根据表达式画出逻辑图。

这样，原理性逻辑设计任务就完成了。实际设计工作还包括集成电路芯片的选择、工艺设计、安装、调试等内容。

在上述几个步骤中，最关键的是第一步，即根据逻辑要求列真值表。任何逻辑问题，只要能列出它的真值表，就能把逻辑电路设计出来。实际逻辑问题往往是用文字描述的，设计者必须对问题的文字描述进行全面的分析，弄清楚把什么作为输入变量，把什么作为输出变量，以及它们之间的相互关系，这样才能对每一种可能的情况都能做出正确的判断。然后列出变量可能出现的全部情况，并进行状态赋值，即用 0、1 表示输入变量和输出变量的相应状态，从而列出所需的真值表。

下面举例说明组合逻辑电路的设计方法。

【例 3.3】 试设计一个 3 人表决电路，多数人同意，则提案通过，否则提案没有通过。

解：（1）根据给定命题，设定参加表决提案的 3 人分别为 A，B，C，作为输入变量，并规定同意提案为 1，不同意为 0；设提案通过与否为 F，作为输出变量，规定通过为 1，不通过为 0。提案通过与否由参加表决的情况来决定，构成逻辑的因果关系。列出输出和输入关系的真值表，如表 3-3 所示。

表 3-3   例 3.3 的真值表

A	B	C	F
0	0	0	0
0	0	1	0
0	1	0	0
0	1	1	1
1	0	0	0
1	0	1	1
1	1	0	1
1	1	1	1

（2）由真值表写出逻辑表达式

$$F = \bar{A}BC + A\bar{B}C + AB\bar{C} + ABC$$

（3）化简表达式，画出逻辑图。

可用卡诺图将（2）中的表达式化简为最简与或表达式或与非表达式，即

$$F = BC + AC + AB \qquad\qquad (3-1)$$

$$F = \overline{\overline{BC}\;\overline{AC}\;\overline{AB}} \qquad\qquad (3-2)$$

根据上述两个逻辑表达式画出的逻辑图如图 3-4 所示。由该逻辑图可以看出，逻辑电路确定了，该逻辑电路的逻辑功能也就确定了，同时，实现同一逻辑功能的逻辑电路却不是唯一的，可以有多种方法，即多种逻辑电路实现同一个逻辑功能。

图 3-4(a)所示的逻辑电路在实际芯片电路中是用一片内含 4 个 2 输入端的与门和一片 3 输入端或门的集成电路芯片组成的，图 3-4(b) 所示逻辑电路在实际芯片电路中可用一片内含

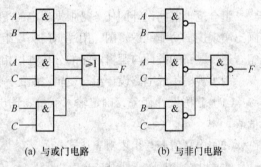

(a) 与或门电路   (b) 与非门电路

图 3-4 例 3.3 的逻辑图

4 个 3 输入端的与非门集成电路芯片组成。由此可见，逻辑表达式（3-1）虽然是最简形式，但它需要一片 4 个 2 输入端的与门和一片 3 输入端的或门才能实现，器件数和种类都不能节省。所以，最简的逻辑表达式用一定规格的集成器件实现时，其电路结构不一定是最简单和最经济的。设计逻辑电路时应以集成器件芯片为基本单元，而不应以单个门为单元，这是工程设计与原理设计的不同之处。上述逻辑电路，从工程设计的角度来讲，图 3-4(b)所示的电路更合理一些。

【例 3.4】 设计两个一位二进制数（A 和 B）的数值比较器。

解：两个一位二进制数 A 和 B 比较，结果有 3 种情况，$A=B$（$A=0$，$B=0$ 或 $A=1$，$B=1$），$A>B$（$A=1$，$B=0$），$A<B$（$A=0$，$B=1$），其真值表如表 3-4 所示。

表 3–4　　　　　　　　　　　　　　例 3.4 的真值表

A	B	L（A>B）	Q（A=B）	M（A<B）
0	0	0	1	0
0	1	0	0	1
1	0	1	0	0
1	1	0	1	0

由真值表得输出逻辑函数表达式，再进行化简变换后，得

$$L = A\overline{B}$$

$$M = \overline{A}B$$

$$Q = AB + \overline{A}\,\overline{B} = \overline{\overline{A\overline{B}} + \overline{\overline{A}B}} = \overline{\overline{A\overline{B}} \cdot \overline{\overline{A}B}}$$

逻辑电路如图 3-5 所示。

【例 3.5】　设计一个楼上、楼下开关的控制逻辑电路来控制楼梯上的电灯，使之在上楼前，用楼下开关打开电灯，上楼后，用楼上开关关灭电灯；或者在下楼前，用楼上开关打开电灯，下楼后，用楼下开关关灭电灯。

解：（1）分析给定的实际逻辑问题，根据设计的逻辑要求列出真值表。

在实际中，可用两个单刀双掷开关完成这一简单的逻辑功能，如图 3-6 所示。

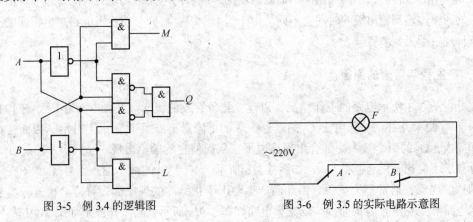

图 3-5　例 3.4 的逻辑图　　　　　　　　图 3-6　例 3.5 的实际电路示意图

设输入变量为 A、B，分别代表楼上开关和楼下开关；输出变量为 F，代表灯泡。并设 A、B 掷向上方时为 1，掷向下方时为 0；灯亮时 F 为 1，灯灭时 F 为 0。根据逻辑要求列出真值表，如表 3-5 所示。

表 3–5　　　　　　　　　　　　　　例 3.5 真值表

A	B	F
0	0	1
0	1	0
1	0	0
1	1	1

（2）根据真值表写出逻辑函数的表达式并化简。由表 3-5 可得

$$F = AB + \overline{A}\,\overline{B}$$

此式已为最简表达式。

（3）根据集成芯片的类型变换逻辑函数表达式并画出逻辑图。若用与非门实现，将函数表达

式变换为与非与非表达式

$$F = \overline{\overline{AB} \cdot \overline{\overline{A} B}}$$

画出逻辑图，如图 3-7 所示。

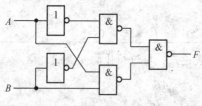

图 3-7　例 3.5 的逻辑电路图

由于

$$F = AB + \overline{A} B = \overline{\overline{AB} + \overline{\overline{A} B}} = \overline{A \oplus B}$$

即异或运算的非运算即为同或运算，所以该电路也可以用一个同或门实现。

3.1.3　组合逻辑电路的竞争冒险

前面分析组合逻辑电路时，都没有考虑门电路的延迟时间对电路产生的影响。实际上，信号从输入到输出的过程中，不同通路上门的级数不同，或者门电路平均延迟时间有差异，信号从输入经不同通路传输到输出级的时间会不同。由于这个原因，可能会使逻辑电路产生错误输出，通常把这种现象称为竞争冒险。

1．产生竞争冒险的原因

先分析图 3-8 所示电路的工作情况，以建立竞争冒险的概念。在图 3-8(a)中，与门 G_2 的输入是 A 和 $\overline{A}$ 两个互补信号。由于 G_1 的延迟，$\overline{A}$ 的下降沿要滞后于 A 的上升沿，因而在很短的时间间隔内，G_2 的两个输入端都会出现高电平，从而使它的输出出现一个高电平窄脉冲（按逻辑设计要求不应出现的干扰脉冲），如图 3-8(b)所示。与门 G_2 的两个输入信号 $\overline{A}$ 和 A 在不同的时刻到达的现象，通常称为竞争，由此而产生输出干扰脉冲的现象称为冒险。再进一步分析组合逻辑电路产生竞争冒险的原因。设逻辑电路如图 3-9(a)所示，其工作波形如图 3-9(b)所示，它的输出逻辑表达式为 $F = AC + B\overline{C}$。由此式可知，当 A 和 B 都为 1 时，$F=1$，与 C 的状态无关。但是，由波形图可以看出，在 C 由 1 变 0 时，$\overline{C}$ 由 0 变 1 有延迟，在这个延时时间内，G_2 和 G_3 的输出 AC 和 $B\overline{C}$ 同时为 0，从而使输出出现一负跳变的窄脉冲，即冒险现象，这是产生竞争冒险的原因之一。由以上分析可知，当电路中存在由非门产生的互补信号，且在互补信号的状态发生变化时可能出现冒险现象。

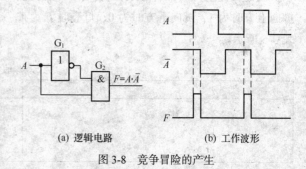

(a) 逻辑电路　　　　　(b) 工作波形

图 3-8　竞争冒险的产生

2．竞争冒险的识别方法

（1）代数法

代数法就是在输入逻辑变量每次只有一个改变状态的简单情况下，通过函数式来判断电路是否存在竞争冒险。

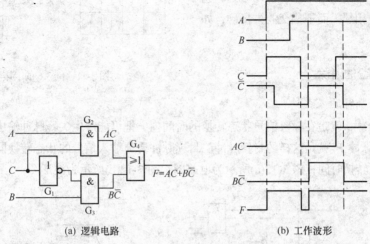

(a) 逻辑电路   (b) 工作波形

图3-9 产生竞争冒险的原因

假如输出端门电路的两个输入 A 和 $\overline{A}$ 经过不同的门电路传输，由于不同门电路存在传输延迟时间，那么当变量 A 状态突变时，输出端必然存在竞争冒险，因此只要输出函数在一定条件下能出现 $Y = A + \overline{A}$ 或 $Y = A\overline{A}$ 的形式，就可判定该电路存在竞争冒险。（逻辑函数的输出变量在本书的前面部分是以变量 F 的形式出现的，在本章及后面部分会以变量代号 Y 的形式出现，这主要是由于集成逻辑电路芯片的输出端口常常以字母 Y 的形式标注，为了不造成误解，故输出变量的代号也以 Y 来进行表示）

【例3.6】 试判断如图3-10所示电路是否存在竞争冒险。

解：设图3-10(a)所示电路，$B=C=1$ 处于稳态，则函数 $Y_a = AB + \overline{A}C = A + \overline{A}$，所以电路存在竞争冒险。

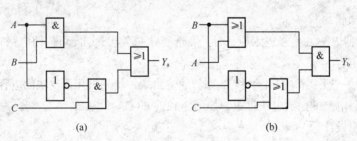

(a)   (b)

图3-10 例3.6的逻辑图

对于图3-10(b)所示电路，设 $A=C=0$ 处于稳态，则输出函数 $Y_b = (A+B)(\overline{B}+C) = B\overline{B}$，故该电路存在竞争冒险。

（2）用实验的方法

所谓实验方法，即在电路的输入端加入所有可能发生状态变化的波形，观察输出端是否有尖峰脉冲，这个方法比较直观可靠。

（3）用卡诺图法

在实际电路应用中，可以用画卡诺图的方式发现竞争冒险的存在。凡是卡诺图中存在相切（相邻）而不相交的包围圈（方格群）的逻辑函数都存在竞争冒险。

例如，已经判断过例 3.6 的两个电路存在竞争冒险，观察它们的卡诺图，可以看到，它们都存在相切（相邻）而不相交的方格群，如图 3-11 所示。

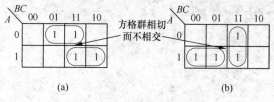

图 3-11　例 3.6 的卡诺图

3．竞争冒险的消除

（1）引入封锁脉冲

引入封锁脉冲，就是在输入信号状态转换的时间内，把可能产生尖峰脉冲输出的门封锁。如图 3-12 中的负脉冲 P_1 就是这样的封锁脉冲。封锁脉冲要与输入信号的状态转换同步，其脉宽要大于电路的状态转换时间，图 3-12(a)所示为电路图，图 3-12(b)所示为波形图。

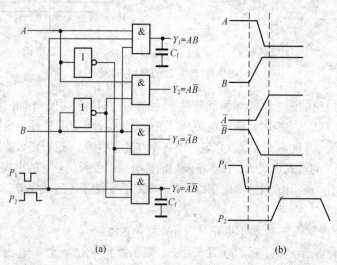

图 3-12　消除竞争冒险的方法

（2）引入选通脉冲

如图 3-12 中的 P_2，在信号进入稳态时，在选通脉冲高电平期间可使门电路有正常的输出。

（3）接滤波电容

因为尖峰脉冲一般很窄（几十纳秒），在门的输出端并接一只几百皮法的电容，就可把尖峰脉冲的幅度削弱至门电路的阈值电压以下，如图 3-12 中的 C_f。

（4）修改逻辑设计

举例来说，如图 3-13(a)所示电路，若将函数式 $Y = AB + \overline{A}C$ 增加冗余项 BC，变换为

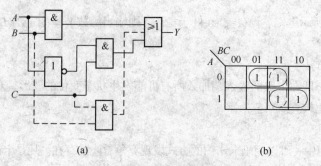

图 3-13　修改逻辑设计消除竞争冒险

$Y = AB + \overline{A}C + BC$，那么，当 $B=C=1$ 时，无论 A 如何改变，Y 将始终为 1，不会因 A 的变化引起竞争冒险。这一方法反映在卡诺图中，就是将原来相切（相邻）的两个方格群用一个多余的方格群链接起来，如图 3-13(b)所示。

3.2 编码器

中规模集成电路，如全加器、编码器、译码器、数据选择器和数据比较器等，都是常用的组合逻辑电路模块，这些集成电路具有通用性好、兼容性强、功耗小、工作稳定可靠等优点。下面分别介绍其工作原理和功能。

编码就是把二进制代码按一定规律编排，使每组代码具有特定含义（如代表某个数或者某个控制信号）。实现编码逻辑功能的电路称为编码器。

3.2.1 编码器的工作原理

编码器有若干个输入，在某一时刻只有一个输入信号被转换为二进制代码，如 8 线-3 线编码器有 8 个输入，3 位二进制代码输出；10 线-4 线编码器有 10 个输入，4 位二进制代码输出。

1. 4 线-2 线编码器

4 线-2 线编码器有 4 个输入，2 位二进制代码输出，其功能如表 3-6 所示。由表 3-6 可知，在 4 个输入信号中，只有一个信号与其他信号不同，这个不同的信号若为 1 则称高电平输入有效（高电平有效），假如该信号为 0 则称低电平输入有效（低电平有效）。由表 3-6 得到如下逻辑表达式

表 3-6　　　　　　　　　4 线–2 线编码器功能表

输　　入				输　　出	
I_0	I_1	I_2	I_3	Y_1	Y_0
1	0	0	0	0	0
0	1	0	0	0	1
0	0	1	0	1	0
0	0	0	1	1	1

$$Y_1 = \overline{I_0}\,\overline{I_1}I_2\overline{I_3} + \overline{I_0}\,\overline{I_1}\,\overline{I_2}I_3$$
$$Y_0 = \overline{I_0}I_1\overline{I_2}\,\overline{I_3} + \overline{I_0}\,\overline{I_1}\,\overline{I_2}I_3$$

根据逻辑表达式画出逻辑图，如图 3-14 所示。该逻辑电路可以实现 4 线-2 线编码器的逻辑功能，即当 $I_0 \sim I_3$ 中某一个输入为 1，则输出 Y_1Y_0 即为相对应的代码。如 I_1 为 1 时，则 Y_1Y_0 为 01，I_3 为 1 时，则 Y_1Y_0 为 11，输出代码按有效输入端下标所对应的二进制数输出，这种情况称为输出高电平有效。这里还有一个值得注意的问题，在逻辑图中，当 I_0 为 1，$I_1 \sim I_3$ 都为 0 和 $I_0 \sim I_3$ 均为 0 时，Y_1Y_0 都是 00，前者输出有效，而后者输出无效，这两种情况在实际中是必须加以区别的，需要对原有电路加以改进。

改进后的电路如图 3-15 所示。电路中增加一个输出信号 GS，称之为控制使能标志。输入信号中若存在有效电平，则 GS=1，代表有信号输入，输出代码为有效，只有 $I_0 \sim I_3$ 均为 0 时，GS = 0，代表无信号输入，此时的输出代码 00 为无效代码。

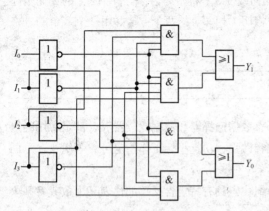

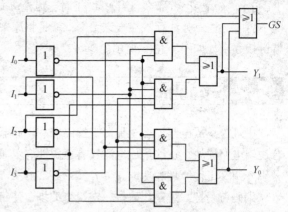

图 3-14　4 线-2 线编码器逻辑图　　　　　图 3-15　改进后的 4 线-2 线编码器逻辑图

2．优先编码器

上面讨论的编码器对输入信号有一定的要求，即任何时刻有效输入信号不能超过 1 个。当同一时刻出现多个有效的输入信号，会引起输出混乱。在数字系统中，特别是在计算机系统中，常常要控制几个工作对象，如计算机主机要控制打印机、磁盘驱动器、输入键盘等。当某个部件需要实行操作时，必须先送一个信号给主机（称为服务请求），经主机识别后再发出允许操作信号（服务响应），并按事先编好的程序工作。可能会有几个部件同时发出服务请求，而在同一时刻只能给其中一个部件发出允许操作信号。因此，必须根据重要程度，规定好这些控制对象允许操作的先后次序，即优先级别；识别这类请求信号的优先级别并进行编码的逻辑部件称为优先编码器。4线-2 线优先编码器的功能表如表 3-7 所示。

表 3–7　　　　　　　　　　　4 线–2 线优先编码器的功能表

输　　　入				输　　出	
I_0	I_1	I_2	I_3	Y_1	Y_0
1	0	0	0	0	0
×	1	0	0	0	1
×	×	1	0	1	0
×	×	×	1	1	1

在表 3-7 中，4 个输入的优先级别的高低次序依次为 I_3、I_2、I_1、I_0。对于 I_3，无论其他 3 个输入是否为有效输入，只要 I_3 为 1，输出均为 11，优先级别最高。对于 I_0，只有当 I_3、I_2、I_1 均为 0，即无有效电平输入，且 I_0 为 1 时，输出才为 00。真值表中的 × 称为无关项，表示该项的信号任意，不论是 0 还是 1，都不影响输出的结果。由表 3-7 可以得出该优先编码器的逻辑表达式为

$$Y_1 = I_2\overline{I_3} + I_3$$
$$Y_0 = I_1\overline{I_2}\,\overline{I_3} + I_3$$

由于这里包括了无关项，因此逻辑表达式比前面介绍的非优先编码器简单些。

3．二-十进制编码器

将十进制的 10 个数码 0～9 编成二进制代码的逻辑电路称为二-十进制编码器，其工作原理与

二进制编码器并无本质区别。现以最常用的 8421 码编码器为例说明。

（1）8421 码编码器

因为输入有 10 个数码，要求有 10 种状态，而 3 位二进制代码只有 8 种状态，所以输出需用 4 位（$2^n > 10$，取 $n=4$）二进制代码。这种编码器通常称为 10 线-4 线编码器。

设输入的 10 个数码分别用 $I_0 \sim I_9$ 表示，输出的二进制代码分别为 Y_3、Y_2、Y_1、Y_0，采用 8421 码编码方式，就是在 4 位二进制代码的 16 种状态中，取出前面 10 种状态，后面 6 种状态去掉，则真值表如表 3-8 所示。由于是一组相互排斥的变量，故可由真值表直接写出输出函数的逻辑表达式，即为

$$Y_3 = I_8 + I_9 = \overline{\overline{I_8}\,\overline{I_9}}$$

$$Y_2 = I_4 + I_5 + I_6 + I_7 = \overline{\overline{I_4}\,\overline{I_5}\,\overline{I_6}\,\overline{I_7}}$$

$$Y_1 = I_2 + I_3 + I_6 + I_7 = \overline{\overline{I_2}\,\overline{I_3}\,\overline{I_6}\,\overline{I_7}}$$

$$Y_0 = I_1 + I_3 + I_5 + I_7 + I_9 = \overline{\overline{I_1}\,\overline{I_3}\,\overline{I_5}\,\overline{I_7}\,\overline{I_9}}$$

表 3-8　　　　　　　　　　8421 码编码器真值表

	Y_3	Y_2	Y_1	Y_0
0(I_0)	0	0	0	0
1(I_1)	0	0	0	1
2(I_2)	0	0	1	0
3(I_3)	0	0	1	1
4(I_4)	0	1	0	0
5(I_5)	0	1	0	1
6(I_6)	0	1	1	0
7(I_7)	0	1	1	1
8(I_8)	1	0	0	0
9(I_9)	1	0	0	1

逻辑图如图 3-16 所示，其中 I_0 也是隐含着的。

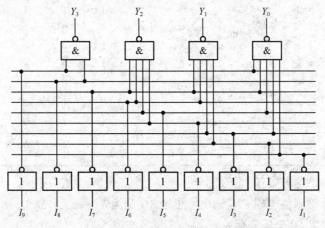

图 3-16　8421 码编码器的逻辑图

实际工作中，根据实际情况的需要，往往会将二-十进制编码器做成 8421 优先编码器。

（2）8421 优先编码器

设编码的优先顺序为 $I_9 \sim I_0$ 递降，则 8421 优先编码器的真值表如表 3-9 所示。

表 3-9   8421 优先编码器真值表

I_9	I_8	I_7	I_6	I_5	I_4	I_3	I_2	I_1	I_0	Y_3	Y_2	Y_1	Y_0
1	×	×	×	×	×	×	×	×	×	1	0	0	1
0	1	×	×	×	×	×	×	×	×	1	0	0	0
0	0	1	×	×	×	×	×	×	×	0	1	1	1
0	0	0	1	×	×	×	×	×	×	0	1	1	0
0	0	0	0	1	×	×	×	×	×	0	1	0	1
0	0	0	0	0	1	×	×	×	×	0	1	0	0
0	0	0	0	0	0	1	×	×	×	0	0	1	1
0	0	0	0	0	0	0	1	×	×	0	0	1	0
0	0	0	0	0	0	0	0	1	×	0	0	0	1
0	0	0	0	0	0	0	0	0	1	0	0	0	0

根据该真值表可以写出表达式，画出对应的逻辑图，在此不再详述。

3.2.2 集成电路编码器

74147 和 74148 是两种常用的集成电路优先编码器，它们都有 TTL 和 CMOS 的定型产品。下面分析它们的逻辑功能并介绍其应用方法。

1. 8 线-3 线优先编码器 74148

（1）优先编码器 74148 的功能如表 3-10 所示，其芯片引脚图如图 3-17 所示。

表 3-10   优先编码器 74148 的功能表

输　入									输　出				
EI	I_0	I_1	I_2	I_3	I_4	I_5	I_6	I_7	A_2	A_1	A_0	GS	EO
1	×	×	×	×	×	×	×	×	1	1	1	1	1
0	1	1	1	1	1	1	1	1	1	1	1	1	0
0	×	×	×	×	×	×	×	0	0	0	0	0	1
0	×	×	×	×	×	×	0	1	0	0	1	0	1
0	×	×	×	×	×	0	1	1	0	1	0	0	1
0	×	×	×	×	0	1	1	1	0	1	1	0	1
0	×	×	×	0	1	1	1	1	1	0	0	0	1
0	×	×	0	1	1	1	1	1	1	0	1	0	1
0	×	0	1	1	1	1	1	1	1	1	0	0	1
0	0	1	1	1	1	1	1	1	1	1	1	0	1

由功能表可知：该编码器有 8 个信号输入端，3 个二进制码输出端。此外，电路还设置了输入使能端 EI，输出使能端 EO 和优先编码工作状态标志 GS，优先级别由高至低分别为 $I_7 \sim I_0$。

当 $EI = 0$ 时，编码器工作；而当 $EI = 1$ 时，则不论 8 个输入端为何种状态，3 个输出端均为高电平，且优先标志端和输出使能端均为高电平，编码器处于非工作状态。这种情况被称为使能端 EI 输入低电平有效。当 EI 为 0，且至少有一个输入端有编码请求信号（逻辑 0）时，优先编码

图 3-17 74148 的引脚图

工作状态标志 GS 为 0，表明编码器处于工作状态，否则为 1。由此不难看出：输入信号和工作状态标志均为低电平有效。

当 8 个输入端均无低电平输入信号和只有输入端 I_0（优先级别最低位）有低电平输入时，$A_2A_1A_0$ 均为 111，出现了输入条件不同而输出代码相同的情况，这时由 GS 的状态加以区别，当 $GS=1$ 时，表示 8 个输入端均无低电平输入，此时输出代码无效；$GS=0$ 时，表示输出为有效编码。

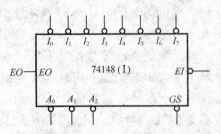

举例说明，$EI=0$ 时，若输入 I_5 为 0，且优先级别比它高的输入端 I_6 和 I_7 均为 1 时，输出代码为 010，其反码为 101；若输入 I_0 单独为 0，输出代码为 111，其反码为 000。输出代码按有效输入端下标所对应的二进制数反码输出，这种情况称为输出低电平有效。

图 3-18 74148 的逻辑符号

优先编码器 74148 的逻辑符号如图 3-18 所示，图中信号端有圆圈表示该信号是低电平有效，无圆圈表示该信号是高电平有效。

（2）优先编码器 74148 的扩展应用

EO 只有在 EI 为 0，且所有输入端都为 1 时，输出为 0，否则，输出为 1。据此原理，它可与另一片同样器件的 EI 连接，以便组成多输入端的优先编码器，这就是编码器的扩展。

图 3-19 所示的为 16 位输入、4 位二进制码输出的优先编码器。编码器由两片 74148 组成，工作原理如下。

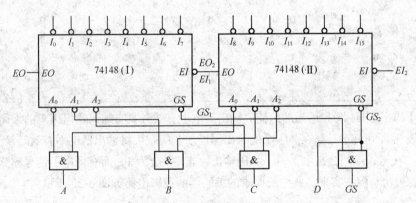

图 3-19 优先编码器 74148 的扩展应用

当 $EI_2=1$ 时，$EO_2=1$，使得 $EI_1=1$，这时 74148（Ⅰ）、（Ⅱ）均禁止编码，它们的输出端 $A_2A_1A_0$ 都是 111。由电路图可知，$GS=GS_1 \cdot GS_2=1$，表示此时整个电路的输出代码无效。当 $EI_2=0$ 时，高位芯片（Ⅱ）允许编码，但若无有效输入信号，即无编码请求，则 $EO_2=0$，从而使 $EI_1=0$，允许低位芯片（Ⅰ）编码。这时高位芯片（Ⅱ）的 $A_2A_1A_0=111$，使得与门 C、B、A 都打开。C、B、A 的状态取决于低位芯片（Ⅰ）的 $A_2A_1A_0$，而 $D=GS_2$，总是等于 1，所以输出代码在 1111～1000 之间变化，反码为 0000～0111。如果 I_0 单独有效，输出为 1111，反码为 0000；如果 I_7 及其他任意输入同时有效，因 I_7 优先级别最高，则输出为 1000，反码为 0111。

当 $EI_2=0$，且存在有效输入信号（至少一个输入为低电平）时，$EO_2=1$，从而 $EI_1=1$，高位芯片（Ⅱ）可编码，低位芯片（Ⅰ）禁止编码，其输出 $A_2A_1A_0=111$。显然，高位芯片（Ⅱ）的编码级别高于低位芯片（Ⅰ）。此时 $D=GS_2=0$，C、B、A 取决于高位芯片的 $A_2A_1A_0$，输出代码在

$0111 \sim 0000$ 之间变化，反码为 $1000 \sim 1111$，高位芯片（Ⅱ）中 I_{15} 的优先级别最高。整个电路实现了 16 位输入的优先编码，其中 I_{15} 具有最高的优先级别，优先级别从 $I_{15} \sim I_0$ 依次递减。

2. 优先编码器 74147

优先编码器 74147 为 10 线-4 线 8421 码优先编码器，其功能如表 3-11 所示，逻辑符号如图 3-20 所示。编码器有 9 个输入信号端和 4 个输出信号端，均为低电平有效，即当某一个输入端为低电平时，4 个输出端就以低电平的形式输出其对应的 8421 编码。输出的高低排列为 $Y_3 \sim Y_0$。当 9 个输入全为 1 时，4 个输出也全为 1，代表输入十进制数 0 的 8421 编码输出。输入优先级由高至低为 $9 \sim 1$。74147 的引脚图如图 3-21 所示，其中第 15 脚 NC 为空脚。

图 3-20　74147 的逻辑符号

表 3-11　　　　　　　　　　　　　优先编码器 74147 功能表

输　入									输　出			
1	2	3	4	5	6	7	8	9	Y_3	Y_2	Y_1	Y_0
1	1	1	1	1	1	1	1	1	1	1	1	1
×	×	×	×	×	×	×	×	0	0	1	1	0
×	×	×	×	×	×	×	0	1	0	1	1	1
×	×	×	×	×	×	0	1	1	1	0	0	0
×	×	×	×	×	0	1	1	1	1	0	0	1
×	×	×	×	0	1	1	1	1	1	0	1	0
×	×	×	0	1	1	1	1	1	1	0	1	1
×	×	0	1	1	1	1	1	1	1	1	0	0
×	0	1	1	1	1	1	1	1	1	1	0	1
0	1	1	1	1	1	1	1	1	1	1	1	0

【例 3.7】 试用 74147 和适当的门构成输出高电平有效并具有编码输出标志的编码器。

解： 由表 3-11 可知，只要在 74147 的输出端增加非门就可将输出低电平有效转换为输出高电平有效代码。在输入端均为高电平时，编码输出标志 GS 应为 1，而有低电平信号输入时，GS 应为 0，此功能可由与门来实现，题中所要求的编码器的逻辑电路如图 3-22 所示。

图 3-21　74147 的引脚图

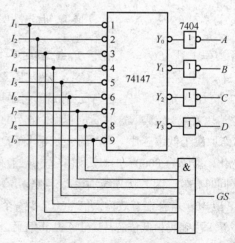

图 3-22　例 3.7 的逻辑电路图

3.3 译码器

译码是编码的逆过程。译码是将含有特定含义的二进制代码变换为相应的输出控制信号或者另一种形式的代码。实现译码的电路称为译码器。

译码器可分为两种形式，一种是将一系列代码转换成与之一一对应的有效信号。这种译码器可称为唯一地址译码器，它常用于计算机中对存储器单元地址译码，即将每一个地址代码转换成一个有效信号，从而选中对应的单元。另一种形式是将代码转换成另一种代码，所以也称为代码转换器。

3.3.1 二进制译码器

把二进制代码的各种状态，按照其原意翻译成对应输出信号的电路，称为二进制译码器。

显然，若二进制译码器的输入端为 n 个，则输出端为 $N=2^n$ 个，且对应于输入代码的每一种状态，2^n 个输出中只有一个为 1，其余全为 0，称为输出高电平有效；2^n 个输出中只有一个为 0，其余全为 1，则称为输出低电平有效。（集成电路芯片可以做成不同的输出电平，方便使用者挑选）。因为二进制译码器可以译出输入变量的全部状态，故又称为变量译码器。

1. 3 位二进制译码器

3 位二进制译码器由于 $n=3$，即输入的是 3 位二进制代码 A、B、C，而 3 位二进制代码可表示 8 种不同的状态，所以输出必须是 8 个译码信号。

2. 集成 3 线-8 线译码器

常用的中规模集成二进制译码器有双 2 线-4 线译码器、3 线-8 线译码器、4 线-16 线译码器等，这里主要介绍 3 线-8 线译码器，以常用的 74138 为例。

图 3-23(a)所示为集成译码器 74138 的逻辑符号，其引脚如图 3-23(b)所示，它的功能表如表 3-12 所示。

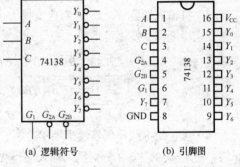

(a) 逻辑符号　　　　(b) 引脚图

图 3-23　74138 的逻辑符号及引脚图

表 3-12　74138 的功能表

输　　入						输　　出							
G_1	G_{2A}	G_{2B}	C	B	A	Y_0	Y_1	Y_2	Y_3	Y_4	Y_5	Y_6	Y_7
×	1	×	×	×	×	1	1	1	1	1	1	1	1
×	×	1	×	×	×	1	1	1	1	1	1	1	1
0	×	×	×	×	×	1	1	1	1	1	1	1	1
1	0	0	0	0	0	0	1	1	1	1	1	1	1
1	0	0	0	0	1	1	0	1	1	1	1	1	1
1	0	0	0	1	0	1	1	0	1	1	1	1	1
1	0	0	0	1	1	1	1	1	0	1	1	1	1
1	0	0	1	0	0	1	1	1	1	0	1	1	1
1	0	0	1	0	1	1	1	1	1	1	0	1	1
1	0	0	1	1	0	1	1	1	1	1	1	0	1
1	0	0	1	1	1	1	1	1	1	1	1	1	0

由图 3-23 可知，该译码器有 3 个输入 A、B、C，它们共有 8 种状态的组合，由二进制代码表示，二进制代码的高低排位为 C、B、A 的顺序。输入二进制代码即可译出对应的 8 个输出信号 $Y_0 \sim Y_7$，输出信号为低电平有效（即只有一个通道的输出为低电平，其余通道输出全为高电平），该译码器称为 3 线-8 线译码器。例如，输入端送代码 000，输出端 Y_0 被选中，输出信号低电平 0，其余输出通道均为高电平 1。译码器设置了 G_1、G_{2A} 和 G_{2B} 3 个使能输入端，由功能表可知，当 G_1 为 1，且 G_{2A} 和 G_{2B} 均为 0 时，译码器处于工作状态，其输出表达式为

$$\overline{Y}_0 = \overline{C}\,\overline{B}\,\overline{A}$$

所以

$$Y_0 = \overline{\overline{C}\,\overline{B}\,\overline{A}}$$

实际集成电路芯片的输出标注是 $\overline{Y}_0 \sim \overline{Y}_7$，因为输出信号为低电平有效。为了表述方便，在此转成 $Y_0 \sim Y_7$ 的表达方式，故

$$Y_0 = \overline{\overline{C}\,\overline{B}\,\overline{A}} \qquad Y_1 = \overline{\overline{C}\,\overline{B}A} \qquad Y_2 = \overline{\overline{C}B\overline{A}} \qquad Y_3 = \overline{\overline{C}BA}$$

$$Y_4 = \overline{C\,\overline{B}\,\overline{A}} \qquad Y_5 = \overline{C\,\overline{B}A} \qquad Y_6 = \overline{CB\overline{A}} \qquad Y_7 = \overline{CBA}$$

显然，一个 3 线-8 线译码器能产生 3 变量函数的全部最小项，利用这一点能够方便地实现 3 变量逻辑函数。

【例 3.8】 用一个 3 线-8 线译码器实现函数 $F = XYZ + \overline{X}Y + XY\overline{Z}$。

解：（1）将 3 个使能端按允许译码的条件进行处理，即 G 接高电平，G_{2A} 和 G_{2B} 接地。

（2）将函数 F 转换成最小项表达式。

$$F = \overline{X}Y\overline{Z} + \overline{X}YZ + XY\overline{Z} + XYZ$$

（3）将输入变量 X、Y、Z 对应变换为 C、B、A 端，并利用摩根定律进行变换，可得到

$$F = \overline{C}B\overline{A} + \overline{C}BA + CB\overline{A} + CBA$$
$$= \overline{\overline{C}B\overline{A}\,\overline{C}BA\,CB\overline{A}\,CBA}$$
$$= \overline{Y_2Y_3Y_6Y_7}$$

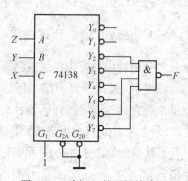

图 3-24　例 3.8 的逻辑接线图

（4）将 3 线-8 线译码器输出端 Y_2、Y_3、Y_6、Y_7 接入一个与非门，输入端 C、B、A 分别接入输入信号 X、Y、Z，即可实现题目所指定的组合逻辑函数，如图 3-24 所示。

3.3.2　二–十进制译码器

二-十进制译码器的功能是将 8421BCD 码 0000 ~ 1001 转换为对应 0 ~ 9 十进制代码的输出信号。这种译码器应有 4 个输入端，10 个输出端，它的功能表如表 3-12 所示，其输出为低电平有效。

表 3-13 中左边是输入的 8421 码，右边是译码输出。输入端的高低排位顺序由高到低为 $A_3 \sim A_0$。输入的 8421 码中 1010 ~ 1111 共 6 种状态没有使用，是无效状态，在正常工作状态下不会出现，化简时可以作为随意项处理。实际二-十进制译码器集成电路芯片在使用时，输入端输入无效代码时，译码器不予响应。

对于输出 Y_0，从功能表可以得出 $Y_0 = \overline{\overline{A_3}\,\overline{A_2}\,\overline{A_1}\,\overline{A_0}}$，当 $A_3A_2A_1A_0 = 0000$ 时，输出 $Y_0 = 0$，它对应于十进制数 0，其余输出端口输出高电平 1；当 $A_3A_2A_1A_0 = 1001$ 时，输出 $Y_9 = 0$，它对应于十进制数 9，其余

输出端口输出高电平 1。依此类推，输入端送不同的代码，输出端对应相应的十进制端口输出低电平 0。

表 3–13 二-十进制译码器的功能表

输 入				输 出									
A_3	A_2	A_1	A_0	Y_0	Y_1	Y_2	Y_3	Y_4	Y_5	Y_6	Y_7	Y_8	Y_9
0	0	0	0	0	1	1	1	1	1	1	1	1	1
0	0	0	1	1	0	1	1	1	1	1	1	1	1
0	0	1	0	1	1	0	1	1	1	1	1	1	1
0	0	1	1	1	1	1	0	1	1	1	1	1	1
0	1	0	0	1	1	1	1	0	1	1	1	1	1
0	1	0	1	1	1	1	1	1	0	1	1	1	1
0	1	1	0	1	1	1	1	1	1	0	1	1	1
0	1	1	1	1	1	1	1	1	1	1	0	1	1
1	0	0	0	1	1	1	1	1	1	1	1	0	1
1	0	0	1	1	1	1	1	1	1	1	1	1	0

图 3-25 所示为 8421 输入的集成 4 线-10 线译码器 74LS42 管脚图和逻辑功能图，74LS42 的输出为反变量，即为低电平有效。

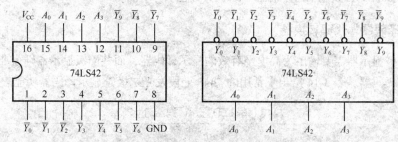

图 3-25 74LS42 管脚图和逻辑功能图

3.3.3 数字显示器

在数字系统中，经常需要将用二进制代码表示的数字、符号和文字等直观地显示出来，供人们直接读取结果，或用以监视数字系统的工作情况。用来驱动各种显示器件，从而将用二进制代码表示的数字、文字、符号翻译成人们习惯的形式直观地显示出来的电路，称为显示译码器。数字显示通常由数码显示器和译码器完成。

1. 数码显示器

数码显示器按显示方式分为分段式、点阵式和重叠式，按发光材料分为半导体显示器、荧光显示器、液晶显示器和气体放电显示器。目前工程上应用较多的是分段式半导体显示器，通常称为七段发光二极管显示器（LED），以及液晶显示器（LCD）。LED 主要用于显示数字和字母，LCD 可以显示数字、字母、文字和图形等。

图 3-26 所示为七段发光二极管显示器共阴极 BS201A 和共阳极 BS201B 的符号和电路图。对共阴极显示器 BS201A 的公共端应接地，给 $a \sim g$ 输入端相应高电平，对应字段的发光二极管显示十进制数；对共阳极 BS201B 的公共端应接+5V 电源，给 $a \sim g$ 输入端相应低电平，对应字段的发光二极管也显示十进制数。

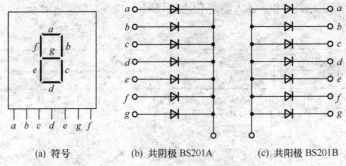

| (a) 符号 | (b) 共阴极 BS201A | (c) 共阳极 BS201B |

图 3-26　七段 LED 显示器符号和电路图

　　七段数码管是利用不同发光段组合来显示不同的数字。以共阴极显示器为例，若 a、b、c、d、g 各段接高电平，则对应的各段发光，显示出十进制数字 3；若 b、c、f，g 各段接高电平，则显示十进制数字 4。

　　LED 显示器的特点是清晰悦目、工作电压低（1.5～3V）、体积小、寿命长（大于 1000h）、响应速度快（1～100ns）、颜色丰富（有红、绿、黄等色）、工作可靠。

2. 显示译码器（代码转换器）

　　驱动共阴极显示器需要输出为高电平有效的显示译码器，而共阳极显示器则需要输出为低电平有效的显示译码器。表 3-14 给出了常用的 7448 七段发光二极管显示译码器功能表。

表 3-14　　　　　　　　　　　7448 七段 LED 显示译码器功能表

十进制或功能	输入						BI/RBO	输入							字形
	LT	RBI	D	C	B	A		a	b	c	d	e	f	g	
0	1	1	0	0	0	0	1	1	1	1	1	1	1	0	0
1	1	×	0	0	0	1	1	0	1	1	0	0	0	0	1
2	1	×	0	0	1	0	1	1	1	0	1	1	0	1	2
3	1	×	0	0	1	1	1	1	1	1	1	0	0	1	3
4	1	×	0	1	0	0	1	0	1	1	0	0	1	1	4
5	1	×	0	1	0	1	1	1	0	1	1	0	1	1	5
6	1	×	0	1	1	0	1	0	0	1	1	1	1	1	6
7	1	×	0	1	1	1	1	1	1	1	0	0	0	0	7
8	1	×	1	0	0	0	1	1	1	1	1	1	1	1	8
9	1	×	1	0	0	1	1	1	1	1	0	0	1	1	9
灭灯	×	×	×	×	×	×	0	0	0	0	0	0	0	0	
动态灭零	1	0	0	0	0	0	0	0	0	0	0	0	0	0	
试灯	0	×	×	×	×	×	1	1	1	1	1	1	1	1	8

　　7448 七段显示译码器输出高电平有效，用以驱动共阴极显示器。从功能表可看出，对输入代码 0000 的译码条件是：LT 和 RBI 同时等于 1，而对其他输入代码则仅要求 $LT=1$，这时候，译码器各段 a～g 输出的电平是由输入 BCD 码决定的，并且满足显示字形的要求。该集成显示译码器还设有多个辅助控制端，以增强器件的功能。现分别简要说明如下。

　　（1）灭灯输入 BI/RBO

　　BI/RBO 是特殊控制端，有时作为输入，有时作为输出。当 BI/RBO 作为输入使用，且 $BI=0$

时，无论其他输入端是什么电平，所有各段输出（$a \sim g$）均为 0，所以字形熄灭。

（2）试灯输入 LT（灯测输入端）

当 $LT = 0$ 时，BI/RBO 是输出端，且为 1，此时无论其他输入端是什么状态，所有各段输出（$a \sim g$）均为 1，显示字形 8。该输入端常用于检查 7448 本身及显示器的好坏。

（3）动态灭零输入 RBI

当 $LT = 1$，$RBI = 0$ 且输入代码 $DCBA = 0000$ 时，各段输出 $a \sim g$ 均为低电平，与输入代码相应的字形"0"熄灭，故称"灭零"。利用 $LT = 1$，$RBI = 0$ 可以实现某一位的消隐。

（4）动态灭灯输出 RBO

当输入满足"灭零"条件时，BI/RBO 作为输出使用时，且为 0；否则为 1。该端主要用于显示多位数字时，多个译码器之间的连接，消去高位的零。（如图 3-27 所示的情况）。

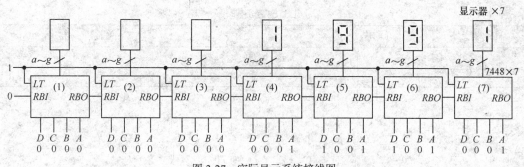

图 3-27　实际显示系统接线图

图 3-27 中，7 位显示器由 7 个译码器 7448 驱动。各片 7448 的 LT 均接高电平，由于第一片的 $RBI = 0$ 且 $DCBA = 0000$，所以第一片满足灭零条件，无字形显示，同时输出端 $RBO = 0$；第一片的 RBO 与第二片的 RBI 相连，使第二片也满足灭零条件，无字形显示，第二片的输出端 $RBO = 0$；同理，第三片的零也熄灭。由于第四、五、六、七片译码器的输入信号 $DCBA \neq 0000$，所以它们都能正常译码，按输入 BCD 码显示数字。若第一片 7448 的输入代码不是 0000，而是任意其他 BCD 码，则该片将正常译码并驱动显示，同时使 $RBO = 1$。这样，第二片、第三片就不满足灭零条件，所以电路只对最高位灭零，最高位非零的数字仍然正常显示。

3.4　数据选择器和数据分配器

3.4.1　数据选择器及用法

数据选择器又叫多路选择器或多路开关，它是多输入单输出的组合逻辑电路。其作用是经过选择，把多个通道的数据传送到唯一的公共数据通道中去。实现数据选择功能的逻辑电路称为数据选择器。它的作用相当于具有多个输入的单刀多掷开关，四选一数据选择器的功能示意图如图 3-28 所示。在选择控制变量 A_1、A_0 作用下，选择输入数据 $D_0 \sim D_3$ 中的某一个为输出数据 Y。

1. 74LS151 集成电路数据选择器

74LS151 是常用的集成八选一数据选择器，它有 3 个地址输入端 A_2、A_1、A_0，可选择 $D_0 \sim D_8$ 共 8 个数据源，具有两个互补输出端，同相输出端 Y 和反相输出端 W。其引脚图如图 3-29 所示，功能表如表 3-15 所示。由图 4.5.4(a)可知，该电路的输入使能端 G 为低电平有效。

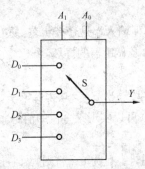

图 3-28 四选一数据选择器功能示意图

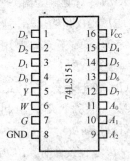

图 3-29 74LS151 的芯片管脚图

表 3-15   74LS151 的功能表

输	入			输	出
使	能	选	择	Y	W
G	A_2	A_1	A_0		
1	×	×	×	0	1
0	0	0	0	D_0	$\overline{D_0}$
0	0	0	1	D_1	$\overline{D_1}$
0	0	1	0	D_2	$\overline{D_2}$
0	0	1	1	D_3	$\overline{D_3}$
0	1	0	0	D_4	$\overline{D_4}$
0	1	0	1	D_5	$\overline{D_5}$
0	1	1	0	D_6	$\overline{D_6}$
0	1	1	1	D_7	$\overline{D_7}$

输出 Y 的表达式为

$$Y = \sum_{i=0}^{7} D_i m_i$$

其中 m_i 为 A_2、A_1、A_0 的最小项，$D_0 \sim D_7$ 为 8 个输入数据。例如，当 $A_2 A_1 A_0 = 010$ 时，根据最小项性质，只有 $m_2 = 1$，其余都为 0，所以 $Y = D_2$，即 D_2 的数据传送到输出端。

2. 数据选择器的用法

数据选择器的芯片种类很多，常用的有 2 选 1（如 74157）、4 选 1（如 74153）、8 选 1（如 74151）、16 选 1（如 74150）等。数据选择器除了用来传送数据外，实际工作中还可将其用于实现组合逻辑函数。

【例 3.9】 试用 8 选 1 数据选择器 74LS151 实现逻辑函数

$$Y = \overline{A}BC + \overline{A}\overline{B}\,\overline{C} + AB\overline{C} + ABC$$

解：根据 74LS151 选择器的功能，有 $Y = \sum_{i=0}^{7} D_i m_i$，如果将函数中包含的最小项所对应的数据输入端接逻辑 1，其他数据输入端接逻辑 0，就可用数据选择器实现该逻辑函数。将逻辑函数的最小项表达式转换为与 74LS151 选择器对应的输出形式

$$Y = m_3 D_3 + m_4 D_4 + m_6 D_6 + m_7 D_7$$

显然，D_3、D_4、D_6、D_7 应接 1，式中没有出现的最小项控制的输入数据端 D_0、D_1、D_2、D_5 应接 0，由此画出逻辑图如图 3-30 所示。

【例 3.10】　试用 8 选 1 数据选择器 74LS151 实现逻辑函数

$$L = \overline{X}YZ + X\overline{Y}Z + XY$$

解：把已知函数转换为最小项表达式为

$$L = \overline{X}YZ + X\overline{Y}Z + XY\overline{Z} + XYZ$$

再转换为与 74LS151 选择器对应的输出形式

$$L = m_3D_3 + m_5D_5 + m_6D_6 + m_7D_7$$

显然，D_3、D_5、D_6、D_7 应接 1，D_0、D_1、D_2、D_4 应接 0，由此画出逻辑图如图 3-31 所示。

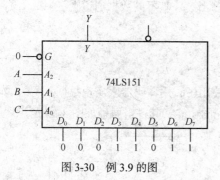

图 3-30　例 3.9 的图

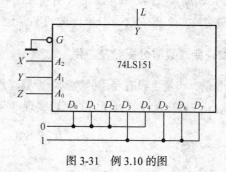

图 3-31　例 3.10 的图

在用数据选择器实现组合逻辑函数的时候，还可以用画卡诺图的方式来帮助实现。

【例 3.11】　用数据选择器实现逻辑函数

$$F(A, B, C, D) = \sum m(0, 3, 4, 5, 9, 10, 11, 12, 13)$$

解：函数 F 的输入变量为 4 个，可选用 8 选 1 数据选择器 74LS151。

分别用 8 选 1 数据选择器的 3 个地址变量 A_2、A_1、A_0 表示函数 F 的输入变量 A、B、C 即设 $A_2=A$、$A_1=B$、$A_0=C$。

分别以 A、B、C 为变量画出函数 F 的卡诺图，以及以 A_2、A_1、A_0 为变量画出 8 选 1 数据选择器 74LS151 的卡诺图，如图 3-32 所示。

比较函数 F 的卡诺图和 74LS151 的卡诺图，显然两者相等的条件是

$$D_0 = \overline{D}，D_1 = D，D_2 = 1，D_3 = 0$$

$$D_4 = D，D_5 = 1，D_6 = 1，D_7 = 0$$

根据以上表达式，画出用 74LS151 实现的该函数的连线图，如图 3-33 所示。

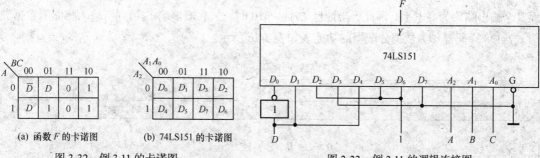

(a) 函数 F 的卡诺图　　　　(b) 74LS151 的卡诺图

图 3-32　例 3.11 的卡诺图

图 3-33　例 3.11 的逻辑连接图

3.4.2 数据分配器及用法

在数据传送中，有时需要将某一路数据分配到不同的数据通道上，实现这种功能的电路称为数据分配器，也称多路分配器。数据分配器的逻辑功能是将 1 个输入数据传送到多个输出端中的 1 个输出端，具体传到哪一个输出端，由一组选择控制信号确定。

1．1 路-4 路数据分配器

图 3-34 给出 4 路数据分配器的功能示意图，图中 S 相当于一个由信号 A_1A_0 控制的单刀多掷输出开关，输入数据 D 在地址输入 A_1A_0 控制下，传送到输出 $Y_0 \sim Y_3$ 不同数据通道上。例如，$A_1A_0=01$，S 开关合向 Y_1，输入数据 D 被传送到 Y_1 通道上。

2．集成数据分配器及应用

目前，市场上没有专用的数据分配器器件，实际使用中，用译码器来实现数据分配的功能。例如，用 74138 3 线-8 线译码器可以实现 8 路数据分配的功能，其逻辑原理如图 3-35 所示。

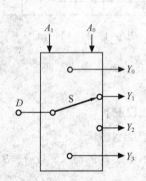

图 3-34 4 路数据分配器示意图

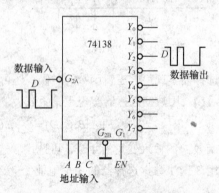

图 3-35 8 路数据分配器示意图

由图 3-35 可看出，74138 的 3 个译码输入 C、B、A 用做数据分配器的地址输入，8 个输出 $Y_0 \sim Y_7$ 用做 8 路数据输出，3 个输入控制端中的 G_{2A} 用做数据输入端，G_{2B} 接地，G_1 用做使能端。当 $G_1 = 1$ 时，允许数据分配，若需要将输入数据转送至输出端 Y_2，地址输入应为 $CBA=010$，由功能表 3-16 可得

$$Y_2 = \overline{(G_1 \overline{G_{2A}} \, \overline{G_{2B}}) \overline{C} B \overline{A}}$$
$$= G_{2A}$$

而其余输出端均为高电平。因此，当地址 $CBA = 010$ 时，只有输出端 Y_2 得到与输入相同的数据波形。74138 译码器作为数据分配器的功能表如表 3-16 所示。

表 3-16　　　　　　　　8 路数据分配器的功能表

输　　入						输　　出							
G_1	G_{2B}	G_{2A}	C	B	A	Y_0	Y_1	Y_2	Y_3	Y_4	Y_5	Y_6	Y_7
0	0	×	×	×	×	1	1	1	1	1	1	1	1
1	0	D	0	0	0	D	1	1	1	1	1	1	1
1	0	D	0	0	1	1	D	1	1	1	1	1	1

续表

输　　入						输　　出							
G_1	G_{2B}	G_{2A}	C	B	A	Y_0	Y_1	Y_2	Y_3	Y_4	Y_5	Y_6	Y_7
1	0	D	0	1	0	1	1	D	1	1	1	1	1
1	0	D	0	1	1	1	1	1	D	1	1	1	1
1	0	D	1	0	0	1	1	1	1	D	1	1	1
1	0	D	1	0	1	1	1	1	1	1	D	1	1
1	0	D	1	1	0	1	1	1	1	1	1	D	1
1	0	D	1	1	1	1	1	1	1	1	1	1	D

【案例】　多路数据的分时传送

数据分配器经常和数据选择器一起构成数据传送系统。其主要特点是可以用很少的几根线实现多路数字信息的分时传送。图 3-36 所示是用 8 选 1 数据选择器 74LS151 和 1 路-8 路数据分配器 74LS138 构成的 8 路数据传送系统。

图 3-36 中 74LS151 将 8 位并行数据变成串行数据发送到单传输线上，接收端再用 74LS138 将串行数据分送到 8 个输出通道。数据选择器和数据分配器的选择控制端并联在一起，以实现两者同步。注意，74LS138 用作数据分配器时，3 个选通控制端中，G_{2B} 用作数据输入端（低电平有效），G_1 和 G_{2A} 仍用作选通控制端，为了满足选通控制条件，需使 $G_1=1$、$G_{2A}=0$。

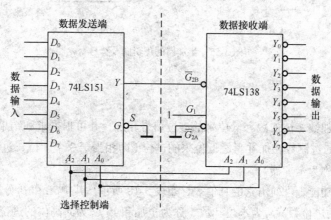

图 3-36　多路数据的分时传送系统

3.5　加法器和数值比较器

3.5.1　加法器及用法

计算机完成各种复杂运算的基础是算术加法运算，因为算术中的加、减、乘、除四则运算，在数字电路中往往是将其转换为加法运算来实现的，所以加法运算是运算电路的核心。能实现二进制加法运算的逻辑电路称为加法器。

1. 半加器

两个 1 位二进制数相加，若只考虑了两个加数本身，而没有考虑由低位来的进位，称为半加，实现半加运算的逻辑电路称为半加器。半加器的逻辑关系真值表可用表 3-17 表示，其中 A 和 B 分别是被加数及加数，S 表示和数，C 表示进位数。由真值表可得出逻辑表达式

$$S = \overline{A}B + A\overline{B} = A \oplus B$$
$$C = AB$$

由此画出半加器的逻辑图如图 3-37(a)所示，半加器的符号如图 3-37(b)所示。

表 3-17　　　　　　　　　　　　　　　半加器的真值表

A	B	S	C
0	0	0	0
0	1	1	0
1	0	1	0
1	1	0	1

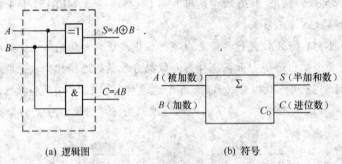

图 3-37　半加器的逻辑图及符号

2．全加器

全加器能进行加数、被加数和低位来的进位信号相加，并可根据求和结果给出该位的进位信号。能对两个 1 位二进制数相加并考虑低位来的进位（即相当于 3 个 1 位二进制数相加），求得和及进位的逻辑电路称为全加器。

根据全加器的功能，可列出它的真值表，如表 3-18 所示。其中 A_i 和 B_i 分别是被加数及加数，C_{i-1} 为相邻低位来的进位数，S_i 为本位和数（称为全加和），C_i 为向高位的进位数。

表 3-18　　　　　　　　　　　　　　　全加器的真值表

A_i	B_i	C_{i-1}	S_i	C_i
0	0	0	0	0
0	0	1	1	0
0	1	0	1	0
0	1	1	0	1
1	0	0	1	0
1	0	1	0	1
1	1	0	0	1
1	1	1	1	1

由真值表写出表达式并加以转换，可得

$$S_i = \overline{A_i}\,\overline{B_i}C_{i-1} + \overline{A_i}B_i\overline{C_{i-1}} + A_i\overline{B_i}\,\overline{C_{i-1}} + A_iB_iC_{i-1}$$
$$= A_i \oplus B_i \oplus C_{i-1}$$

$$C_i = \overline{A_i}B_iC_{i-1} + A_i\overline{B_i}C_{i-1} + A_iB_i\overline{C_{i-1}} + A_iB_iC_{i-1}$$

$$= \overline{\overline{(A_i \oplus B_i)C_{i-1}} \cdot \overline{A_iB_i}}$$

根据以上两个逻辑表达式可以画出全加器的逻辑图，如图 3-38(a)所示，图 3-38(b)所示为全加器的逻辑符号。

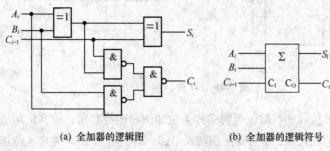

(a) 全加器的逻辑图　　　　　　　(b) 全加器的逻辑符号

图 3-38　全加器的逻辑图及符号

3．加法器

实现多位二进制数相加的电路称为加法器。按照进位方式的不同，加法器分为串行进位加法器和超前进位加法器两种。

（1）串行进位加法器

把 n 位全加器串联起来，低位全加器的进位输出连接到相邻的高位全加器的进位输入，便构成了 n 位的串行进位加法器。图 3-39 所示为 4 位串行进位加法器的逻辑图。

由图 3-39 所示可知，尽管串行进位加法器各位相加是并行的，但其进位信号是由低位向高位逐级传递的。这样，要形成高位的和，必须等到低位的进位形成后才能确定。因此，串行进位加法器速度不高。

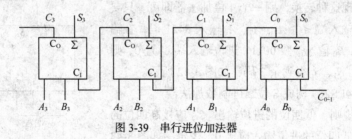

图 3-39　串行进位加法器

（2）超前进位加法器

为了提高运算速度，在逻辑设计上采用超前进位的方法，即每一位的进位根据各位的输入预先形成，而不需要等到低位的进位送来后才形成，这样就构成了超前进位加法器。超前进位加法器的逻辑电路远比串行进位加法器的复杂，随着加法位数的增加，电路的复杂程度也迅速增加，造成门电路的扇入和扇出数也会增大，影响电路性能的稳定，因此，超前进位的集成加法器一般为 4 位加法器。

图 3-40 所示为集成 4 位二进制超前进位的 TTL 加法器 74LS283 的引脚排列图和逻辑符号图。

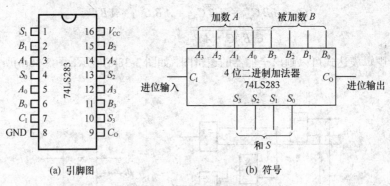

(a) 引脚图   (b) 符号

图 3-40 74LS283 的引脚图及符号

当需要计算更多位数的数时，可将多片 4 位加法器连接起来，较低位加法器的进位输出送到较高位加法器的进位输入端，不需要附加辅助电路。图 3-41 所示为 4 片 4 位加法器串联起来构成的 16 位加法器。

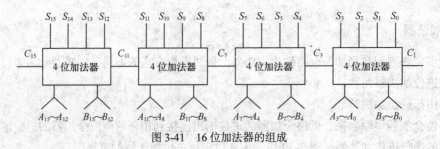

图 3-41 16 位加法器的组成

（3）加法器的应用

① 8421 码转换成余 3 码

由余 3 码的定义可知，余 3 码比相应的 8421 码多 3(0011)。为了实现这种转换，用一个 4 位加法器即可。只要在 4 位加法器的输入端 A_3、A_2、A_1、A_0 输入 8421 码，在输入端 B_3、B_2、B_1、B_0 输入常数 0011，进位输入端 C_I 置 0，则在输出端 S_3、S_2、S_1、S_0 得到余 3 码，如图 3-42 所示。

② 用两片 74LS283 构成 8 位二进制数加法器

按照加法的规则，低四位的进位输出 C_O 应接高四位的进位输入 C_I，而低四位的进位输入应接 0，逻辑图如图 3-43 所示。

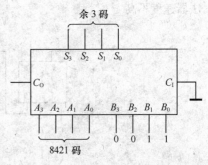

图 3-42 8421 码转换成余 3 码示意图

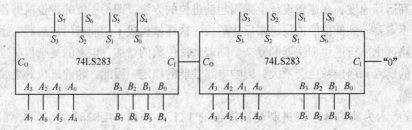

图 3-43 8 位二进制数加法器构成示意图

3.5.2　数值比较器及用法

在各种数字系统尤其是在数字电子计算机中，经常需要对两个二进制数进行大小判别，然后根据判别结果转向执行某种操作。用来完成两个二进制数的大小比较的逻辑电路称为数值比较器，简称比较器。在数字电路中，数值比较器的输入是要进行比较的两个二进制数，输出是比较的结果。

1．1 位数值比较器

1 位数值比较器是多位比较器的基础。当 A 和 B 都是 1 位二进制数时，它们的取值和比较结果可由 1 位数值比较器的真值表表示，如表 3-19 所示。

表 3-19　　　　　　　　　　　　　1 位数值比较器的真值表

输　　入		输　　出		
A	B	$F_{A>B}$	$F_{A<B}$	$F_{A=B}$
0	0	0	0	1
0	1	0	1	0
1	0	1	0	0
1	1	0	0	1

由真值表可得如下逻辑表达式

$$F_{A>B} = A\overline{B}$$
$$F_{A<B} = \overline{A}B$$
$$F_{A=B} = \overline{A}\,\overline{B} + AB = \overline{A \oplus B}$$

由逻辑表达式可以画出如图 3-44 所示的逻辑图。

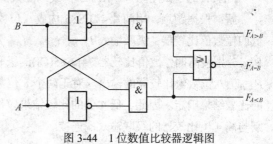

图 3-44　1 位数值比较器逻辑图

2．集成数值比较器 74LS85

集成数值比较器 74LS85 是 4 位数值比较器。两个 4 位数的比较是从 A 的最高位 A_3 和 B 的最高位 B_3 开始比较，如果它们不相等，则该位的比较结果可以作为两数的比较结果。若最高位 $A_3=B_3$，则再比较次高位 A_2 和 B_2，依此类推。显然，如果两数相等，那么比较必须进行到最低位才能得到结果。74LS85 功能如表 3-20 所示。

表 3-20　　　　　　　　　　　　　　74LS85 功能表

数　码　输　入								级　联　输　入			输　　出		
A_3	B_3	A_2	B_2	A_1	B_1	A_0	B_0	$I_{A>B}$	$I_{A<B}$	$I_{A=B}$	$F_{A>B}$	$F_{A<B}$	$F_{A=B}$
$A_3 > B_3$		×		×		×		×	×	×	1	0	0
$A_3 < B_3$		×		×		×		×	×	×	0	1	0
$A_3=B_3$		$A_2 > B_2$		×		×		×	×	×	1	0	0
$A_3=B_3$		$A_2 < B_2$		×		×		×	×	×	0	1	0
$A_3=B_3$		$A_2=B_2$		$A_1 > B_1$		×		×	×	×	1	0	0
$A_3=B_3$		$A_2=B_2$		$A_1 < B_1$		×		×	×	×	0	1	0

续表

数　码　输　入				级　联　输　入			输　　出		
A_3　B_3	A_2　B_2	A_1　B_1	A_0　B_0	$I_{A>B}$	$I_{A<B}$	$I_{A=B}$	$F_{A>B}$	$F_{A<B}$	$F_{A=B}$
$A_3=B_3$	$A_2=B_2$	$A_1=B_1$	$A_0>B_0$	×	×	×	1	0	0
$A_3=B_3$	$A_2=B_2$	$A_1=B_1$	$A_0<B_0$	×	×	×	0	1	0
$A_3=B_3$	$A_2=B_2$	$A_1=B_1$	$A_0=B_0$	1	0	0	0	1	0
$A_3=B_3$	$A_2=B_2$	$A_1=B_1$	$A_0=B_0$	0	1	0	0	1	0
$A_3=B_3$	$A_2=B_2$	$A_1=B_1$	$A_0=B_0$	0	0	1	0	0	1

真值表中的输入变量包括两个 4 位二进制数：$A_3A_2A_1A_0$ 与 $B_3B_2B_1B_0$，以及 $I_{A>B}$、$I_{A<B}$、$I_{A=B}$，其中 $I_{A>B}$、$I_{A<B}$、$I_{A=B}$ 是低位数的比较结果，由级联低位芯片送来，用于与其他数值比较器连接，以便组成位数更多的数值比较器。

当 2 个数值比较器级联时，若高位比较器的两数相等，则比较结果由级联输入信号 $I_{A>B}$、$I_{A<B}$、$I_{A=B}$ 而定。为了简化比较过程，可先看级联输入 $I_{A=B}$ 是否为 1。若 $I_{A=B}=1$，即低位比较器的两数相等，则比较结果为 $F_{A=B}=1$。若 $I_{A=B}=0$，则再看级联输入 $I_{A>B}$ 和 $I_{A<B}$，如果 $I_{A>B}=1$，即低位比较器的 $A>B$，则比较结果为 $F_{A>B}=1$；如果 $I_{A<B}=1$，即低位比较器的 $A<B$，则比较结果为 $F_{A<B}=1$。

74LS85 的引脚图如图 3-45 所示。实际使用时，若仅对 4 位数进行比较，需对 $I_{A>B}$、$I_{A<B}$、$I_{A=B}$ 进行处理，即 $I_{A>B}=I_{A<B}=0$，$I_{A=B}=1$。

图 3-45　74LS85 的引脚图

3．数值比较器的应用

【例 3.12】　试用两片 74LS85 构成八位数值比较器，画出逻辑图。

解：根据题意，用两片 74LS85 构成八位数值比较器的逻辑图如图 3-46 所示。74LS85(C_0)为低四位数值比较器，级联输入 $I_{A>B}$、$I_{A<B}$、$I_{A=B}$ 分别接 $I_{A>B}=I_{A<B}=0$，$I_{A=B}=1$，其输出端 $F_{A>B}$、$F_{A<B}$、$F_{A=B}$ 分别接高四位数值比较器 74LS85(C_1)的级联输入端 $I_{A>B}$、$I_{A<B}$、$I_{A=B}$，74LS85(C_1)的 $F_{A>B}$、$F_{A<B}$、$F_{A=B}$ 为八位数值比较器的输出。对于两个 8 位数，若高 4 位相同，它们的大小则由低 4 位比较器的比较结果确定。因此，低 4 位的比较结果应作为高 4 位的条件，即低 4 位比较器的输出端应分别与高 4 位比较器的级联输入端连接。

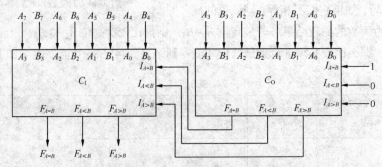

图 3-46　74LS85 构成八位数值比较器

【例 3.13】　试用数值比较器实现表 3-21 所示逻辑函数。

解：由表 3-21 可看出，当 $A_3A_2A_1A_0>0110$ 时，$F_3=1$；当 $A_3A_2A_1A_0<0110$ 时，$F_2=1$；而 $A_3A_2A_1A_0=0110$ 时，$F_1=1$。因此，可用一片 74LS85 比较器实现上述逻辑功能，将输入数据 $A_3A_2A_1A_0$ 与

0110 比较，级联输入 $I_{A>B}$、$I_{A<B}$、$I_{A=B}$ 分别接 $I_{A>B}=I_{A<B}=0$，$I_{A=B}=1$，逻辑图如图 3-47 所示。

表 3-21　　　　　　　　　　　　　　　例 3.13 的真值表

A_3	A_2	A_1	A_0	F_1	F_2	F_3
0	0	0	0	0	1	0
0	0	0	1	0	1	0
0	0	1	0	0	1	0
0	0	1	1	0	1	0
0	1	0	0	0	1	0
0	1	0	1	0	1	0
0	1	1	0	1	0	0
0	1	1	1	0	0	1
1	0	0	0	0	0	1
1	0	0	1	0	0	1
1	0	1	0	0	0	1
1	0	1	1	0	0	1
1	1	0	0	0	0	1
1	1	1	0	0	0	1

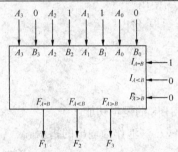

图 3-47　例 3.13 的逻辑图

【案例】　数值比较器的应用（温度报警器电路）

如图 3-48 所示为温度报警器电路的逻辑图，温度检测电路已检测出温度数值，并以 8 位二进制数输入。8 位二进制数的范围为 0～255，表示温度数值为 0℃～255℃。

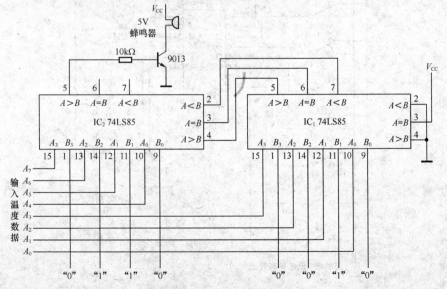

图 3-48　温度报警器电路逻辑图

温度报警器电路采用了两片级联的 74LS85 用作 8 位数值比较。数据输入端 A 连接输入的温度数据，而数据输入端 B 接报警数值。输入端 B 连接状态为 "01100010"。二进制数 01100010 转换为十进制数为 98。

当输入端 A 数值大于输入端 B 的设定值时。IC_2 的 $A > B$. 输出端输出 "1"，晶体管 9013 饱和导通，蜂鸣器发出报警声音，即当检测温度大于 98℃ 时报警器报警。

明白了该电路的工作原理以后，就可以自行设计检测温度在 0～255℃ 间的任一温度的报警电路了。

3.6 仿真实训：测试中规模逻辑器件的逻辑功能

一、实训的目的和任务

1. 掌握中规模逻辑器件的逻辑功能及测试方法
2. 熟悉仿真软件 Multisim 8 的使用
3. 练习仿真组合逻辑电路的初步设计
4. 体会中规模逻辑器件的综合应用效果

二、实训内容

1. 测试编码器集成电路 74LS148 的逻辑功能

（1）按图 3-49 所示电路图连线，灯泡作为输出的指示。

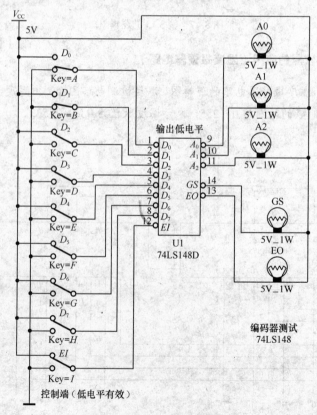

图 3-49   74LS148 的仿真测试电路

（2）自行设计真值表格并将测试结果填入。

（3）集成电路 74LS148 的管脚图及逻辑功能请自行查阅有关资料。

2. 测试译码器集成电路 74LS138 的逻辑功能

（1）按图 3-50 所示电路图连线，发光 LED 作为输出的指示。

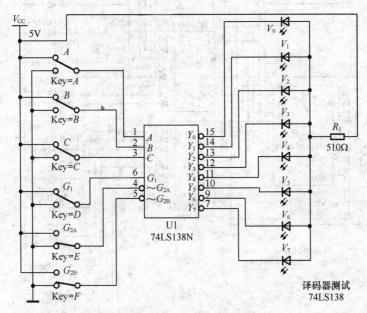

图 3-50 74LS138 的仿真测试电路

（2）自行设计真值表格并将测试结果填入。

（3）集成电路 74LS138 的管脚图及逻辑功能自己查有关资料。

3. 译码器的综合应用

（1）按图 3-51 所示电路图连线，发光 LED 作为输出的指示，灯泡作为控制代码的指示。

（2）该电路的功能是通过计数器与译码器的综合应用，达到 16 路灯光循环控制的目的，在本电路图中主要体会译码器的作用。

（3）电路中的 FXG1 为信号发生器，输出应为方波，频率可以自行调整，通过改变频率可以体会灯光变化的快慢。

4. 显示译码器测试

（1）按图 3-52 所示电路图连线。

（2）通过控制开关体会显示译码器的控制功能。

（3）通过代码输入，让显示数码管显示十进制数 0 ~ 9，并总结输入代码与显示结果的关系。

5. 组合电路设计初步（四人投票表决电路）

（1）按图 3-53 所示电路图连线。

（2）该电路的作用是将四人投票表决的结果，用电路的形式实现。

（3）灯泡作为表决结果，灯亮表示表决结果通过。

（4）通过仿真操作体会逻辑电路的设计过程。

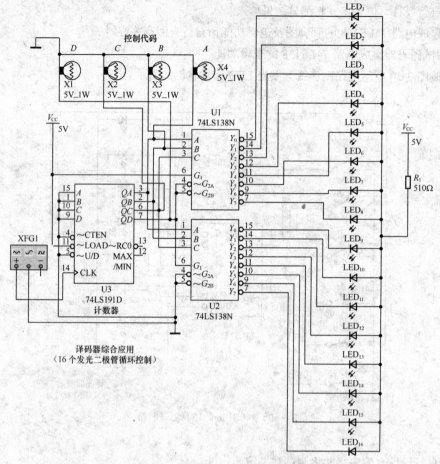

图 3-51　译码器的综合应用电路

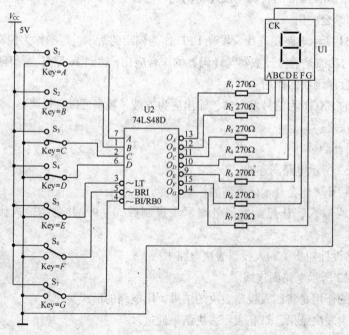

图 3-52　显示译码器仿真测试

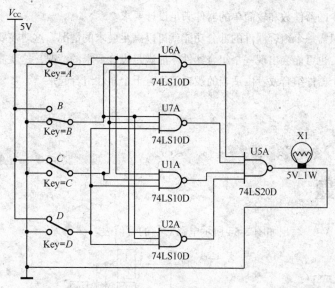

图 3-53　四人投票表决电路

小结

1. 组合逻辑电路的特点是：输出状态只决定于同一时刻的输入状态，简单的组合逻辑电路可由逻辑门电路组成。

2. 分析组合逻辑电路的目的是确定已知电路的逻辑功能，其步骤是：

（1）写出已知电路各输出端的逻辑表达式；

（2）化简和变换逻辑表达式；

（3）列出真值表，确定功能。

3. 应用逻辑门电路设计组合逻辑电路的步骤是：

（1）根据命题列出真值表；

（2）写出输出端的逻辑表达式；

（3）化简和变换逻辑表达式；

（4）画出逻辑图。

4. 常用的中规模组合逻辑器件包括编码器、译码器、数据选择器、数值比较器、加法器等。这些组合逻辑器件除了具有其基本功能外，通常还具有输入使能，输出使能、输入扩展、输出扩展功能，使其功能更加灵活，便于构成较复杂的逻辑系统。

5. 应用组合逻辑器件进行组合逻辑电路设计时，所应用的原理和步骤与用门电路时是基本一致的，但应注意以下几点。

（1）对逻辑表达式的变换与化简的目的是使其尽可能与组合逻辑器件的形式一致，而不是尽量简化。

（2）设计时应考虑合理充分应用组合器件的功能。同种类的组合器件有不同的型号，应尽量选用较少的器件数和较简单的器件满足设计要求。

（3）可能出现只需一个组合器件的部分功能就可以满足要求的情况，这时需要对有关输入、输出信号做适当的处理。也可能会出现一个组合器件不能满足设计要求的情况，这就需要对组合器件进行扩展，直接将若干个器件组合或者由适当的逻辑门将若干个器件组合起来。

习题

3-1　写出如图 3-54 所示电路对应的真值表。

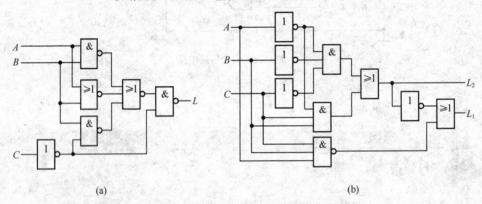

(a)　　　　　　　　　　　　　　　(b)

图 3-54　题 3-1 的逻辑图

3-2　试分析图 3-55 所示逻辑电路的功能。

3-3　试分析图 3-56 所示逻辑电路的功能。

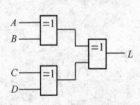

图 3-55　题 3-2 的逻辑图

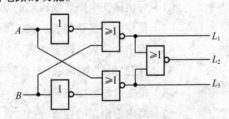

图 3-56　题 3-3 的逻辑图

3-4　试分析图 3-57 所示逻辑电路的功能。

3-5　试分析图 3-58 所示逻辑电路的功能。

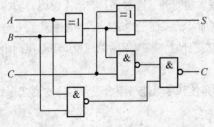

图 3-57　题 3-4 的逻辑图

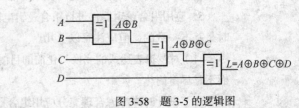

图 3-58　题 3-5 的逻辑图

3-6　试分析图 3-59 所示逻辑电路的功能。

3-7　试设计组合电路，把 4 位二进制码转换为 8421BCD 码，写出表达式，画出逻辑图。

3-8　设某车间有 4 台电动机 A、B、C、D，要求：（1）A 必须开机；（2）其他 3 台中至少有两台开机。如果不满足上述条件，则指示灯熄灭。试写出指示灯亮的逻辑表达式，并用与非门实现。设指示灯亮为 1，电动机开机为 1。

3-9　某选煤厂由煤仓到洗煤楼用 3 条皮带（A、B、C）运煤，煤流方向为 $C \to B \to A$。为了避免在停车时出现煤堆积现象，

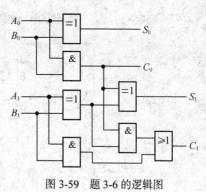

图 3-59　题 3-6 的逻辑图

要求 3 台电动机要顺煤流方向依次停车，即 A 停，B 必须停；B 停，C 必须停。如果不满足应立即发出报警信号，试写出报警信号逻辑表达式，并用与非门实现。设输出报警为 1，输入开机为 1。

3-10　为了使 74138 译码器的第 10 引脚输出为低电平，请标出各输入端应置的逻辑电平。

3-11　用译码器 74138 和与非门实现下列函数：

（1）$F = ABC + \overline{A}(B + C)$

（2）$F = AB + BC$

（3）$F = ABC + A\overline{C}D$

（4）$F = A\overline{B} + BC + AB\overline{C}$

（5）$F = A\overline{B} + AC$

3-12　使用七段集成显示译码器 7484 和发光二极管显示器组成一个 7 位数字的译码显示电路，要求将 0099.120 显示成 99.12，各芯片的控制端如何处理？画出外部接线图（注：不考虑小数点的显示）。

3-13　试用 74151 和逻辑门分别实现下列逻辑函数：

（1）$F = \overline{A}\,\overline{B}C + \overline{A}B\overline{C} + AB\overline{C} + ABC$

（2）$F = \overline{B}C + AC$

（3）$F = A\overline{B} + \overline{B}C + D$

（4）$F(A, B, C) = \sum m(0, 1, 5, 6)$

（5）$F(A, B, C) = \sum m(1, 2, 4, 7)$

3-14　设计一个路灯的控制电路（一盏灯），要求在 4 个不同的地方都能独立地控制灯的亮灭。

3-15　分别画出用与非门、或非门以及半加器组成全加器的逻辑电路图。

3-16　试设计一个温度控制电路，其输入为 4 位二进制数 $ABCD$，代表检测到的温度，输出为 X 和 Y，分别用来控制暖风机和冷风机的工作，当温度低于或等于 5 时，暖风机工作，冷风机不工作；当温度高于或等于 10 时，冷风机工作，暖风机不工作；当温度介于 5 和 10 之间时，冷风机和暖风机都不工作（题中的 5 和 10 不代表温度的具体数值，是测量温度后的输出代码）。

3-17　举重比赛有 3 个裁判员 A、B、C，另外有一个主裁判 D。A、B、C 裁判认为合格时为一票，D 裁判认为合格时为二票。多数通过时输出 $F = 1$，用与非门设计多数通过的表决电路。

3-18　试画出用 3 片 4 位数值比较器 74LS85 组成 10 位数值比较器的逻辑电路图。

3-19　74151 的连接方式和各输入端的输入波形如图 3-60 所示，画出输出端 Y 的波形。

3-20　用红、黄、绿 3 个指示灯代表 3 台设备 A、B、C 的工作情况，绿灯亮表示 3 台设备全都工作正常，黄灯亮表示有 1 台设备不正常，红灯亮表示有 2 台设备工作不正常，红、黄灯都亮表示 3 台

设备都不正常，试列出该控制电路的真值表，并用合适的门电路实现。

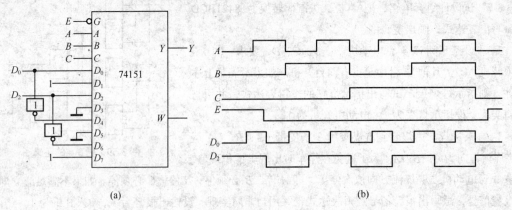

图 3-60　题 3-19 的图

第4章 集成触发器

【本章内容简介】 本章主要介绍各种集成触发器的电路结构和逻辑功能，不同逻辑功能触发器的相互转换；通过学习要理解主从 RS 触发器、边沿 D 触发器、边沿 JK 触发器、T 和 T′ 触发器的逻辑功能、特性方程及异步置0和异步置1的优先概念。

【本章重点难点】 重点掌握 RS 触发器、D 触发器、JK 触发器、T 触发器和 T′ 触发器的逻辑符号、逻辑功能和触发方式及边沿触发器的工作特点。难点为不同逻辑功能触发器的相互转换。

【技能点】 用门电路组成基本 RS 触发器，集成边沿 D、JK 触发器的功能测试及应用。

在数字电路系统中，除了广泛采用集成逻辑门电路及由它们构成的组合逻辑电路之外，还经常采用触发器以及由它们与各种门电路一起组成的时序逻辑电路。

触发器有两个基本特性：①它有两个稳定状态，可分别用来表示二进制数码0和1；②在输入信号作用下，触发器的两个稳定状态可相互转换，输入信号消失后，已转换的稳定状态可长期保持下来，这就使得触发器能够记忆二进制信息，常用作二进制存储单元。因此，它是一个具有记忆功能的基本逻辑电路，有着广泛的应用。不同的触发器具有不同的逻辑功能，在电路结构和触发方式方面也有不同的种类。根据电路功能，触发器可分为 RS 触发器、JK 触发器、D 触发器和 T 触发器。

4.1 RS 触发器

4.1.1 基本 RS 触发器

基本 RS 触发器又称为置0、置1触发器。它由两个与非门首尾相连构成，如图 4-1(a) 所示。两个门的输出端分别称之为 Q 和 $\overline{Q}$，有时也称为 1 和 0 端，正常工作时，Q 和 $\overline{Q}$ 的取值是互反的关系。通常把 Q 端的状态定义为触发器的状态，即 $Q=1$ 时，称触发器处于 1 状态，简称为 1 态；$Q=0$ 时，称触发器处于 0 状态，简称为 0 态。基本 RS 触发器有两个输入端，S 端和 R 端，S 端称为置 1 端，R 端称为置 0 端。

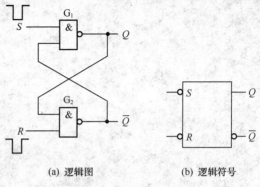

(a) 逻辑图   (b) 逻辑符号

图 4-1　基本 RS 触发器

根据输入信号 R、S 不同状态的组合，触发器的输出与输入之间的关系有 4 种情况，现分析如下。

（1）$R=1$，$S=0$

因为门 G_1 有一个输入端是 0，所以输出端 $Q=1$；门 G_2 的两个输入端全是 1，则输出 $\overline{Q}=0$。可见，当 $R=1$，$S=0$ 时，触发器被置于 1 态，称触发器置 1（或称置位）。当置 1 端 S 由 0 返回到 1 时，门 G_1 的输出 Q 仍然为 1，这是因为 $\overline{Q}=0$，使得门 G_1 的输入端中仍有一个为 0。可见，当 $R=1$，$S=1$ 时，不改变触发器的状态，即当去掉置 1 输入信号 $S=0$ 后，触发器保持原状态不变。触发器具有记忆功能。

（2）$R=0$，$S=1$

因为门 G_2 有一个输入端是 0，所以输出端 $\overline{Q}=1$。门 G_1 的两个输入端全是 1，则输出端 $Q=0$。可见，当 $R=0$，$S=1$ 时，触发器置 0（或称复位）。当置 0 端再返回 1 时，门 G_2 的输出 $\overline{Q}$ 仍为 1，因为 $Q=0$，使得 G_2 的输入端中仍有一个为 0，这时触发器保持原状态不变。

（3）$R=1$，$S=1$

前面的分析表明，在置 1 信号（$R=1$，$S=0$）作用之后，S 返回 1 时，$R=1$，$S=1$，触发器保持 1 态不变；在置 0 信号（$R=0$，$S=1$）的作用之后，R 返回到 1 时，即 $R=1$，$S=1$，触发器保持原来的 0 态不变。

（4）$R=0$，$S=0$

显然，在此条件下，两个与非门的输出端 Q 和 $\overline{Q}$ 全为 1，这违背了 Q 和 $\overline{Q}$ 互补的条件，而在两个输入信号都同时撤去（回到 1）后，触发器的状态将不能确定是 1 还是 0，因此称这种情况为不定状态，这种情况应当避免。

综上所述，基本 RS 触发器的功能如表 4-1 所示，其逻辑符号如图 4-1(b)所示，图中，逻辑符号的 S 端和 R 端各有一个小圆圈，它表示置 1 和置 0 信号都是低电平起作用，即置 0 或置 1 输入信号为低电平，可引起触发器状态改变（即为低电平有效）。在触发器的工作过程中，使触发器状态改变的输入信号称为触发信号，触发器状态的改变称为翻转。基本 RS 触发器的触发信号是电平信号，这种触发方式称为电平触发方式。

表 4-1　　　　　　　　　　　　　　　基本 RS 触发器的功能表

R	S	Q	R	S	Q
0	0	不定	1	0	1
0	1	0	1	1	不变

基本 RS 触发器输入、输出关系也可以用波形图表示，如图 4-2 所示。图中实线波形忽略了

门的传播延迟时间，只反映输入、输出之间的逻辑关系。当触发器置 0 端和置 1 端同时加上宽度相等的负脉冲时（假设正跳和负跳时间均为 0），在两个负脉冲作用期间，门 G_1 和门 G_2 的输出都是 1。当两个负脉冲同时消失时，若门 G_1 的传播延迟时间 t_{pd1} 较门 G_2 的传播延迟时间 t_{pd2} 小，触发器将建立稳定 0 态；若 $t_{pd2} < t_{pd1}$，触发器将稳定在 1 态；若 $t_{pd2} = t_{pd1}$，触发器的输出将在 1 和 0 之间来回振荡。通常，两个门之间的传播延迟时间 t_{pd1} 和 t_{pd2} 的大小

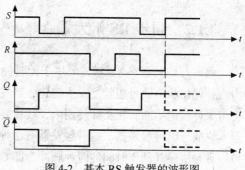

图 4-2　基本 RS 触发器的波形图

关系是不知道的，因而，两个宽度相等的负脉冲从 S 和 R 端同时消失后，触发器的状态是不确定的，图 4-2 中虚线表示不确定状态。

【案例】用 RS 触发器构成无抖动开关

在实际应用中直接用到基本 RS 触发器的场合虽然不多，但它是各种复杂的触发器的基本组成部分，所以其逻辑功能极为重要。

下面举一简单的应用实例，用 RS 触发器构成无抖动开关。

在机械开关扳动或按动过程中，一般都存在接触抖动，在几十毫秒的时间里连续产生多个脉冲，如图 4-3(a)、图 4-3(b)所示，这在数字系统中会造成电路的误动作，是绝对不允许的。为了克服电压抖动，可在电源和输出端之间接入一个基本 RS 触发器，在开关动作时，使输出端产生一次性的电压跳变，如图 4-3(c)、图 4-3(d)所示，这种无抖动开关称为逻辑开关。若将开关 S 来回扳动一次，即可在输出端 Q 得到无抖动的单拍负脉冲，而在 $\overline{Q}$ 端得到单拍正脉冲，如图 4-3(c)中所示 Q 和 $\overline{Q}$ 端波形。

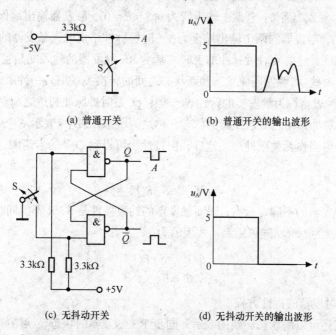

(a) 普通开关　　　　　　　　　　(b) 普通开关的输出波形

(c) 无抖动开关　　　　　　　　　(d) 无抖动开关的输出波形

图 4-3　用 RS 触发器构成无抖动开关

4.1.2 同步 RS 触发器

前面介绍的基本 RS 触发器属于无时钟触发器。它的动作特点是当输入的置 0 或置 1 信号一出现，输出状态就可能随之发生变化，触发器状态的转换没有一个统一的节拍，这在数字系统中会带来许多的不便。在实际使用中，往往要求触发器按一定的节拍动作，于是产生了同步式触发器，它属于时钟触发器。这种触发器有两种输入端：一种是决定其输出状态的数据信号输入端；另一种是决定其动作时间的时钟脉冲，即 CP 输入端。

同步 RS 触发器电路结构如图 4-4(a)所示，逻辑符号如图 4-4(b)所示。

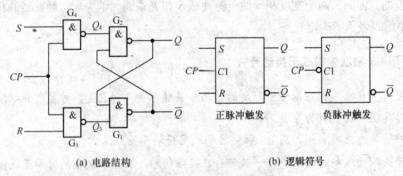

(a) 电路结构 (b) 逻辑符号

图 4-4 同步 RS 触发器的电路结构和逻辑符号

由图 4-4 可知，输入信号要经过 G_3、G_4 两个引导门的传递，这两个门同时受 CP 信号控制。当 $CP=0$ 时，无论输入端 S 和 R 取何值，G_3 和 G_4 的输出端始终为 1，所以，由 G_1 和 G_2 组成的基本 RS 触发器处于保持状态。当时钟脉冲到达时，CP 端变为 1，R 和 S 端的信息通过引导门反相之后，作用到基本 RS 触发器的输入端。在 $CP=1$ 的时间内，当 $S=1$，$R=0$ 时，触发器置 1；当 $S=0$，$R=1$ 时，触发器置 0；若两个输入皆为 0($S=R=0$)，触发器输出端保持不变，若两个输入皆为 1($S=R=1$)，触发器的两个输出端全为 1，时钟脉冲结束时，触发器的状态是不确定的，两种状态都可能出现，这要看时钟脉冲结束时，基本 RS 触发器的输入端是置 1 信号还是置 0 信号保持的时间更长一些。将触发器原状态和新状态之间的转换关系用另一种形式的表格记录下来，如表 4-2 所示，这种表格称为触发器的特性表。表中 Q^n 是时钟脉冲到达之前触发器的状态，称为现态；Q^{n+1} 是时钟脉冲作用之后触发器的状态，称之为次态。表中×表示 $S=R=1$ 时，触发器输出的不确定状态，可当作无关项处理，这样，由特性表可得到 Q^{n+1} 的卡诺图，如图 4-5 所示，化简后的表达式为

$$Q^{n+1}=S+\overline{R}Q^n$$

由于要避免触发器的不确定状态，因而触发器的约束条件是 S、R 不能同时为 1。根据上述分析，同步 RS 触发器的逻辑功能可用表达式表示为

$$\begin{cases} Q^{n+1}=S+\overline{R}Q^n \\ SR=0 \end{cases}$$

该式称为同步 RS 触发器的特性方程。

触发器的功能还可以用状态转换图表示，同步 RS 触发器的状态转换图如图 4-6 所示。图中两个圆圈内标的 1 和 0，表示触发器的两种状态，带箭头的弧线表示状态转换的方向，箭头指向

触发器次态，箭尾为触发器现态，弧线旁边标出了状态转换的条件。

表 4–2　　　　　　　　　　　　　　同步 RS 触发器的特性表

S	R	Q^n	Q^{n+1}
0	0	0	0
0	0	1	1
0	1	0	0
0	1	1	0
1	0	0	1
1	0	1	1
1	1	0	×
1	1	1	×

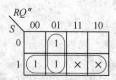

图 4-5　同步 RS 触发器的卡诺图

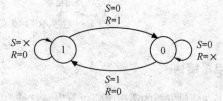

图 4-6　同步 RS 触发器的状态转换图

根据上述分析，可得同步 RS 触发器的特点如下。

同步 RS 触发器的翻转是在时钟脉冲的控制下进行的，当 $CP=1$ 时，接收输入信号，允许触发器翻转；当 $CP=0$ 时，封锁输入信号，禁止触发器翻转。同步 RS 触发器的触发方式属于脉冲触发方式。脉冲触发方式有正脉冲触发方式和负脉冲触发方式。本例为正脉冲触发方式，若为负脉冲触发方式，逻辑符号中时钟脉冲输入端 C1 应有小圈，如图 4-4(b)所示。

【例 4.1】图 4-4(a)中 CP、S、R 的波形如图 4-7 所示，试画出 Q 和 $\overline{Q}$ 的波形，设初始状态 $Q=0$，$\overline{Q}=1$。

解：根据题意，画出 Q 和 $\overline{Q}$ 的波形如图 4-7 所示。

触发器在 CP 为高电平时翻转。在 CP 为 1 的时间间隔内，R、S 的状态变化就会引起触发器状态的变化。因此，这种触发器的触发翻转只能控制在一个时间间隔内，而不是控制在某一时刻进行。这种工作方式的触发器在应用中受到一定限制。后面的内容会介绍到能控制在某一时刻（时钟脉冲的正跳沿或负跳沿）翻转的触发器。

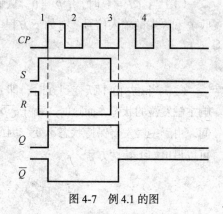

图 4-7　例 4.1 的图

4.1.3　主从 RS 触发器

为了提高触发器工作的可靠性，希望在 CP 的每个周期里输出端的状态只能改变一次。为此，在同步 RS 触发器的基础上又设计出了主从结构触发器。主从 RS 触发器由两级同步 RS 触发器构成，其中一级接收输入信号，其状态直接由输入信号决定，称为主触发器，还有一级的输入与主触发器的输出连接，其状态由主触发器的状态决定，称为从触发器，主从 RS 触发器的逻辑图和逻辑符号如图 4-8 所示，两个触发器的逻辑功能和同步 RS 触发器的逻辑功能完全相同，时钟为互补时钟，两级触发器的时钟信号互补，从而有效地克服了空翻。

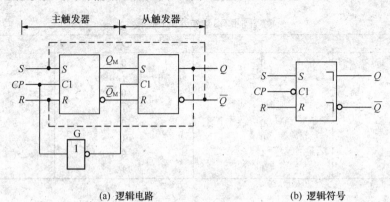

（a）逻辑电路 （b）逻辑符号

图 4-8 主从 RS 触发器的逻辑图和逻辑符号

1．电路结构

由主从 RS 触发器的逻辑电路可看出，它是由两个同步 RS 触发器串联组成的。门 G 的作用是将 CP 反相为 $\overline{CP}$，使主从两个触发器分别工作在 CP 的两个不同的时区内。图 4-8(b)所示逻辑符号框内的"⌐"为延迟输出的符号，它表示触发器输出状态的变化滞后于主触发器接收信号的时刻。

2．工作原理

主从触发器的触发翻转分为两个过程。

（1）当 $CP=1$ 时，$\overline{CP}=0$，从触发器被封锁，保持原状态不变。这时，主触发器工作，接收 R 和 S 端的输入信号。有如下方程

$$Q_M^{n+1}=S+\overline{R}Q_M^n$$

$$RS=0$$

（2）当 CP 由 1 跃变到 0 时，即 $CP=0$，$\overline{CP}=1$，主触发器被封锁，输入信号 R、S 不再影响主触发器的状态。而这时，由于 $\overline{CP}=1$，从触发器接收主触发器输出端的状态。在 $CP=0$ 期间，由于主触发器保持状态不变，因此受其控制的从触发器的状态，即 Q、$\overline{Q}$ 的值不可能改变，可以得出如下特性方程

$$Q^{n+1}=S+\overline{R}Q^n$$

$$RS=0 （约束条件）$$

由上分析可知，主从 RS 触发器的翻转是在 CP 由 1 变 0 时刻（CP 下降沿）发生的，CP 一旦变为 0 后，主触发器就会被封锁，其状态不再受 R、S 影响，故主从触发器对输入信号的敏感时间大大缩短，只在 CP 由 1 变 0 的时刻触发翻转，因此不会有空翻现象。采用主从控制结构，从根本上解决了输入信号直接控制的问题，使其具有 $CP=1$ 期间接收输入信号，CP 下降沿到来时触发翻转的特点。但其仍然存在着约束问题，即在 $CP=1$ 期间，输入信号 R 和 S 不能同时为 1。

4.1.4 集成 RS 触发器

TTL 集成主从 RS 触发器 74LS71 的逻辑符号和引脚分布如图 4-9 所示。该触发器分别有 3 个

S 端和 3 个 R 端，分别为逻辑与关系，即 $1R = R_1 \cdot R_2 \cdot R_3$，$1S = S_1 \cdot S_2 \cdot S_3$。使用中如有多余的输入端，要将它们接至高电平。触发器带有清零端（置 0）R_D 和预置端（置 1）S_D，它们的有效电平均为低电平。74LS71 的功能如表 4-3 所示。

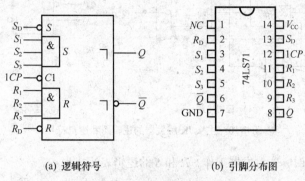

| (a) 逻辑符号 | (b) 引脚分布图 |

图 4-9　74LS71 的逻辑符号和引脚图

表 4-3　　　　　　　　　　　　74LS71 的功能表

输　　入					输　　出	
预置 S_D	清零 R_D	时钟 CP	$1S$	$1R$	Q^{n+1}	$\overline{Q}^{n+1}$
0	1	×	×	×	1	0
1	0	×	×	×	0	1
1	1	⌐	0	0	Q^n	$\overline{Q}^n$
1	1	⌐	1	0	1	0
1	1	⌐	0	1	0	1
1	1	⌐	1	1	不	定

由表 4-3 可知：触发器具有预置、清零功能，预置端加低电平，清零端加高电平时，触发器置 1，反之触发器置 0。预置和清零与 CP 无关，这种方式称为直接预置（异步置 1）和直接清零（异步清零），R_D、S_D 称为异步输入端，而 R、S 称为同步输入端。正常工作时，预置端和清零端必须都加高电平，且要输入时钟脉冲。

4.2　JK 触发器

主从 RS 触发器的信号输入端 $S = R = 1$ 时，触发器的新状态不确定。由于不能预计在这种情况下触发器的次态是什么，所以要避免出现这种情况，这一因素限制了 RS 触发器的实际应用，JK 触发器解决了这一问题。

4.2.1　主从 JK 触发器

主从 JK 触发器是在主从 RS 触发器的基础上稍加改动而产生的，下降沿触发的主从 JK 触发器的逻辑图和逻辑符号如图 4-10 所示。

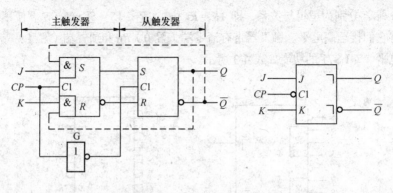

(a) 逻辑电路　　　　　　　　(b) 逻辑符号

图 4-10　主从 JK 触发器的逻辑图和逻辑符号

由图可知，在 $CP=1$ 时，主触发器工作，R 和 S 的逻辑表达式为

$$R = KQ^n$$

$$S = J\overline{Q}^n$$

将上式代入 RS 触发器的特性方程中，得主触发器的特性方程为

$$Q_M^{n+1} = S + \overline{R}Q_M^n = J\overline{Q}^n + \overline{KQ^n}Q^n = J\overline{Q}^n + \overline{K}Q^n$$

当 CP 由 1 变 0 时，主触发器保持原状态不变，从触发器工作，并跟随主触发器状态变化。故主从 JK 触发器的特性方程为

$$Q^{n+1} = J\overline{Q}^n + \overline{K}Q^n$$

表 4-4 为 JK 触发器的特性表。

表 4-4　　　　　　　　　　　　　　JK 触发器的特性表

J	K	Q^n	Q^{n+1}	功能说明
0	0	0	0	保持
0	0	1	1	
0	1	0	0	置0
0	1	1	0	
1	0	0	1	置1
1	0	1	1	
1	1	0	1	翻转
1	1	1	0	

主从 JK 触发器的状态转换图如图 4-11 所示。

【例 4.2】 设下降沿触发的主从 JK 触发器的时钟脉冲和 J、K 信号的波形如图 4-12 所示，画出输出端 Q 的波形，设触发器的初始状态为 0。

解：根据 JK 触发器的表达式、表 4-4 可画出 Q 端的波形，如图 4-12 所示。从图 4-12 可以看出，触发器的触发翻转发生在时钟脉冲的下降沿，如在第 1、2、4、5 个 CP 脉冲下降沿，Q 端的状态改变一次。判断触发器次态的依据是上升沿前瞬间输入端的状态。

从图 4-10 可知，由于输出端和输入端之间存在反馈连接，若触发器处于 0 态，当 $CP=1$ 时，主触发器只能接收 J 端的置 1 信号；若触发器处于 1 态，当 $CP=1$，主触发器只能接受 K 端的置 0 信号。所以主触发器状态只能改变 1 次，在 CP 的下降沿，从触发器与主触发器状态取得一致。

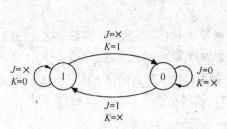

图 4-11　主从 JK 触发器的状态转换图

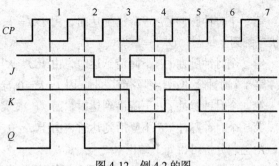

图 4-12　例 4.2 的图

在画主从触发器的波形图时，应注意以下两点：

（1）触发器的触发翻转发生在时钟脉冲的触发沿（这里是下降沿）。

（2）在 $CP = 1$ 期间，如果输入信号的状态没有改变，判断触发器次态的依据是时钟脉冲下降沿前一瞬间输入端的状态。

4.2.2　边沿 JK 触发器

为了提高触发器的抗干扰能力，增强电路工作的可靠性，常要求触发器状态的翻转只取决于时钟脉冲的上升沿或下降沿前一瞬间输入信号的状态，而与其他时刻的输入信号状态无关。边沿触发器可以有效地解决这个问题。

边沿触发器不仅将触发器的触发翻转控制在 CP 触发沿到来的一瞬间，而且将接收输入信号的时间也控制在 CP 触发沿到来的前一瞬间，从而大大提高了触发器工作的可靠性和抗干扰能力，电路没有空翻现象。边沿触发器可分为正边沿触发器（时钟脉冲的上升沿触发）和负边沿触发器（时钟脉冲的下降沿触发）两类。

1. 逻辑功能

图 4-13 所示是负边沿触发的 JK 触发器的逻辑符号，J 和 K 是信号输入端，框内"＞"的左边加小圆圈表示触发器是在时钟脉冲的下降沿触发。其逻辑功能与主从 JK 触发器相同。

下面举例说明 JK 触发器的工作情况。

【例 4.3】　图 4-14 所示为负边沿 JK 触发器的 CP、J、K 端的输入波形，试画出输出端 Q 的波形，设触发器的初始状态为 $Q = 0$。

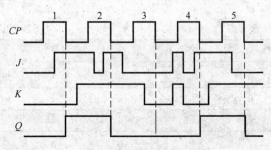

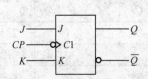

图 4-13　负边沿触发的 JK 触发器逻辑符号

图 4-14　例 4.3 的图

解：

第 1 个时钟脉冲 CP 下降沿到达时，由于 $J=1$、$K=0$，所以在 CP 下降沿作用下，触发器由 0 状态翻到 1 状态，$Q^{n+1}=1$。

第 2 个时钟脉冲 CP 下降沿到达时，由于 $J=K=1$，触发器由 1 状态翻到 0 状态，$Q^{n+1}=0$。

第 3 个时钟脉冲 CP 下降沿到达时，因 $J=K=0$，这时，触发器保持原来的 0 状态不变，$Q^{n+1}=0$。

第 4 个时钟脉冲 CP 下降沿到达时，因 $J=1$、$K=0$，触发器由 0 状态翻到 1 状态，$Q^{n+1}=1$。

第 5 个时钟脉冲 CP 下降沿到达时，由于 $J=0$、$K=1$，使触发器由 1 状态再翻到 0 状态。

由上题分析可得如下结论。

（1）边沿 JK 触发器用时钟脉冲 CP 下降沿触发，这时电路才会接收 J、K 端的输入信号并改变状态，而在 CP 为其他值时，不管 J、K 为何值，电路状态都不会改变。

（2）在一个时钟脉冲 CP 作用时间内，只有一个下降沿，电路最多只能改变一次状态。因此，电路没有空翻问题。

2．集成边沿 JK 触发器 74LS76 介绍

集成 JK 触发器的产品较多，以下介绍一种较典型的 TTL 双 JK 触发器 74LS76。该器件内含两个相同的 JK 触发器，它们都带有预置和清零输入，属于下降沿触发器，其逻辑符号和引脚分布如图 4-15 所示。如果在一片集成器件中有多个触发器，通常在符号前面（或后面）加上数字，以示不同触发器的输入、输出信号，比如 $C1$ 与 $1J$、$1K$ 同属一个触发器。74LS76 的逻辑功能如表 4-5 所示。76 型号的产品种类较多，如还有主从 TTL 的 7476、74H76、下降沿触发的高速 CMOS 双 JK 触发器 HC76 等，它们的功能都一样，与表 4-5 基本一致，只是主从触发器与边沿触发器的触发方式不同，HC76 与 74LS76 的引脚分布完全相同。

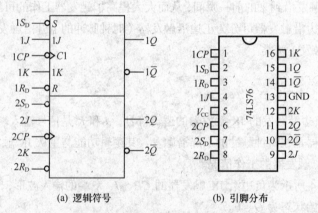

(a) 逻辑符号   (b) 引脚分布

图 4-15   74LS76 的辑符号和引脚图

表 4–5   74LS76 的功能表

输　　入					输　　出		功 能 说 明
$\overline{R}_D$	$\overline{S}_D$	J	K	CP	Q^{n+1}	$\overline{Q}^{n+1}$	
0	1	×	×	×	0	1	异步置 0
1	0	×	×	×	1	0	异步置 1
1	1	0	0	↓	Q^n	$\overline{Q}^n$	保持

续表

输　　入					输　　出		功　能　说　明
$\overline{R}_D$	$\overline{S}_D$	J	K	CP	Q^{n+1}	$\overline{Q}^{n+1}$	
1	1	0	1	↓	0	1	置 0
1	1	1	0	↓	1	0	置 1
1	1	1	1	↓	$\overline{Q}^n$	Q^n	计数
1	1	×	×	1	Q^n	$\overline{Q}^n$	保持
0	0	×	×	×	1	1	不允许

4.3　D 触发器

在讨论同步 RS 触发器的时候，我们注意到一个问题，那就是同步 RS 触发器的 R 和 S 不能同时为 1。为了避免同步 RS 触发器同时出现 R、S 都为 1 的情况，可在 R 和 S 之间接入一个非门，如图 4-16 所示，这样就构成了单输入的触发器，这种触发器称为 D 触发器。

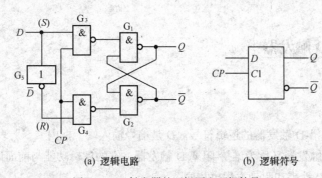

(a) 逻辑电路　　　　　　　　　　(b) 逻辑符号

图 4-16　D 触发器的逻辑图和逻辑符号

D 触发器根据结构的不同又可分为同步 D 触发器和边沿触发 D 触发器。不论哪种结构的 D 触发器，其逻辑功能都是相同的，只是触发的条件不同而已。

4.3.1　同步 D 触发器

1. 同步 D 触发器的逻辑功能

同步 D 触发器的逻辑功能如下：当 CP 由 0 变 1 时，触发器的状态翻转到和 D 的状态相同，当 CP 由 1 变 0 时，触发器保持原状态不变，如表 4-6 所示。

表 4-6　　　　　　　　　　　　　　　　D 触发器的特性表

D	Q^{n+1}	说　　明
0	0	输出和 D 相同
1	1	

由表 4-6 可得同步 D 触发器的特性方程为

$$Q^{n+1}=D \qquad （CP = 1 \text{ 期间有效}）$$

图 4-17 所示为同步 D 触发器的状态转换图。

2. 同步触发器的空翻

在 $CP = 1$ 期间，若同步触发器的输入信号发生变化，则 Q 的状态也将随之变化。这就是说，在 $CP = 1$ 期间，Q 的状态可能发生几次翻转，这种现象叫做同步触发器的空翻。图 4-18 所示为同步 D 触发器的空翻波形。空翻是一种有害的现象，它使得时序电路不能按时钟节拍工作，造成系统的误动作。

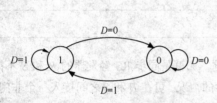

图 4-17 D 触发器的状态转换图

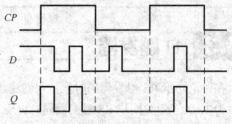

图 4-18 同步 D 触发器的空翻

4.3.2 边沿 D 触发器

1. 逻辑功能

图 4-19 所示是边沿 D 触发器的逻辑符号。D 是信号输入端，框内"＞"表示由时钟脉冲 CP 上升沿触发，边沿 D 触发器又称为维持-阻塞 D 触发器。它的逻辑功能与前面讨论的同步 D 触发器相同，因此它们的特性表和驱动方程也相同。

下面举例说明边沿 D 触发器的工作情况。

【例 4.4】 图 4-20 所示为边沿 D 触发器的时钟脉冲 CP 和 D 端输入信号的波形，试画出触发器输出端 Q 和 $\overline{Q}$ 的波形，设触发器的初始状态为 $Q = 0$。

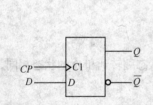

图 4-19 边沿 D 触发器的逻辑符号

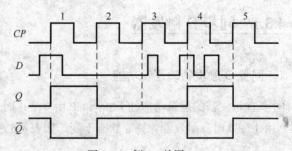

图 4-20 例 4.4 的图

解：第 1 个时钟脉冲 CP 上升沿到达时，D 端输入信号为 1，所以触发器由 0 状态翻到 1 状态，$Q^{n+1}=1$。而在 $CP = 1$ 期间，D 端输入信号虽然由 1 变为 0，但触发器的输出状态不会改变，仍保持 1 状态不变。

第 2 个时钟脉冲 CP 上升沿到达时，D 端输入信号为 0，触发器由 1 状态翻到 0 状态，$Q^{n+1}=0$。

第 3 个时钟脉冲 CP 上升沿到达时，由于 D 端输入信号仍为 0，所以，触发器保持 0 状态不变。在 $CP=1$ 期间，D 端虽然出现了一个正脉冲，但触发器的状态不会改变。

第 4 个时钟脉冲 CP 上升沿到达时，D 端输入信号为 1，所以，触发器由 0 状态翻到 1 状态，$Q^{n+1}=1$，在 $CP=1$ 期间，D 端虽然出现了负脉冲，这时，触发器的状态同样不会改变。

第 5 个时钟脉冲 CP 上升沿到达时，D 端输入信号为 0，这时，触发器由 1 状态翻到 0 状态，$Q^{n+1}=0$。

根据上述分析可画出如图 4-20 所示的输出端口的波形，输出端 $\overline{Q}$ 的波形为 Q 的反相波形。

通过该例分析可看到以下两点。

（1）边沿 D 触发器是用时钟脉冲 CP 上升沿触发的，也就是说，只有 CP 到达时，电路才会接收 D 端的输入信号而改变状态，而在 CP 为其他值时，不管 D 端输入为 0 还是为 1，触发器的状态都不会改变。

（2）在一个时钟脉冲 CP 作用时间内，只有一个上升沿，电路状态最多只能改变一次，因此，它没有空翻问题。

2. 集成边沿 D 触发器 74LS74

74LS74 芯片是由两个独立的上升沿触发的维持—阻塞 D 触发器组成，其逻辑符号如图 4-21 所示，表 4-7 为其逻辑功能表。

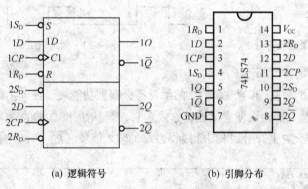

(a) 逻辑符号   (b) 引脚分布

图 4-21 74LS74 的逻辑符号和引脚图

表 4-7   74LS74 的逻辑功能表

输 入				输 出		功能说明
$\overline{R}_D$	$\overline{S}_D$	D	CP	Q^{n+1}	$\overline{Q}^{n+1}$	
0	1	×	×	0	1	异步置 0
1	0	×	×	1	0	异步置 1
1	1	0	↑	0	1	置 0
1	1	1	↑	1	0	置 1
1	1	×	0	Q^n	$\overline{Q}^n$	保持
0	0	×	×	1	1	不允许

实际逻辑电路图中，也经常见到带有预置、清零输入控制的边沿 D 触发器逻辑符号如图 4-22 所示。

【例 4.5】 图 4-23 所示为 D 触发器 74LS74 的 CP、D、$\overline{R_D}$ 和 $\overline{S_D}$ 的输入波形，画出它的输出端 Q 的波形。设触发器的初始状态为 $Q = 0$。

解：第 1 个时钟脉冲 CP 上升沿到达时，由于 $\overline{R_D} = \overline{S_D} = 1$ 和 $D = 1$，所以触发器由 0 状态翻到 1 状态。

第 2 个时钟脉冲 CP 上升沿到达时，虽然 $D = 1$，但由于 $\overline{R_D} = 0$、$\overline{S_D} = 1$ 触发器被强迫置 0。

第 3 个时钟脉冲 CP 上升沿到达时，因 $\overline{R_D} = \overline{S_D} = 1$、$D = 0$，所以触发器仍为 0 状态，随后由于 $\overline{R_D} = 1$、$\overline{S_D} = 0$，触发器又被置 1。

第 4 个时钟脉冲 CP 上升沿到达时，由于 $\overline{R_D} = \overline{S_D} = 1$、$D = 0$，所以触发器又由 1 状态翻为 0 状态。

第 5 个时钟脉冲 CP 上升沿到达时，因 $\overline{R_D} = \overline{S_D} = 1$、$D = 1$，触发器又由 0 状态翻到 1 状态。

第 6 个时钟脉冲 CP 上升沿到达时，因 $\overline{R_D} = \overline{S_D} = 1$、$D = 0$，触发器又由 1 状态翻到 0 状态。

根据以上分析，可画出如图 4-23 所示的输出端 Q 的波形。

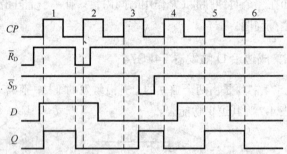

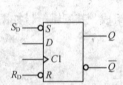

图 4-22　边沿 D 触发器逻辑符号　　　　　　　图 4-23　例 4.5 的图

通过上例分析可得如下结论。

（1）带有异步置 0 端 $\overline{R_D}$ 和置 1 端 $\overline{S_D}$ 的触发器，根据功能表，在 $\overline{R_D}$ 或 $\overline{S_D}$ 端加入低电平的置 0 或置 1 信号时，触发器输出便立刻被置 0 或置 1，而与 CP 和 D 端的输入信号无关。

（2）要使触发器在 CP 上升沿到来时能接收 D 端的输入信号，$\overline{R_D}$ 和 $\overline{S_D}$ 端必须同时接高电平 1。

4.4　T 触发器

D 触发器取用了 JK 触发器两个输入信号不相等时的状态，若取用 JK 触发器两个输入信号相等时的状态，即 $J = K = T$，则触发器的状态为

$$Q^{n+1} = T\overline{Q}^n + \overline{T}Q^n$$

这就是 T 触发器的特性方程。由特性方程可知，$T = 1$，$Q^{n+1} = \overline{Q}^n$，触发器为计数状态，$T = 0$，$Q^{n+1} = Q^n$，触发器为保持状态。T 触发器特性如表 4-8 所示，逻辑符号如图 4-24 所示，状态转换图如图 4-25 所示。

表 4-8　　　　　　　　　　　　　　T 触发器特性表

T	Q^n	Q^{n+1}
0	0	0
0	1	1
1	0	1
1	1	0

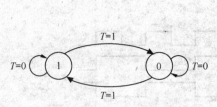

图 4-24　T 触发器状态转换图

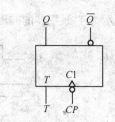

图 4-25　T 触发器逻辑符号

T 触发器的波形图如图 4-26 所示。

事实上，只要将 JK 触发器的 J、K 端连接在一起作为 T 端，就构成了 T 触发器，因此不必专门设计定型的 T 触发器产品。还可以将 JK 触发器转接为 T′ 触发器，T′ 触发器的逻辑功能只剩下了翻转。

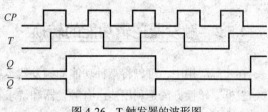

图 4-26　T 触发器的波形图

4.5 触发器逻辑功能分类及相互转换

4.5.1　触发器逻辑功能分类

实际工作中，根据在 CP 控制下逻辑功能的不同，常把时钟触发器分成 RS、JK、D、T、T′ 5 种类型。

（1）RS 触发器。在 CP 控制下，根据输入信号 R、S 情况的不同，凡是具有置 0、置 1 和保持功能的电路，都叫做 RS 触发器。前面介绍的主从 RS 触发器、边沿 RS 触发器等就属于这种类型。

（2）JK 触发器。在 CP 控制下，根据输入信号 J、K 情况的不同，凡是具有置 0、置 1、保持和翻转功能的电路，都称为 JK 触发器。前面介绍的主从 JK 触发器、边沿 JK 触发器等就属于这种类型。

（3）D 触发器。在 CP 控制下，根据输入信号 D 情况的不同，凡是具有置 0、置 1 功能的电路，都称为 D 触发器。前面介绍的边沿 D 触发器等就属于这种类型。

（4）T 触发器。在 CP 控制下，根据输入信号 T 取值的不同，凡是具有保持和翻转功能的电路，即当 $T = 0$ 时能保持状态不变，$T = 1$ 时一定翻转的电路，都称为 T 触发器。

（5）T′ 触发器。在 CP 控制下，凡是每来一个 CP 时钟脉冲就翻转一次的电路，都称为 T′ 触发器。如图 4-27 所示是 T′ 触发器的逻辑符号。

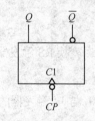

图 4-27　T′触发器的逻辑符号

表 4-9 所示是 T′触发器的特性表。

表 4-9　　　　　　　　　　　　　　T′触发器的特性表

CP	Q^n	Q^{n+1}	功　　能
↓	0	1	翻转
↓	1	0	

由表 4-9 可得 T′触发器的特性方程为

$$Q^{n+1} = \overline{Q}^{n}$$

图 4-28 所示为 T′ 触发器的波形图。

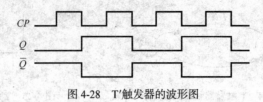

图 4-28　T′ 触发器的波形图

4.5.2　触发器逻辑功能的转换

在实际应用中，可以将某种功能的触发器经过改接或附加一些门电路后，转换为另一种功能的触发器。转换方法是利用使已有触发器和待求触发器的特性方程相等的原则，求出转换逻辑，具体方法可按以下步骤进行。

（1）写出已有触发器和待求触发器的特性方程。

（2）变换待求触发器的特性方程，使之形式与已有触发器的特性方程一致。

（3）比较已有和待求触发器的特性方程，根据两个方程相等的原则求出转换逻辑。

（4）根据转换逻辑画出逻辑电路图。

由于实际生产的集成主从触发器和边沿触发器只有 JK 型和 D 型两种，所以这里只介绍如何把 JK 触发器和 D 触发器转换成其他类型的触发器，以及它们之间的相互转换。

1. 将 JK 触发器转换为 RS、D、T 和 T′ 触发器

JK 触发器的特性方程为

$$Q^{n+1} = J\overline{Q}^n + \overline{K}Q^n$$

（1）JK 触发器转换为 RS 触发器。RS 触发器的特性方程为

$$Q^{n+1} = S + \overline{R}Q^n$$

$$RS = 0 \quad （约束条件）$$

变换 RS 触发器的特性方程，使之形式与 JK 触发器的特性方程一致，即

$$Q^{n+1} = S\overline{Q}^n + \overline{R}Q^n$$

与 JK 触发器的特性方程比较，得

$$J = S$$
$$K = R$$

画电路图，如图 4-29 所示。

（2）JK 触发器转换为 D 触发器。写出 D 触发器的特性方程，并进行变换，使之形式与 JK 触发器的特性方程一致，即

$$Q^{n+1} = D = D(\overline{Q}^n + Q^n) = D\overline{Q}^n + DQ^n$$

与 JK 触发器的特性方程比较，得

$$J = D$$
$$K = \overline{D}$$

画电路图，如图 4-30 所示。

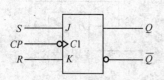

图 4-29　JK 触发器转换为 RS 触发器

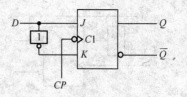

图 4-30　JK 触发器转换为 D 触发器

（3）JK 触发器转换为 T 触发器。T 触发器的特性方程为

$$Q^{n+1} = T\overline{Q}^n + \overline{T}Q^n$$

与 JK 触发器的特性方程比较，得

$$J = T \qquad K = T$$

画电路图，如图 4-31 所示。

（4）JK 触发器转换为 T′ 触发器。T′ 触发器的特性方程为

$$Q^{n+1} = \overline{Q}^n$$

变换 T 触发器的特性方程，即

$$Q^{n+1} = \overline{Q}^n = 1\overline{Q}^n + \overline{1}Q^n$$

与 JK 触发器的特性方程比较，得

$$J = 1 \qquad K = 1$$

画电路图，如图 4-32 所示。

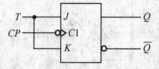

图 4-31　JK 触发器转换为 T 触发器

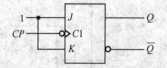

图 4-32　JK 触发器转换为 T′触发器

2．将 D 触发器转换为 JK、T、T′ 和 RS 触发器

D 触发器的特性方程为

$$Q^{n+1} = D$$

将 D 触发器转换为 JK 触发器，先写出 JK 触发器的特性方程，即

$$Q^{n+1} = J\overline{Q}^n + \overline{K}Q^n$$

再与 D 触发器的特性方程比较，得

$$D = J\overline{Q}^n + \overline{K}Q^n$$

画电路图，如图 4-33 所示。

同理可得将 D 触发器转换为 T、T′ 和 RS
触发器的逻辑关系如下。

T 触发器：$Q^{n+1} = T \oplus Q^n$

T′触发器：$D = \overline{Q}^n$

RS 触发器：$D = S + \overline{R}Q^n$

电路图分别如图 4-34、图 4-35 和图 4-36 所示。

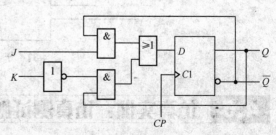

图 4-33　D 触发器转换为 JK 触发器

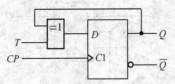

图 4-34　D 触发器转换为 T 触发器

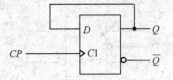

图 4-35　D 触发器转换为 T′触发器

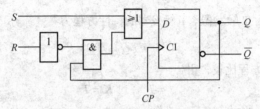

图 4-36　D 触发器转换为 RS 触发器

【案例】：触发器应用电路—分频电路

在时钟脉冲 CP 的作用下，T′触发器具有翻转功能，因此，利用这个功能可以将 D 触发器转接为 T′触发器构成分频电路，图 4-37 所示为分频电路及波形。由波形图可以看出，$1Q$、$2Q$、$3Q$ 波形的周期分别是时钟脉冲周期的 2、4、8 倍，它们的频率分别是时钟脉冲频率的 1/2、1/4、1/8。

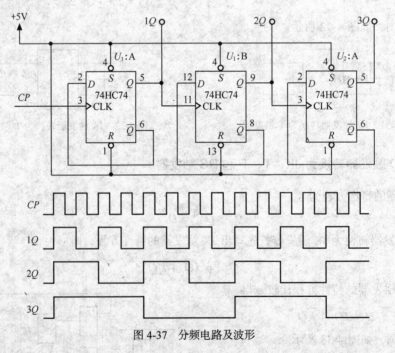

图 4-37　分频电路及波形

4.6　仿真实训：仿真测试触发器的逻辑功能

一、实训的目的和任务

1. 掌握常用触发器的逻辑功能及测试方法

2. 熟悉仿真软件 Multisim 8 的使用

3. 仿真测试触发器逻辑功能的转换

二、实训内容

1. 测试与非门组成基本 RS 触发器的逻辑功能

（1）按图 4-38 所示电路图连线，LED 作为输出的指示。

（2）自行设计真值表格并将测试结果填入。

（3）集成电路 74LS00 的管脚图及逻辑功能，请自行查阅有关资料。

2. 测试集成 RS 触发器芯片 74LS279 的逻辑功能

（1）按图 4-39 所示电路图连线，LED 作为输出的指示。

（2）自行设计真值表格并将测试结果填入。

（3）集成电路 74LS279 的管脚图及逻辑功能，请自行查阅有关资料。

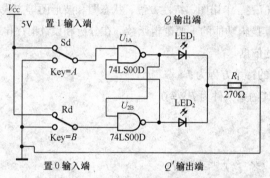

图 4-38　与非门组成基本 RS 触发器

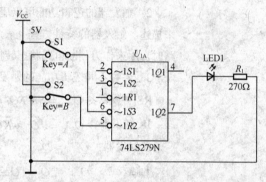

图 4-39　74LS279 逻辑功能测试

3. 测试 JK 转 T' 触发器的逻辑功能

（1）按图 4-40 所示电路图连线，示波器 XSC1 作为输出的指示。信号发生器 XFG1 产生时钟脉冲信号。

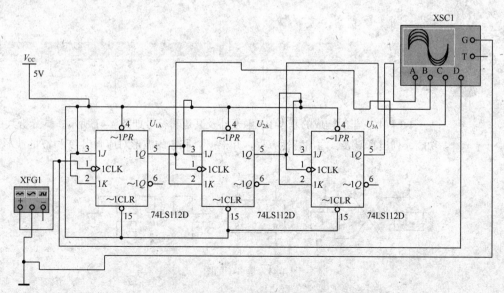

图 4-40　测试 JK 转 T' 触发器的逻辑功能

（2）观察输出波形，并体会 JK 转 T'触发器的作用效果。

（3）集成电路 74LS112 的管脚图及逻辑功能，请自行查阅有关资料。

（4）该电路实际为分频电路，读者自行分析输出波形，并可以与图 4-37 的波形进行比较。

小结

1. 触发器是数字电路中极其重要的基本单元。触发器有两个稳定状态，在外界信号作用下，可以从一个稳态转变为另一个稳态；无外界信号作用时状态保持不变。因此，触发器可以作为二进制存储单元使用。

2. 触发器的逻辑功能可以用真值表、卡诺图、特性方程、状态图和波形图等方式来描述。触发器的特性方程是表示其逻辑功能的重要逻辑函数，在分析和设计时序电路时常用来作为判断电路状态转换的依据。

3. 各种不同逻辑功能的触发器的特性方程为：

RS 触发器：$Q^{n+1} = S + \overline{R}Q^n$，其约束条件为 $RS = 0$

JK 触发器：$Q^{n+1} = J\overline{Q}^n + \overline{K}Q^n$

D 触发器：$Q^{n+1} = D$

T 触发器：$Q^{n+1} = T\overline{Q}^n + \overline{T}Q^n$　或者　$Q^{n+1} = T \oplus Q^n$

T'触发器：$Q^{n+1} = \overline{Q}^n$

同一种功能的触发器，可以用不同的电路结构形式来实现；反过来，同一种电路结构形式，可以构成具有不同功能的各种类型触发器。

习题

4-1　由或非门构成的基本 RS 触发器及其逻辑符号如图 4-41 所示，试分析其逻辑功能，列出真值表，写出特性方程，并根据 R 和 S 的波形对应画出 Q 和 $\overline{Q}$ 的波形。

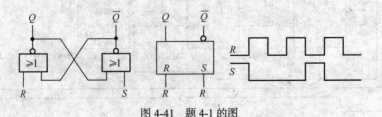

图 4-41　题 4-1 的图

4-2　与基本 RS 触发器相比，同步 RS 触发器的特点是什么？设 CP、R、S 的波形如图 4-42 所示，试对应画出同步 RS 触发器 Q、$\overline{Q}$ 的波形。

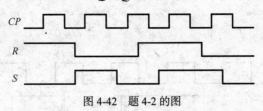

图 4-42　题 4-2 的图

4-3　触发器及 CP、J、K 的波形如图 4-43 所示，试对应画出 Q、$\overline{Q}$ 的波形。

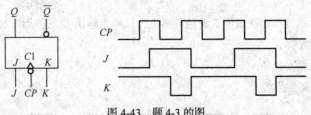

图 4-43　题 4-3 的图

4-4　触发器及 CP、D 的波形如图 4-44 所示，试对应画出 Q、$\overline{Q}$ 的波形。

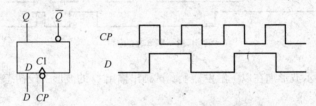

图 4-44　题 4-4 的图

4-5　在如图 4-45 所示的各电路中，设各触发器的初始状态均为 0，试根据 CP 的波形对应画出 $Q_1 \sim Q_5$ 的波形。

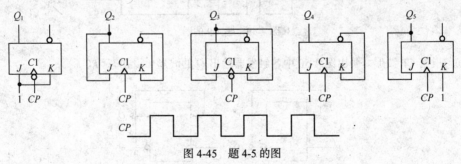

图 4-45　题 4-5 的图

4-6　将图 4-46 所示波形加在以下触发器上，试画出触发器输出 Q 的波形（设初态为 0）。

（1）时钟 RS 触发器；

（2）上升沿主从 RS 触发器。

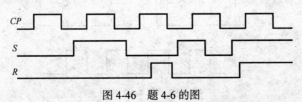

图 4-46　题 4-6 的图

4-7 将图 4-47 所示波形加在以下触发器上，试画出触发器输出 Q 的波形（设初态为 0）。

（1）上升沿 D 触发器；

（2）下降沿 D 触发器。

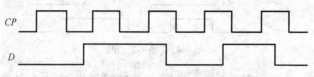

图 4-47 题 4-7 的图

4-8 将图 4-48 所示波形加在以下 3 种触发器上，试画出输出 Q 的波形（设初态 0）。

（1）上升沿 JK 触发器；

（2）下降沿 JK 触发器；

（3）上升沿主从 JK 触发器。

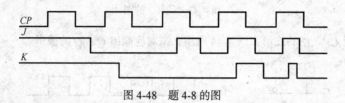

图 4-48 题 4-8 的图

4-9 将图 4-49 所示波形加在以下触发器上，试画出输出 Q 的波形（设初态 0）。

（1）上升沿 T 触发器。

（2）下降沿 T 触发器。

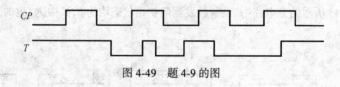

图 4-49 题 4-9 的图

4-10 根据 CP 波形，画出图 4-50 中各触发器输出 Q 的波形（设初态为 0）。

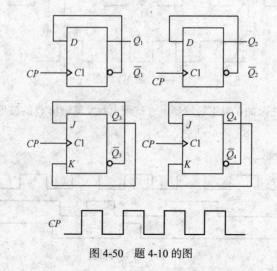

图 4-50 题 4-10 的图

4-11　上升沿主从 JK 触发器的输入波形如图 4-51 所示，画出触发器输出 Q 的波形（设初态为 0）。

4-12　触发器电路如图 4-52(a)所示，试根据图 4-52(b)所示输入波形画出 Q_1、Q_2 的波形（设初态为 0）。

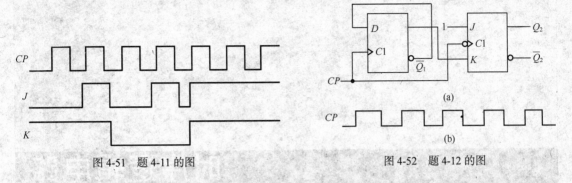

图 4-51　题 4-11 的图　　　　　　　　　图 4-52　题 4-12 的图

4-13　触发器电路如图 4-53(a)所示，试根据图 4-53(b)所示输入波形画出 $Q_1 \sim Q_4$ 的波形。

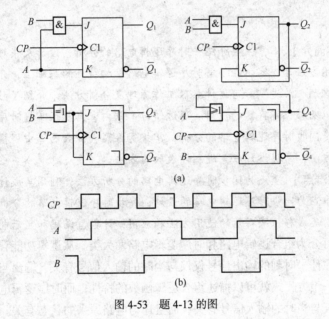

图 4-53　题 4-13 的图

4-14　触发器组成的电路如图 4-54 所示，试根据 D 和 CP 波形画出 Q 的波形（设初态为 0）。

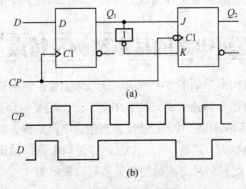

图 4-54　题 4-14 的图

第5章

时序逻辑电路

【本章内容简介】 本章主要介绍了时序逻辑电路的分析、设计及中规模时序逻辑电路的功能和使用方法等内容。在了解时序逻辑电路结构特点的基础上，介绍了同步和异步二进制、十进制、N进制和可逆计数器工作原理及分析方法，介绍了移位寄存器的结构、工作原理以及移位寄存器的应用。通过学习本章内容，要求掌握时序逻辑电路的分析方法，特别是同步时序逻辑电路的分析；掌握寄存器、计数器等中规模集成电路的逻辑功能和使用方法；掌握设计任意进制计数器的方法。

【本章重点难点】 重点为同步时序逻辑电路的分析方法；利用集成计数器构成任意进制计数器。难点为同步时序逻辑电路的设计；异步时序逻辑电路的分析。

【技能点】 集成移位寄存器的使用方法和应用；计数、译码和显示电路综合应用。

逻辑电路可分为组合逻辑电路和时序逻辑电路两大类。从逻辑功能看，前面讨论的组合逻辑电路在任一时刻的输出信号仅仅与当时的输入信号有关，输出与输入有严格的函数关系，用一组方程式就可以描述组合逻辑函数的特性；而时序逻辑电路在任一时刻的输出信号不仅与当时的输入信号有关，而且还与电路原来的状态有关。从结构上看，组合逻辑电路仅由若干逻辑门组成，没有存储电路，因而无记忆能力；而时序逻辑电路除包含组合电路外，还含有由触发器构成的存储元件，因而有记忆能力。

5.1 时序逻辑电路的基本结构及特点

时序电路的基本结构框图如图 5-1 所示。从总体上看，它由输入逻辑组合电路、输出逻辑组合电路和存储器 3 部分组成，其中 $X(X_1, \ldots, X_i)$ 是时序逻辑电路的输入信号，$Q(Q_1, \ldots, Q_r)$ 是存储器的输出信号，它被反馈到组合电路的输入端，与输入信号共同决定时序逻辑电路的输出状态。$Z(Z_1, \ldots, Z_j)$ 是时序逻辑电路的输出信号，$Y(Y_1, \ldots, Y_r)$ 是存储器的输入信号。这些信号之间的逻辑关系可以表示为

$$Z = F_1(X, Q^n) \tag{5-1}$$

$$Y = F_2(X, \ Q^n) \qquad\qquad (5\text{-}2)$$

$$Q^{n+1} = F_3(Y, \ Q^n) \qquad\qquad (5\text{-}3)$$

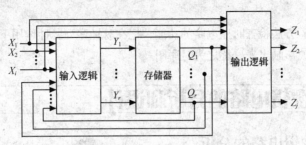

图 5-1 时序电路基本结构框图

其中式（5-1）是输出方程。式（5-2）是存储器的驱动方程（或称激励方程）。由于本章所用存储器由触发器构成，即 Q_1, ..., Q_r 表示的是各个触发器的状态，所以式（5-3）是存储器的状态方程，也就是时序逻辑电路的状态方程。Q^{n+1} 是次态，Q^n 是现态。

由上所述可知，时序逻辑电路的特点有以下两点。

（1）时序电路往往包含组合电路和存储电路两部分，而存储电路是必不可少的。

（2）在存储元件的输出和电路输入之间存在反馈连接，存储电路输出的状态必须反馈到输入端，与输入信号一起共同决定组合电路的输出。因而电路的工作状态，与时间因素相关，即时序电路的输出由电路的输入和原来的状态共同决定。在时序电路中，任意时刻的输出信号不仅取决于当时的输入信号，而且还取决于电路原来的状态，或者说还与以前的输入有关。

根据存储电路（即触发器）状态变化的特点，时序电路分为同步时序电路和异步时序电路两大类。在同步时序电路中，所有存储单元状态的变化都是在同一时钟信号操作下同时发生的。而在异步时序电路中，存储单元状态的变化不是同时发生的，可能有一部分电路有公共的时钟信号，也可能完全没有公共的时钟信号。

时序电路的逻辑功能除了用状态方程、输出方程和驱动方程等方程式表示外，还可以用状态表、状态图、时序图等形式来表示。因为时序电路在每一时刻的状态都与在前一个时钟脉冲作用时电路的原状态有关，如果能把在一系列时钟信号操作下电路状态转换的全过程都找出来，那么电路的逻辑功能和工作情况便一目了然。状态转换表、状态图、时序图都是描述时序电路状态转换全部过程的方法，它们之间是可以相互转换的。

1. 状态转换表

将任何一组输入变量及电路现态（初态）的取值代入状态方程和输出方程，即可算出电路的次态和输出值；所得到的次态又成为新的现态，和这时的输入变量取值一起，再代入状态方程和输出方程进行计算，又可得到一组新的次态和输出值。如此继续下去，把这些计算结果列成真值表的形式，就得到了状态转换表（也有称为状态转换真值表）。

2. 状态转换图

将状态转换表的形式表示为状态转换图，是以小圆圈表示电路的各个状态，圆圈中填入存储单元的状态值，圆圈之间用箭头表示状态转换的方向，在箭头旁注明输入变量取值和输出值，输入和输出用斜线分开，斜线上方写输入值，斜线下方写输出值。

3. 时序图

为了便于通过实验方法检查时序电路的功能，把在时钟序列脉冲作用下存储电路的状态和输出状态随时间变化的波形画出来，称之为时序图。

5.2 时序逻辑电路的分析和设计

5.2.1 时序逻辑电路的分析

所谓分析就是找出给定时序电路的逻辑功能和工作特点，也就是根据所给定的时序电路求出该电路的状态转换表、状态转换图和时序图，然后分析确定该时序电路的逻辑功能。

分析步骤一般按 4 步进行。

（1）写方程式

根据给定电路写出其时钟方程，驱动方程和输出方程。

（2）求状态方程

将这些驱动方程代入对应触发器的特性方程，得出各触发器的状态方程，进而得到整个电路的状态方程组。

（3）进行计算

把电路的输入和现态的各种可能取值组合代入状态方程和输出方程进行计算，得到相应的次态和输出。

（4）画状态图、状态表和时序图

整理计算结果，画出状态图（或状态表或时序图），画图时要注意 3 点：一是状态转换图是由现态到次态，不能是现态到现态或次态到次态；二是输出是现态函数，不是次态函数；三是画时序图时只有当时钟触发脉冲到来时，相应的触发器才会更新状态。

分析过程可归纳为如图 5-2 所示的示意图。

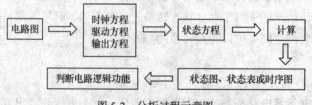

图 5-2 分析过程示意图

下面以具体例子来说明时序电路的分析方法。

1. 同步时序电路的分析

在同步时序电路中，所有触发器都由同一个时钟信号触发，它只控制触发器的翻转时刻，而对触发器翻到何种状态并无影响。因此，在分析同步时序电路时，可以不考虑时钟条件。

【例 5.1】 试分析如图 5-3 所示的同步时序电路的逻辑功能。

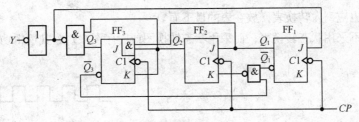

图 5-3 例 5.1 的图

解：（1）根据给定的逻辑图写出驱动方程

$$J_1 = \overline{Q_2^n Q_3^n} \qquad K_1 = 1$$

$$J_2 = Q_1^n \qquad K_2 = \overline{\overline{Q_1^n Q_3^n}}$$

$$J_3 = Q_1^n Q_2^n \qquad K_3 = Q_2^n$$

（2）将驱动方程代入到 JK 触发器的特性方程 $Q^{n+1} = J\overline{Q}^n + \overline{K}Q^n$ 中，得到电路的状态方程

$$Q_1^{n+1} = \overline{Q_2^n Q_3^n} Q_1^n$$

$$Q_2^{n+1} = Q_1^n \overline{Q_2^n} + \overline{Q_1^n} \overline{Q_3^n} Q_2^n$$

$$Q_3^{n+1} = Q_1^n Q_2^n \overline{Q_3^n} + \overline{Q_2^n} Q_3^n$$

（3）由逻辑图直接写出输出方程

$$Y = Q_2^n Q_3^n$$

（4）进行计算，列状态转换表

设电路的初始状态 $Q_3^n Q_2^n Q_1^n = 000$，将现态代入状态方程和输出方程，可得次态和新的输出值，而这个次态又作为下一个 CP 到来之前的现态，这样依次进行，可得状态转换表，如表 5-1 所示。

表 5-1　　　　　　　　　　　　　　例 5.1 的状态转换表

CP 的顺序	现　态			次　态			输　出
	Q_3^n	Q_2^n	Q_1^n	Q_3^{n+1}	Q_2^{n+1}	Q_1^{n+1}	Y
0	0	0	0	0	0	1	0
1	0	0	1	0	1	0	0
2	0	1	0	0	1	1	0
3	0	1	1	1	0	0	0
4	1	0	0	1	0	1	0
5	1	0	1	1	1	0	0
6	1	1	0	0	0	0	1
7	0	0	0	0	0	1	0
0	1	1	1	0	0	0	1
1	0	0	0	0	0	1	0

通过计算发现，当 $Q_3^n Q_2^n Q_1^n = 110$ 时，其次态为 $Q_3^{n+1} Q_2^{n+1} Q_1^{n+1} = 000$，返回到最初设定的状态，可见，电路在 7 个状态中循环，它有对时钟信号进行计数的功能，计数容量为 7，即 $N = 7$，可称其为七进制计数器。

此外，FF_3、FF_2、FF_1 这 3 个触发器的输出应有 8 种组合状态，而进入循环的是 7 种，缺少 $Q_3^n Q_2^n Q_1^n = 111$ 这个状态，所以可以设初态为 111，经计算，经过一个 CP 就可转换为 000，进入循环。这说明，如果处于无效状态 111，该电路能够自动进入有效状态，故称为具有自启动能力的电路。这一转换也应列入转换表，放在表的最下面。

当然，可以不采用状态转换表，而采用状态转换图或时序图来观察其逻辑功能，如图 5-4 和图 5-5 所示。

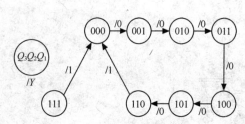

图 5-4　例 5.1 的状态转换图

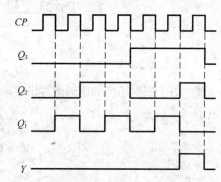

图 5-5　例 5.1 的时序图

因为此电路无外输入信号（注意，时钟信号只是触发控制信号，不是输入逻辑变量），所以状态图中斜线上方不用标变量。

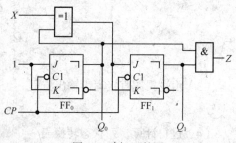

图 5-6　例 5.2 的图

【例 5.2】 试分析图 5-6 所示的时序电路。

解：分析过程如下。

（1）写出各逻辑方程式。这是一个同步时序电路，各触发器时钟脉冲信号 CP 相同，因而各触发器的 CP 逻辑表达式可以不写。

输出方程

$$Z = Q_1^n Q_0^n$$

驱动方程

$$J_0 = 1 \qquad K_0 = 1$$

$$J_1 = X \oplus Q_0^n \qquad K_1 = X \oplus Q_0^n$$

（2）将驱动方程代入相应触发器的特性方程求出各触发器的次态方程。

$$Q_0^{n+1} = J_0 \overline{Q_0^n} + \overline{K}_0 Q_0^n = \overline{Q_0^n}$$

$$Q_1^{n+1} = J_1 \overline{Q_1^n} + \overline{K}_1 Q_1^n = X \oplus Q_0^n \oplus Q_1^n$$

（3）列状态表、画状态图和时序图。列状态表是分析时序逻辑电路的关键性的一步，其具体做法是：先填入输入和现态的所有组合状态（本例中为 X、Q_1^n、Q_0^n），然后根据输出方程及状态方程，逐行填入当前输出 Z 的相应值，以及次态 Q^{n+1}（ Q_1^{n+1}、Q_0^{n+1}）的相应值。照此做法，可列出例 5.2 的状态表，如表 5-2 所示。

根据状态表可以画出对应的状态图，如图 5-7 所示。它展示的电路状态变化的规律如下。

若输入信号 $X=0$，当现态 $Q_1^n Q_0^n = 00$ 时，则当前输出 $Z=0$，在一个 CP 脉冲作用后，电路转向次态 $Q_1^{n+1} Q_0^{n+1} = 01$；当 $Q_1^n Q_0^n = 01$ 时，则当前输出 $Z=0$，在一个 CP 脉冲作用后，$Q_1^{n+1} Q_0^{n+1} = 10$；当 $Q_1^n Q_0^n = 10$ 时，则当前输出 $Z=0$，在一个 CP 脉冲作用后，$Q_1^{n+1} Q_0^{n+1} = 11$；当 $Q_1^n Q_0^n = 11$ 时，则当前输出 $Z=1$，在一个 CP 脉冲作用后，$Q_1^{n+1} Q_0^{n+1} = 00$。

表 5-2　　　　　　　　　　　　　　　　例 5.2 的状态转换表

现　态	输　入		次　态		输　出
X	Q_1^n	Q_0^n	Q_1^{n+1}	Q_0^{n+1}	Z
0	0	0	0	1	0
0	0	1	1	0	0
0	1	0	1	1	0
0	1	1	0	0	1
1	0	0	1	1	1
1	0	1	0	0	0
1	1	0	0	1	0
1	1	1	1	0	1

若输入信号 $X=1$，电路状态转换的方向则与上述方向相反。

若设电路的初始状态为 $Q_1^n Q_0^n = 00$，根据状态表和状态图，可画出在一系列 CP 脉冲作用下的时序图，如图 5-8 所示。

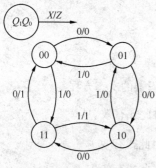

图 5-7　例 5.2 状态图

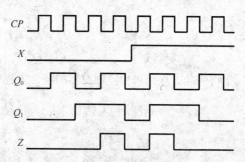

图 5-8　例 5.2 的时序图

（4）逻辑功能分析。由状态图可看出，此电路是一个可控计数器。当 $X=0$ 进行加法计数，在时钟脉冲作用下，$Q_1^n Q_0^n$ 的数值从 00 到 11 递增，每经过 4 个时钟脉冲作用后，电路的状态循环一次。同时在输出端 Z 输出一个进位脉冲，因此，Z 是进位信号。当 $X=1$ 时，电路进行减 1 计数，Z 是借位信号。

2. 异步时序电路的分析

在异步时序逻辑电路中，由于没有公共的时钟脉冲，分析各触发器的状态转换时，除考虑驱动信号的情况外，还必须考虑其 CP 端的情况，触发器只有在加到其 CP 端上的信号有效时，才有可能改变状态，否则，触发器将保持原有状态不变。因此，分析异步时序逻辑电路，应首先确定各 CP 端的逻辑表达式及触发方式，在考虑各触发器的次态方程时，对于由上升沿触发的触发器而言，当其 CP 端的信号由 0 变 1 时，则有触发信号作用；对于由下降沿触发的触发器而言，当其 CP 端的信号由 1 变 0 时，则有触发信号作用。有触发信号作用的触发器能改变状态，无触发信号作用的触发器则保持原有的状态不变。

下面举例说明分析过程。

【例 5.3】 试分析图 5-9 所示的异步时序电路。

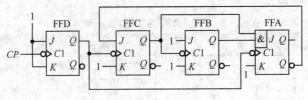

图 5-9　例 5.3 的图

解：（1）根据图 5-9 写出各逻辑方程式，由于电路没有输入、输出变量，只需写出时钟脉冲信号的逻辑方程和驱动方程。

时钟脉冲信号逻辑方程：

$CP_D = CP$，下降沿触发。

$CP_C = CP_A = Q_D$，仅当 Q_D 由 1→0 时，Q_C 和 Q_A 才可能改变状态，否则，Q_C 和 Q_A 的状态保持不变。

$CP_B = Q_C$，仅当 Q_C 由 1→0 时，Q_B 才可能改变状态，否则，Q_B 的状态保持不变。

驱动方程：

$$J_D = K_D = 1$$
$$J_C = \overline{Q}_A^n \qquad\qquad K_C = 1$$
$$J_B = K_B = 1$$
$$J_A = Q_B^n Q_C^n \qquad\qquad K_A = 1$$

（2）将驱动方程代入相应触发器的特性方程中，求出各触发器的次态方程。

$$Q_A^{n+1} = \overline{Q}_A^n Q_B^n Q_C^n \qquad\text{（}Q_D\text{ 输出下降沿时此式有效）}$$

$$Q_B^{n+1} = \overline{Q}_B^n \qquad\text{（}Q_C\text{ 输出下降沿时此式有效）}$$

$$Q_C^{n+1} = \overline{Q}_A^n\, \overline{Q}_C^n \qquad\text{（}Q_D\text{ 输出下降沿时此式有效）}$$

$$Q_D^{n+1} = \overline{Q}_D^n \qquad\text{（CP 脉冲下降沿时此式有效）}$$

（3）列状态表、画状态图和时序图。列状态表的方法与同步时序电路基本相似，只是还应注意各触发器 CP 端的状况（是否有下降沿作用），因此，可在状态表中增加各触发器 CP 端的状况，无下降沿作用时的 CP 用 0 表示，有下降沿作用时的 CP 用 1 表示，例 5.3 的状态表如表 5-3 所示。由状态表可画出状态图，如图 5-10 所示。此电路的时序图如图 5-11 所示。

表 5-3　　　　　　　　　　　　　例 5.3 的状态转换表

现 态				时 钟 信 号				次 态			
Q_A^n	Q_B^n	Q_C^n	Q_D^n	CP_A	CP_B	CP_C	CP_D	Q_A^{n+1}	Q_B^{n+1}	Q_C^{n+1}	Q_D^{n+1}
0	0	0	0	0	0	0	1	0	0	0	1
0	0	0	1	1	0	1	1	0	0	1	0
0	0	1	0	0	0	0	1	0	0	1	1
0	0	1	1	1	1	1	1	0	1	0	0
0	1	0	0	0	0	0	1	0	1	0	1
0	1	0	1	1	0	1	1	0	1	1	0
0	1	1	0	0	0	0	1	0	1	1	1
0	1	1	1	1	1	1	1	1	0	0	0
1	0	0	0	0	0	0	1	1	0	0	1
1	0	0	1	1	0	1	1	0	0	0	0

续表

现态				时钟信号				次态			
Q_A^n	Q_B^n	Q_C^n	Q_D^n	CP_A	CP_B	CP_C	CP_D	Q_A^{n+1}	Q_B^{n+1}	Q_C^{n+1}	Q_D^{n+1}
1	0	1	0	0	0	0	1	1	0	1	1
1	0	1	1	1	1	1	1	0	1	0	0
1	1	0	0	0	0	0	1	1	1	0	1
1	1	0	1	1	0	1	1	0	1	0	0
1	1	1	0	0	0	0	1	1	1	1	1
1	1	1	1	1	1	1	1	0	0	0	0

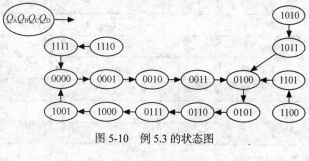

图 5-10　例 5.3 的状态图

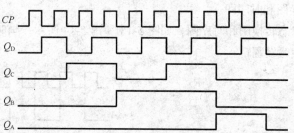

图 5-11　例 5.3 的时序图

（4）逻辑功能分析。由状态图和状态表看出，主循环共有 10 个不同的状态，0000～1001，其余 6 个状态 1010～1111 为无效状态，所以电路是一个十进制异步加法计数器，并具有自启动能力。

【例 5.4】　试分析图 5-12 所示电路的逻辑功能。

解：该电路由 3 个 JK 触发器构成，FF₁、FF₂ 的时钟端同时接到时钟信号上，而 FF₃ 的时钟信号由 Q_2 端提供。由此可见，电路中的 3 个 JK 触发器的时钟信号不是同时加入，故该电路属于异步时序电路。

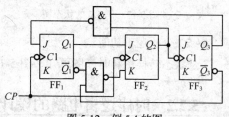

图 5-12　例 5.4 的图

（1）写出时钟方程和驱动方程

$$CP_1 = CP_2 = CP \qquad CP_3 = Q_2$$
$$J_1 = \overline{Q_3^n Q_2^n} \qquad\qquad K_1 = 1$$
$$J_2 = Q_1^n \qquad\qquad K_2 = \overline{\overline{Q_1^n}\,\overline{Q_3^n}}$$
$$J_3 = 1 \qquad\qquad K_3 = 1$$

（2）将驱动方程代入 JK 触发器特性方程 $Q^{n+1} = J\overline{Q}^n + \overline{K}Q^n$ 得到状态方程

$$Q_1^{n+1} = \overline{Q_2^n Q_3^n}\,\overline{Q_1^n} \qquad\qquad （CP 下降沿有效）$$

$$Q_2^{n+1} = Q_1^n \overline{Q_2^n} + \overline{Q_1^n} \overline{Q_3^n} Q_2^n \quad （CP\text{ 下降沿有效}）$$

$$Q_3^{n+1} = \overline{Q_3^n} \quad （Q_2\text{ 下降沿有效}）$$

（3）计算并列出状态转换表，如表 5-4 所示。

表 5-4 　　　　　　　　　　　　　例 5.4 状态转换表

态　　序	Q_3^n	Q_2^n	Q_1^n	Q_3^{n+1}	Q_2^{n+1}	Q_1^{n+1}	时钟信号 $CP_3 = Q_2$	$CP_2 = CP$	$CP_1 = CP$
0	0	0	0	0	0	1	0	↓	↓
1	0	0	1	0	1	0	0	↓	↓
2	0	1	0	0	1	1	0	↓	↓
3	0	1	1	1	0	0	↓	↓	↓
4	1	0	0	1	0	1	0	↓	↓
5	1	0	1	1	1	0	0	↓	↓
6	1	1	0	0	0	0	↓	↓	↓
7	1	1	1	0	0	0	0	↓	↓

（4）画出状态转换图和时序图。

依照表 5-4 画出状态转换图和时序图，如图 5-13 和图 5-14 所示，画时序图时要注意在当 Q_2 由 1 变 0 时 FF_3 才发生触发翻转。

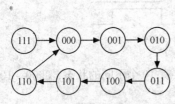

图 5-13　例 5.4 的状态图

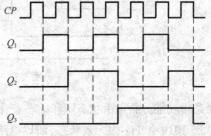

图 5-14　例 5.4 的时序图

（5）分析逻辑功能。

从状态转换图和时序图可知，图 5-12 所示电路是一个异步七进制加法计数器，且能自启动。

5.2.2　时序逻辑电路的设计

时序电路设计是时序电路分析的逆过程，即根据给定的逻辑功能要求，选择适当的逻辑器件，设计出符合要求的时序逻辑电路。现将用触发器及门电路设计同步时序电路的方法介绍如下，这种设计方法的基本指导思想是用尽可能少的时钟触发器和门电路来实现符合设计要求的时序电路。

同步时序逻辑电路设计的一般步骤如下。

（1）根据设计题目绘制原始状态图。

由于时序电路在某一时刻的输出信号，不仅与当时的输入信号有关，而且还与电路原来的状态有关。因此设计时序电路时，首先必须分析给定的逻辑功能，从而求出对应的状态转换图。这种直接由给定的逻辑功能求得的状态转换图称为原始状态图，是设计时序电路的最关键的一步，具体做法如下。

① 分析给定的逻辑功能，确定输入变量、输出变量及该电路应包含的状态，并用字母表示这些状态。

② 以上述状态为现态，考察在每一个可能的输入组合作用下应转入哪个状态及相应的输出，便可求得符合题意的状态图。

（2）状态化简（或状态合并）。

根据给定要求得到的原始状态图不一定是最简的，很可能包含有多余的状态，因此需要进行状态化简或状态合并。状态化简的规则是，若有两个状态等价，可以消去其中一个，并用另一个等价状态代之，而不改变输入输出的关系。所谓状态等价，是指在原始状态图中，如果有两个或两个以上的状态，在输入相同的条件下，不仅有相同的输出，而且向同一个次态转换，则称这些状态是等价的。凡是等价状态都可以合并。

（3）状态编码（或状态分配），并画出编码形式的状态图及状态表。

在得到简化的状态图后，要对每一个状态指定 1 个二进制代码，这就是状态编码（或称状态分配）。编码的方案不同，设计的电路结构也就不同。编码方案如果选择得当，设计结果就可以很简单。为此，选取的编码方案应该有利于所选触发器的驱动方程及电路输出方程的简化。为便于记忆和识别，一般选用的状态编码都遵循一定的规律，如用自然二进制码。编码方案确定后，根据简化的状态图，画出编码形式的状态图及状态表。

（4）确定触发器。

按照下式选择触发器的个数 n

$$2^{n-1} < M \leqslant 2^n$$

其中 M 是电路包含的状态个数。

（5）求输出方程和驱动方程。

根据编码后的状态表及触发器的驱动表，可求得电路的输出方程和各触发器的驱动方程。

（6）画逻辑电路图。

画逻辑电路图并检查自启动能力。

设计同步时序电路的一般过程如图 5-15 所示。

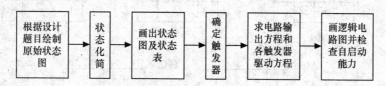

图 5-15　设计同步时序电路的一般过程

同步时序逻辑电路设计举例。

【例 5.5】 试设计一个带有进位输出端的十进制计数器。

解：该命题要求有进位输出，说明是单纯的十进制加法计数器，不需要输入信号。取进位信号为输出逻辑变量 C，规定有进位输出时 $C=1$，无进位输出时 $C=0$。

十进制计数器应当有 10 个有效状态，若分别用 S_0，S_1，…、S_9 表示，则按题意可画出如图 5-16 所示的电路状态转换图，而且这 10 个状态均是不可少的，即无等价状态，所以这个状态图已不能化简。

确定触发器个数，现要求 $M = 10$，故应取触发器个数 $n = 4$。

因为本例对状态分配无特殊要求，可以取 8421BCD 码 0000 ~ 1001 作为 $S_0 \sim S_9$ 的编码，于是得到如表 5-5 所示的状态转换表。

由于电路的次态 $Q_3^{n+1} Q_2^{n+1} Q_1^{n+1} Q_0^{n+1}$ 和进位输出 C 唯一地取决于电路现态 $Q_3^n Q_2^n Q_1^n Q_0^n$ 的取值，故可根据表 5-5 画出表示次态逻辑函数和进位输出函数的卡诺图。由于计数器正常工作时不会出现 1010 ~ 1111 即 "10" ~ "15" 这 6 个状态，所以可将 $Q_3^n \overline{Q_2^n} Q_1^n \overline{Q_0^n} \sim Q_3^n Q_2^n Q_1^n Q_0^n$ 这 6 个最小项作为约束项处理，在卡诺图中用 "×" 表示。

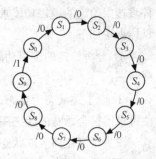

图 5-16 例 5.5 的状态转换图

表 5-5　　　　　　　　　　　　例 5.5 的状态转换表

等效十进制数	状态顺序 S_i	状态编码								进位输出 C
		初　态				次　态				
		Q_3	Q_2	Q_1	Q_0	Q_3	Q_2	Q_1	Q_0	
0	S_0	0	0	0	0	0	0	0	1	0
1	S_1	0	0	0	1	0	0	1	0	0
2	S_2	0	0	1	0	0	0	1	1	0
3	S_3	0	0	1	1	0	1	0	0	0
4	S_4	0	1	0	0	0	1	0	1	0
5	S_5	0	1	0	1	0	1	1	0	0
6	S_6	0	1	1	0	0	1	1	1	0
7	S_7	0	1	1	1	1	0	0	0	0
8	S_8	1	0	0	0	1	0	0	1	0
9	S_9	1	0	0	1	0	0	0	0	1

根据表 5-5 可列出对应于状态转换顺序的 5 个卡诺图，如图 5-17 所示，分别表示 Q_3^{n+1}、Q_2^{n+1}、Q_1^{n+1}、Q_0^{n+1} 和 C 这 5 个逻辑函数。

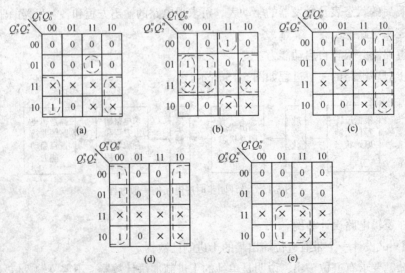

图 5-17　例 5.5 的卡诺图

将卡诺图化简得到电路的状态方程并写成 JK 触发器特性方程的标准形式，分别为

$$Q_3^{n+1} = Q_2^n Q_1^n Q_0^n \overline{Q_3^n} + \overline{Q_0^n} Q_3^n$$

$$Q_2^{n+1} = Q_1^n Q_0^n \overline{Q}_2^n + Q_2^n (\overline{Q}_0^n + \overline{Q}_1^n) = Q_1^n Q_0^n \overline{Q}_2^n + \overline{Q_1^n Q_0^n} Q_2^n$$

$$Q_1^{n+1} = \overline{Q}_3^n Q_0^n \overline{Q}_1^n + \overline{Q}_0^n Q_1^n$$

$$Q_0^{n+1} = \overline{Q}_0^n$$

输出方程　　　　　　　　$C = Q_3^n Q_0^n$

将以上状态方程与 JK 触发器特性方程对照，得各触发器驱动方程为

$$J_3 = Q_2^n Q_1^n Q_0^n \qquad\qquad K_3 = Q_0^n$$

$$J_2 = Q_1^n Q_0^n \qquad\qquad\quad K_2 = Q_1^n Q_0^n$$

$$J_1 = \overline{Q}_3^n Q_0^n \qquad\qquad\quad K_1 = Q_0^n$$

$$J_0 = 1 \qquad\qquad\qquad\quad K_0 = 1$$

根据驱动方程和输出方程画出该计数器的逻辑图和状态转换图，如图 5-18 和图 5-19 所示。

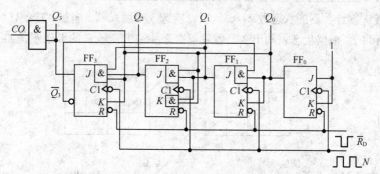

图 5-18　例 5.5 的逻辑图

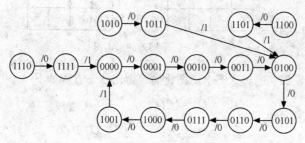

图 5-19　例 5.5 的状态转换图

从状态转换图可看出该电路具有自启动能力，1010 ～ 1111 的无效状态能返回到有效循环之中。

如果发现设计的电路没有自启动能力，则应对设计进行修改。其方法是在触发器次态卡诺图的包围圈中，对无效状态"×"的处理做适当修改，即原来取 1 画入包围圈的，可试改为取 0 而不画入包围圈，得到新的驱动方程和逻辑图，再检查其自启动能力，直到能够自启动为止。

【例 5.6】　设计一个自然二进制码的五进制计数器。

解：（1）由于题目中对状态的编码及转换规律都提出了明确的要求，所以状态图已经确定。根据题意画出自然二进制码的五进制计数器的状态图，如图 5-20 所示。

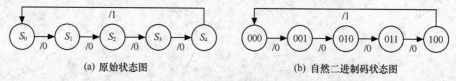

图 5-20　例 5.6 的状态转换图

（2）由编码形式的状态图可画出编码后的状态表，如表 5-6 所示。

表 5-6　　　　　　　　　　　　　　　例 5.6 状态表

现　　态			次　　态			输　　出
Q_2^n	Q_1^n	Q_0^n	Q_2^{n+1}	Q_1^{n+1}	Q_0^{n+1}	F
0	0	0	0	0	1	0
0	0	1	0	1	0	0
0	1	0	0	1	1	0
0	1	1	1	0	0	0
1	0	0	0	0	0	1
1	0	1	×	×	×	×
1	1	0	×	×	×	×
1	1	1	×	×	×	×

（3）由于五进制计数器的状态数 $M=5$，所以应选 3 个触发器，满足 $2^{n-1}<M\leqslant 2^n$。3 个触发器记为 F_0、F_1 和 F_2。根据状态表画出 3 个触发器次态和输出变量 F 的卡诺图，如图 5-21 所示。

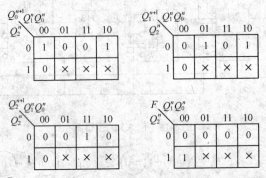

图 5-21　例 5.6 的卡诺图

（4）若选择 D 触发器，通过次态卡诺图化简，得出状态方程如下

$$Q_2^{n+1}=D_2=Q_0^n Q_1^n$$

$$Q_1^{n+1}=D_1=Q_0^n \overline{Q_1^n}+\overline{Q_0^n} Q_1^n=Q_0^n \oplus Q_1^n$$

$$Q_0^{n+1}=D_0=\overline{Q_2^n}\,\overline{Q_0^n}$$

若选用 JK 触发器，为了便于与触发器特性方程进行对比，重新写出通过次态卡诺图化简后状态方程

$$Q_2^{n+1}=Q_0^n Q_1^n \overline{Q_2^n}$$

$$Q_1^{n+1}=Q_0^n \overline{Q_1^n}+\overline{Q_0^n} Q_1^n$$

$$Q_0^{n+1}=\overline{Q_2^n}\,\overline{Q_0^n}$$

将次态方程与 JK 触发器特性方程相比较，得出驱动方程

$$J_2=Q_1^n Q_0^n \qquad\qquad K_2=1$$

$$J_1=Q_0^n \qquad\qquad K_1=Q_0^n$$

$$J_0=\overline{Q_2^n} \qquad\qquad K_0=1$$

根据图 5-21 中输出变量 F 卡诺图，化简后得到输出方程为

$$F = Q_2^n$$

（5）经过比较发现：选用 D 触发器，触发器输入端需要 3 个二输入的逻辑门，而选用 JK 触发器实现驱动方程仅需要 1 个二输入端的与门，JK 触发器的线路比 D 触发器简单，故本题选用 JK 触发器。选用 JK 触发器的自然二进制码五进制计数器的逻辑图如图 5-22 所示。

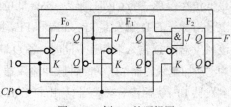

图 5-22　例 5.6 的逻辑图

<h1>5.3　计数器</h1>

计数器是数字系统中应用场合最多的时序电路，它不仅具有计数功能，还可以用于定时、分频、产生序列脉冲等。

计数器的种类很多，特点各异，它的主要分类如下。

1. 按计数进制分

二进制计数器：按二进制数运算规律进行计数的电路称作二进制计数器。

十进制计数器：按十进制数运算规律进行计数的电路称作十进制计数器。

任意进制计数器：二进制计数器和十进制计数器之外的其他进制计数器统称任意进制计数器，如五进制计数器、六十进制计数器等。计数器能够记忆输入脉冲的数目，也就是有效循环中的状态的个数，称为计数器的记数长度，也叫计数器的记数容量，又叫做计数器的模。二进制计数器按二进制数运算规律进行计数，如果用 n 表示二进制代码的位数，用 N 表示有效状态数，则在二进制计数器中 $N = 2^n$。

2. 按计数增减分

加法计数器：随着计数脉冲的输入作递增计数的电路称作加法计数器。

减法计数器：随着计数脉冲的输入作递减计数的电路称作减法计数器。

加/减计数器：在加/减控制信号作用下，可递增计数、也可递减计数的电路，称作加/减计数器，又称可逆计数器。

3. 按计数器中触发器翻转是否同步分

异步计数器：计数脉冲只加到部分触发器的时钟脉冲输入端上，而其他触发器的触发信号则由电路内部提供，应翻转的触发器状态更新有先有后的计数器，称作异步计数器。

同步计数器：计数脉冲同时加到所有触发器的时钟信号输入端，使应翻转的触发器同时翻转的计数器，称作同步计数器。显然，它的计数速度要比异步计数器快得多。

5.3.1　异步计数器

1. 异步二进制计数器

（1）异步二进制加法计数器

一个 3 位二进制加法计数序列如表 5-7 所示。由表 5-7 可见，最低位 Q_0 随着每次时钟脉冲的出现都改变状态，而其他位在相邻低位由 1 变 0 时，发生翻转。即 3 位二进制加法计数规律是，最低位在每来一个 CP 时翻转一次；低位由 1→0（下降沿）时，相邻高位状态发生变化。用 3 个上升沿触发的 D 触发器 FF_2、FF_1 和 FF_0 组成的 3 位二进制加法计数器，各个触发器的 $\overline{Q}$ 输出端与该触发器的 D 输入端相连。同时，各 $\overline{Q}$ 端又与相邻高 1 位触发器的时钟脉冲输入端相连。记数脉冲 CP 加至触发器 FF_0 的时钟脉冲输入端，如图 5-23 所示。所以每当输入一个计数脉冲，最低位触发器 FF_0 就翻转一次。当 Q_0 由 1 变 0，$\overline{Q}_0$ 由 0 变 1（Q_0 的进位信号）时，FF_1 翻转。当 Q_1 由 1 变 0，$\overline{Q}_1$ 由 0 变 1（Q_1 的进位信号）时，FF_2 翻转，这样电路实现了 3 位二进制加法计数功能。由于电路中各触发器的时钟脉冲不同，因而是一个异步时序电路。分析其工作过程，不难得到其状态图和时序图，它们分别如图 5-24 和图 5-25 所示。其中虚线是考虑触发器的传输延迟时间 t_{pd} 后的波形。

表 5-7　　　　　　　　　　3 位二进制加法计数序列表

CP	Q_2^n	Q_1^n	Q_0^n
0	0	0	0
1	0	0	1
2	0	1	0
3	0	1	1
4	1	0	0
5	1	0	1
6	1	1	0
7	1	1	1
8	0	0	0

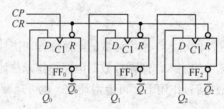

图 5-23　3 位二进制加法计数器逻辑图

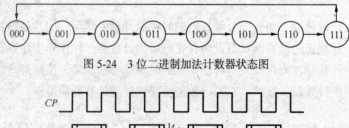

图 5-24　3 位二进制加法计数器状态图

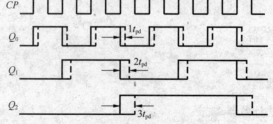

图 5-25　3 位二进制加法计数器时序图

从时序图可以清楚地看到：Q_0、Q_1、Q_2 的周期分别是计数脉冲（CP）周期的 2 倍、4 倍、8 倍，也就是说，Q_0、Q_1、Q_2 分别对 CP 波形进行了二分频、四分频、八分频，因而计数器也可作为分频器。

值得注意的是，在考虑各触发器的传输延迟时间时，由图 5-25 中的虚线波形可知，对于一个 n 位的二进制异步计数器来说，从一个计数脉冲（本例为上升沿起作用）到来，到 n 个触发器都翻转稳定，需要经历的最长时间是 nt_{pd}，为保证计数器的状态能正确反映计数脉冲的个数，下一个计数脉冲（沿）必须在 nt_{pd} 后到来，因此计数脉冲的最小周期 $T = nt_{pd}$。

（2）异步二进制减法计数器

图 5-26 所示为由 JK 触发器组成的 4 位二进制减法计数器的逻辑图。$FF_3 \sim FF_0$ 都为 T' 触发器，下降沿触发。为了能实现向相邻高位触发器输出借位信号，要求低位触发器由 0 状态变为 1 状态时能使高位触发器的状态翻转，因此，低位触发器应从 $\overline{Q}$ 端输出借位信号。图 5-26 就是按照这个要求连接的。

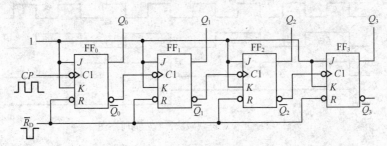

图 5-26　4 位二进制减法计数器的逻辑图

它的工作原理如下。

设电路在进行减法计数前在置 0 端 $\overline{R_D}$ 加负脉冲，使数器状态为 $Q_3Q_2Q_1Q_0 = 0000$。在计数过程中，$\overline{R_D}$ 为高电平。

当在 CP 端输入第一个减法计数脉冲时，FF_0 由 0 状态翻转到 1 状态，$\overline{Q}_0$ 输出一个下降沿的借位信号，使 FF_1 由 0 状态翻到 1 状态，$\overline{Q}_1$ 输出负跃变的借位信号，使 FF_2 由 0 状态翻到 1 状态。同理，FF_3 也由 0 状态翻到 1 状态，$\overline{Q}_3$ 输出一个下降沿的借位信号，使计数器翻到 $Q_3Q_2Q_1Q_0 = 1111$。当 CP 端输入第二个减法计数脉冲时，计数器的状态为 $Q_3Q_2Q_1Q_0 = 1110$。当 CP 端连续输入减法计数脉冲时，电路状态变化情况如表 5-8 所示，图 5-27 所示为减法记数器的工作波形。

表 5-8　　　　　　　　　　　　　4 位二进制减法计数器状态表

计 数 顺 序	计数器状态			
	Q_3	Q_2	Q_1	Q_0
0	0	0	0	0
1	1	1	1	1
2	1	1	1	0
3	1	1	0	1
4	1	1	0	0
5	1	0	1	1
6	1	0	1	0
7	1	0	0	1
8	1	0	0	0

续表

计 数 顺 序	计数器状态			
	Q_3	Q_2	Q_1	Q_0
9	0	1	1	1
10	0	1	1	0
11	0	1	0	1
12	0	1	0	0
13	0	0	1	1
14	0	0	1	0
15	0	0	0	1
16	0	0	0	0

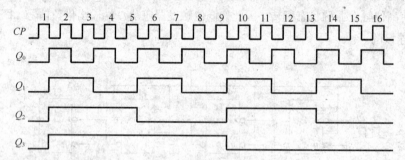

图 5-27　4 位二进制减法计数器的时序图

2. 异步十进制加法计数器

异步十进制加法计数器是在 4 位异步二进制加法计数器的基础上经过适当修改获得的。它跳过了 1010～1111 6 个状态,利用自然二进制数的前 10 个状态 0000～1001 实现十进制计数。图 5-28 所示为由 4 个 JK 触发器组成的 8421BCD 码异步十进制计数器的逻辑图。

设计数器从 $Q_3Q_2Q_1Q_0 = 0000$ 状态开始计数。由图 5-28 可知,FF_0 和 FF_2 为 T′触发器。在 FF_3 为 0 状态时, $\overline{Q}_3 = 1$,这时 $J_1 = \overline{Q}_3 = 1$,FF1 也为 T′触发器。因此,输入前 8 个计数脉冲时,计数器按异步二进制加法计数规律计数。在输入第 7 个计数脉冲时,计数器的状态为 $Q_3Q_2Q_1Q_0 = 0111$。这时 $J_3 = Q_2Q_1 = 1$, $K_3 = 1$。

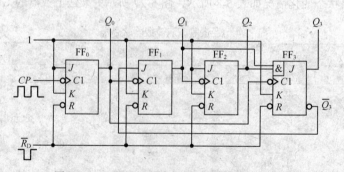

图 5-28　8421BCD 码异步十进制计数器的逻辑图

输入第 8 个计数脉冲时,FF_0 由 1 状态翻到 0 状态,Q_0 输出的负跃变一方面使 FF_3 由零状态翻转到 1 状态;与此同时,Q_0 输出的负跃变也使 FF_1 由 1 状态翻转到 0 状态,FF_2 也随之翻转到 0

状态。这时计数器的状态为 $Q_3Q_2Q_1Q_0=1000$ ，$\overline{Q}_3=0$ ，使 $J_1=\overline{Q}_3=0$ ，因此，在 $Q_3=1$ 时，FF$_1$ 只能保持在 0 状态，不可能再次翻转。所以，输入第 9 个计数脉冲时，计数器的状态为 $Q_3Q_2Q_1Q_0=1001$ 。这时 $J_3=0$ ，$K_3=1$ 。FF$_3$ 具备翻到 0 状态的条件。

当输入第 10 个计数脉冲时，计数器从 1001 状态返回到初始的 0000 状态，电路从而跳过了 1010～1111 6 个状态，实现了十进制计数，同时 Q_3 端输出一个负跃变的进位信号，图 5-29 所示为十进制计数器的工作波形。

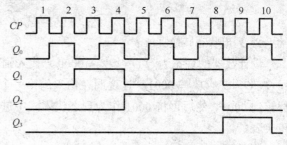

图 5-29 十进制计数器的波形图

5.3.2 同步计数器

1. 同步二进制计数器

为了提高计数速度，可采用同步计数器，其特点是，计数脉冲同时接于各位触发器的时钟脉冲输入端，当时钟脉冲到来时，各触发器可同时翻转。

（1）同步二进制加法计数器

图 5-30 所示为由 JK 触发器组成的 4 位同步二进制加法计数器，由下降沿触发。下面分析它的工作原理。

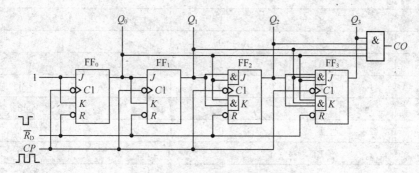

图 5-30 4 位同步二进制加法计数器逻辑图

① 写出有关方程式

输出方程：
$$CO=Q_3^nQ_2^nQ_1^nQ_0^n$$

驱动方程：
$$J_0=K_0=1$$
$$J_1=K_1=Q_0^n$$
$$J_2=K_2=Q_1^nQ_0^n$$
$$J_3=K_3=Q_2^nQ_1^nQ_0^n$$

状态方程：将驱动方程代入 JK 触发器的特性方程 $Q^{n+1}=J\overline{Q}^n+\overline{K}Q^n$ 中，得到计数器的状态方程为
$$Q_0^{n+1}=\overline{Q}_0^n$$

$$Q_1^{n+1} = Q_0^n \overline{Q_1^n} + \overline{Q_0^n} Q_1^n$$

$$Q_2^{n+1} = Q_1^n Q_0^n \overline{Q_2^n} + \overline{Q_1^n Q_0^n} Q_2^n$$

$$Q_3^{n+1} = Q_2^n Q_1^n Q_0^n \overline{Q_3^n} + \overline{Q_2^n Q_1^n Q_0^n} Q_3^n$$

② 列出状态转换真值表

设计数器的现态为 $Q_3^n Q_2^n Q_1^n Q_0^n = 0000$，代入到输出方程和状态方程中进行计算得 $CO = 0$。和 $Q_3^{n+1} Q_2^{n+1} Q_1^{n+1} Q_0^{n+1} = 0001$，这说明在输入的第一个计数脉冲 CP 的作用下，电路状态由 0000 翻转到 0001。然后再将 0001 作为现态代入式中进行计算；依此类推，可得表 5-9 所示的状态转换表。

表 5-9　　　　　　　　　　　4 位同步二进制加法计数器的状态转换表

计数脉冲序号	Q_3^n	Q_2^n	Q_1^n	Q_0^n	Q_3^{n+1}	Q_2^{n+1}	Q_1^{n+1}	Q_0^{n+1}	输出 CO
0	0	0	0	0	0	0	0	1	0
1	0	0	0	1	0	0	1	0	0
2	0	0	1	0	0	0	1	1	0
3	0	0	1	1	0	1	0	0	0
4	0	1	0	0	0	1	0	1	0
5	0	1	0	1	0	1	1	0	0
6	0	1	1	0	0	1	1	1	0
7	0	1	1	1	1	0	0	0	0
8	1	0	0	0	1	0	0	1	0
9	1	0	0	1	1	0	1	0	0
10	1	0	1	0	1	0	1	1	0
11	1	0	1	1	1	1	0	0	0
12	1	1	0	0	1	1	0	1	0
13	1	1	0	1	1	1	1	0	0
14	1	1	1	0	1	1	1	1	0
15	1	1	1	1	0	0	0	0	1

逻辑功能分析如下。

由表 5-9 可看出，图 5-30 所示电路在输入第 16 个计数脉冲 CP 后返回到初始的 0000 状态，同时进位输出端 CO 输出一个进位信号，因此该电路为十六进制计数器。

（2）同步二进制减法计数器

要实现 4 位二进制减法计数，必须在输入第一个计数脉冲时电路的状态由 0000 变为 1111。为此，只要将图 5-30 所示的加法计数器中各 JK 触发器输出由 Q 端改为 $\overline{Q}$ 端，便成为二进制减法计数器了。

2. 同步十进制加法计数器

图 5-31 所示为由 JK 触发器组成的 8421BCD 码同步十进制加法计数器的逻辑图，由下降沿触发。请读者参照同步二进制加法计数器的分析方法分析其工作原理。

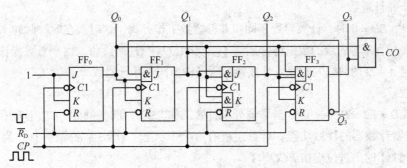

图 5-31   8421BCD 码同步十进制加法计数器的逻辑图

5.4 集成计数器及应用

集成计数器产品的类型很多，如异步二-五-十进制计数器 74LS90，4 位同步二进制加法计数器 74LS161、74LS163，同步十进制加法计数器 74LS160、74LS162，十进制同步加/减计数器 74LS190 等。由于集成计数器功耗低、功能灵活、体积小，所以在一些小型数字系统中得到了广泛的应用。下面以几种常用的集成计数器为例介绍它们的逻辑功能及使用。

5.4.1 集成计数器

1. 74161 集成计数器功能介绍

74161 是 4 位二进制同步加法计数器。它的引脚图如图 5-32 所示，其中 R_D 是清零端，LD 是置数控制端，D、C、B、A 是预置数据输入端，EP 和 ET 是计数使能（控制）端；$RCO = (ET \cdot Q_D \cdot Q_C \cdot Q_B \cdot Q_A)$ 是进位输出端。

74161 的功能表如表 5-10 所示，由表可知，74161 具有以下 4 种工作方式。

图 5-32   74161 引脚图

表 5-10   74161 的功能表

清 零	置 数	使 能		时 钟	置 数 输 入				输 出			
R_D	LD	EP	ET	CP	D	C	B	A	Q_D	Q_C	Q_B	Q_A
0	×	×	×	×	×	×	×	×	0	0	0	0
1	0	×	×	↑	D	C	B	A	D	C	B	A
1	1	0	×	×	×	×	×	×	保 持			
1	1	×	0	×	×	×	×	×	保 持	RCO	= 0	
1	1	1	1	↑	×	×	×	×	计 数			

（1）异步清零

当 $R_D = 0$ 时，计数器处于异步清零工作方式，这时，不管其他输入端的状态如何（包括时钟信号 CP），计数器输出将被直接置 0。由于清零不受时钟信号控制，因而称为异步清零。该控制端低电平有效。

125

（2）同步并行置数

当 $R_D = 1$，$LD = 0$ 时，计数器处于同步并行置数工作方式，这时，在时钟脉冲 CP 上升沿作用下，D、C、B、A 输入端的数据将分别被 Q_D、Q_C、Q_B、Q_A 所接收。由于置数操作要与 CP 上升沿同步，且 $A \sim D$ 的数据同时置入计数器，所以称为同步并行置数。

（3）计数

当 $R_D = LD = ET = EP = 1$ 时，计数器处于计数工作方式，在时钟脉冲 CP 上升沿作用下，实现 4 位二进制计数器的计数功能，计数过程有 16 个状态，计数器的模为 16，当计数状态为 $Q_D Q_C Q_B Q_A = 1111$ 时，进位输出 $RCO = 1$。

（4）保持

当 $R_D = LD = 1$，$ET \cdot EP = 0$（即两个计数使能端中有 0）时，计数器处于保持工作方式，即不管有无 CP 脉冲作用，计数器都将保持原有状态不变（停止计数）。此时，如果 $EP = 0$，$ET = 1$，进位输出 RCO 也保持不变；如果 $ET = 0$，不管 EP 状态如何，进位输出 $RCO = 0$。

74161 的时序图如图 5-33 所示。由时序图可以观察到 74161 的功能和各控制信号间的时序关系。首先加入一清零信号 $R_D = 0$，使各触发器的状态为 0，即计数器清零。R_D 变为 1 后，加入一置数控制信号 $LD = 0$，该信号需维持到下一个时钟脉冲的正跳变到来后。在这个置数信号和时钟脉冲上升沿的共同作用下，各触发器的输出状态与预置的输入数据相同（图中为 $DCBA = 1100$），置数操作完成。接着是 $EP = ET = 1$，在此期间 74161 处于计数状态。这里是从预置的 $DCBA = 1100$ 开始计数，直到 $EP = 0$，$ET = 1$，计数状态结束，转为保持状态，计数器输出保持 EP 负跳变前的状态不变，图中为 $DCBA = 0010$，$RCO = 0$。

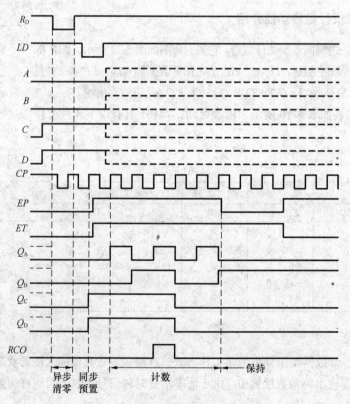

图 5-33　74161 的时序图

2．集成异步计数器 74LS90 功能介绍

74LS90 是异步计数器，逻辑图如图 5-34(a)所示，引脚图如图 5-34(b)所示，它包括两个基本部分：一个下降沿触发的 JK 触发器 FF_A，形成二进制（模 2）计数器；另一个是由 3 个下降沿 JK 触发器 FF_B、FF_C、FF_D 组成的异步五进制（模 5）计数器。

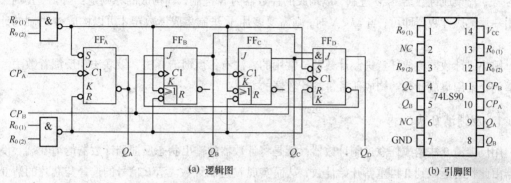

(a) 逻辑图　　　　　　　　　　　　　　　　　(b) 引脚图

图 5-34　74LS90 的逻辑图和引脚图

表 5-11　　　　　　　　　　　　　74LS90 的功能表

时　　钟		清 零 输 入		置 9 输 入		输　　　出			
CP_A	CP_B	$R_{0(1)}$	$R_{0(2)}$	$R_{9(1)}$	$R_{9(2)}$	Q_D	Q_B	Q_C	Q_A
×	×	1	1	0	×	0	0	0	0
×	×	1	1	×	0	0	0	0	0
×	×	0	×	1	1	1	0	0	1
×	×	×	0	1	1	1	0	0	1
$CP\downarrow$	0					二进制计数，Q_A 输出			
0	$CP\downarrow$	有 0		有 0		五进制计数，$Q_DQ_CQ_B$ 输出			
$CP\downarrow$	$Q_0\downarrow$					十进制计数，$Q_DQ_CQ_BQ_A$ 输出			

74LS90 的功能表如表 5-11 所示，从功能表可以看出，74LS90 具有下列功能。

（1）异步清零

只要 $R_{0(1)} = R_{0(2)} = 1$，$R_{9(1)} \cdot R_{9(2)} = 0$，输出 $Q_DQ_CQ_BQ_A = 0000$，不受 CP 控制，因而是异步清零。

（2）异步置 9

只要 $R_{9(1)} = R_{9(2)} = 1$，$R_{0(1)} \cdot R_{0(2)} = 0$，输出 $Q_DQ_CQ_BQ_A = 1001$，不受 CP 控制，因而是异步置 9。

（3）计数

在 $R_{9(1)} \cdot R_{9(2)} = 0$ 和 $R_{0(1)} \cdot R_{0(2)} = 0$ 同时满足的前提下，可在计数脉冲下降沿作用下实现加法计数。电路有两个计数脉冲输入端 CP_A 和 CP_B，若在 CP_A 端输入计数脉冲 CP，则输出端 Q_A 实现二进制计数；若在 CP_B 端输入脉冲 CP，则输出端 $Q_DQ_CQ_B$ 实现异步五进制计数；若在 CP_A 端输入计数脉冲 CP，同时将 CP_B 端与 Q_A 相接，则输出端 $Q_DQ_CQ_BQ_A$ 实现异步 8421 码十进制计数。所以 74LS90 是二-五-十进制计数器，利用它的清零和置 9 功能可以构成其他进制的计数器。

5.4.2　用集成计数器构成 N 进制计数器

尽管集成计数器产品种类很多，但也不可能做到任意进制的计数器都有其相应的产品。实际应用中用一片或几片集成计数器经过适当连接，就可以构成任意进制的计数器。

若一片集成计数器为 M 进制，欲构成的计数器为 N 进制，则构成的原则是：当 $M > N$ 时，只需用一片集成计数器即可；当 $M < N$ 时，则需要多片 M 进制集成计数器才可以构成 N 进制的计数器。

用集成计数器构成任意进制计数器，常用的方法有：反馈清 0 法、级联法和反馈置数法。下面举例介绍用集成计数器构成任意进制计数器的方法。

1．反馈清 0 法

用反馈清 0 法构成任意进制计数器，就是将计数器的输出状态反馈到计数器的清 0 端，使计数器由此状态返回到 0 再重新开始计数，从而实现 N 进制计数。清 0 信号的选择与芯片的清 0 方式有关。设产生清 0 信号的状态称为反馈识别码 N_a。当芯片为异步清 0 方式时，可用状态 N 作为反馈识别码，即 $N_a = N$，通过门电路组合输出清 0 信号，使芯片瞬间清 0，其有效循环状态共 N 个，构成了 N 进制计数器；当芯片为同步清 0 方式时，可用 $N_a = N-1$ 作识别码，通过门电路组合输出清 0 信号，使芯片在 CP 到来时清 0，这也同样构成 N 进制计数器。

【例 5.7】用集成计数器 74LS90 构成七进制计数器。

解：图 5-35 所示是用一片集成计数器 74LS90 构成七进制计数器的外部连线图。首先将 74LS90 连成十进制计数器，即 Q_A 与 CP_B 连接，由 CP_A 输入计数脉冲。$S_{9(1)}$ 和 $S_{9(2)}$ 中有一个为 0 即可。图 5-35 中将 $Q_C Q_B Q_A$ 分别接到与门的输入端，再将与门的输出接到直接清 0 的和 $R_{0(1)} R_{0(2)}$ 端。当计数器输入第 7 个计数脉冲时 $Q_D Q_C Q_B Q_A = 0111$，与门就输出 1 而使计数器清 0。此后再输入计数脉冲时则从 0 开始计数。

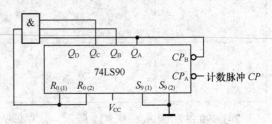

图 5-35　例 5.7 的连线图

【例 5.8】用集成计数器 74LS163 构成七进制计数器。

解：图 5-36 所示为集成 4 位同步二进制加法计数器 74LS163 的逻辑功能示意图。图中 $\overline{LD}$ 为同步置数控制端，$\overline{CR}$ 为置 0 控制端，CT_P 和 CT_T 为计数控制端，$D_0 \sim D_3$ 为并行数据输入端，$Q_0 \sim Q_3$ 为输出端，CO 为进位输出端。

当 $\overline{CR} = 1$，$\overline{LD} = 0$ 时，在输入时钟脉冲 CP 上升沿的作用下，并行输入的数据被置入计数器，即 $Q_3 Q_2 Q_1 Q_0 = D_3 D_2 D_1 D_0$。

当 $\overline{LD} = \overline{CR} = CT_P = CT_T = 1$ 时，CP 端输入计数脉冲时，计数器进行二进制加法计数。

当 $\overline{LD} = \overline{CR} = 1$，且 CT_P 和 CT_T 中有 0 时，计数器保持原来的状态不变。

需要说明的是，74LS163 为同步置 0，这就是说在 $\overline{CR}$ 为低电平 0 时，计数器并不立即置 0，还需要再输入一个计数脉冲 CP 才能被置 0。

图 5-37 所示是用一片集成计数器 74LS163 构成七进制计数器的外部连线图。该计数器采用的是同步清 0 方式，当计数器输入第 6 个计数脉冲时 $Q_3 Q_2 Q_1 Q_0 = 0110$，与非门输出为 0，此时

计数器并不立即清 0，而是要等到第 7 个计数脉冲到来时才使计数器清 0，从而也实现了七进制计数。

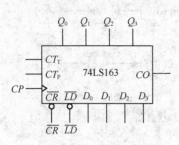

图 5-36 74LS163 的逻辑图

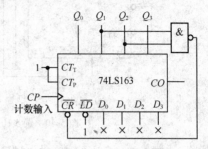

图 5-37 例 5.8 的连线图

【例 5.9】 利用清零方式，用 74161 构成九进制计数器。

解：九（$N = 9$）进制计数器有 9 个状态，而 74161 在计数过程中有 16（$M = 16$）个状态，因此必须设法跳过 $M-N = 16-9 = 7$ 个状态。即计数器从 0000 状态开始计数，当计到 9 个状态后，利用下一个状态 1001，提供清零信号，迫使计数器回到 0000 状态，此后清零信号消失，计数器重新从 0000 状态开始计数。应用 74161 构成的九进制计数器逻辑电路如图 5-38 所示，主循环状态图如图 5-39 所示。逻辑图中，利用与非门将输出端 $Q_D Q_C Q_B Q_A = 1001$ 信号译码，产生清零信号，使计数器返回 0000 状态。因 74161 计数器是异步清零，电路进入 1001 状态的时间极其短暂，在主循环状态图中用虚线表示，这样，电路就跳过了 1001～1111 7 个状态，实现九进制计数。

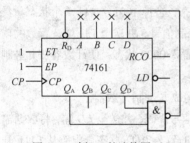

图 5-38 例 5.9 的连接图

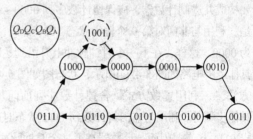

图 5-39 例 5.9 的状态图

由本例题可知：利用异步清零方式可以把计数序列的后几个状态舍掉，构成不足芯片模数 M（本例为 16）的 N 进制计数器。具体方法是，用与非门对第 N 个计数状态（本例 $N = 9$，第 N 个计数状态为 1001）译码，产生清零信号。当计数到第 N 个状态时，$R_D = 0$，计数器回 0，这样就舍掉了计数序列的最后 $M-N$ 个状态（本例为 1001，1010，…，1111），构成 N 进制计数器。

【例 5.10】 用 74LS90 组成六进制计数器。

解：由于题意要求是六进制计数器，因而先将 74LS90 连接成十进制计数器，再利用异步清零功能去掉 4 个计数状态，即可实现六进制计数，具体方法与例 5.9 介绍的方法类似。图 5-40(a) 所示是利用异步清零实现六进制计数器的逻辑图，相应的状态图如图 5-40(b) 所示。

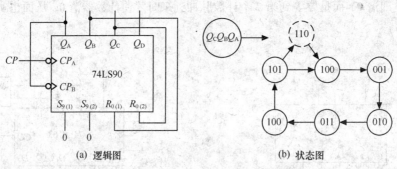

(a) 逻辑图　　　　　　　　(b) 状态图

图 5-40　例 5.10 的逻辑连接图和状态图

由逻辑图和状态图可知：利用模 10 计数器的第 7 个状态 110 产生清零信号，去掉模 10 计数器最后的 4 个状态，取 $Q_C Q_B Q_A$ 为输出，实现六进制计数器。根据状态图画出的波形图如图 5-41 所示。

在波形图中可以看到：第 6 个计数脉冲作用后，由状态 110 产生清零信号，即刻使计数器回到 000 状态，因而 110 状态只有较短的一瞬间。

2．反馈置数法

【例 5.11】　利用 74161 的置数方式，设计九进制计数器电路。

解：方法一，利用置数方式，舍掉计数序列最后几个状态，构成九进制计数器。

要构成九进制计数器，应保留计数序列 0000 ~ 1000 9 个状态，舍掉 1001 ~ 1111 7 个状态。具体步骤是，利用与非门对第 9 个输出状态 1000 译码，产生置数控制信号。并送至 LD 端，置数的输入数据为 0000。这样，在下一个时钟脉冲上升沿到达时，计数器置入 0000 状态，使计数器按九进制计数。具体逻辑电路如图 5-42(a)所示，状态图如图 5-42(b)所示。

方法二，利用置数方式，舍掉计数序列前面几个状态，构成九进制计数器。

具体步骤是，利用与非门将计数到 1111 状态时产生的进位信号译码，并送至 LD 端，将数据输入端置成 0111 状态。因而，计数器在下一个时钟脉冲正跳沿到达时置入 0111 状态，电路从 0111 开始加 1 计数，当第 8 个时钟脉冲 CP 作用后电路到达 1111 状态，此时 $RCO = ET \cdot Q_D \cdot Q_C \cdot Q_B \cdot Q_A = 1$，$LD = 0$，在第 9 个 CP 脉冲作用后，$Q_D Q_C Q_B Q_A$ 被置成 0111 状态，电路进入新的一轮计数周期。具体逻辑电路如图 5-43(a)所示，状态图如图 5-43(b)所示。

3．级联法

当 $M < N$ 时，需用两片以上集成计数器才能连接成任意进制计数器，这时要用级联法。下面介绍几种常用的级联构成 N 进制计数器的方法。

（1）几片集成计数器级联

图 5-44 所示是用两片集成计数器 74LS90 级联构成的五十进制计数器。

在图 5-44 中，片 A 接成五进制计数器，片 B 接成十进制计数器，级联后即为五十进制的计数器。计数脉冲直接输入到片 B，片 B 的最高位接到片 A 的 CP 输入端，所以这种接法属于异步

图 5-41　例 5.10 的波形图

级联方式。

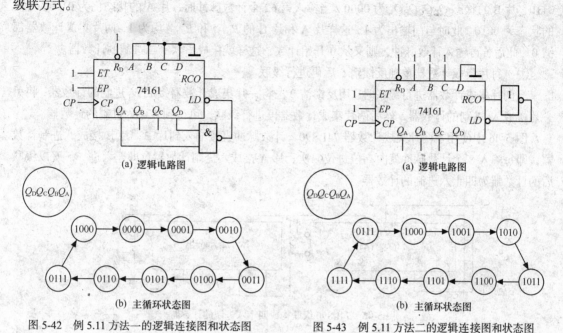

图 5-42 例 5.11 方法一的逻辑连接图和状态图

图 5-43 例 5.11 方法二的逻辑连接图和状态图

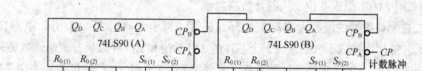

图 5-44   74LS90 级联构成五十进制的计数器

片 B 是逢十进一，当第 9 个计数脉冲输入时，片 B 的状态 $Q_DQ_CQ_BQ_A$ 为 1001；当第 10 个计数脉冲输入时，B 片的状态由 1001 变为 0000，此时最高位 Q_D 由 1 变 0，从而为片 A 提供了计数脉冲。

采用这种级联法构成的计数器，其容量为几个计数器进制（或模）的乘积。用两片 74LS90 可以接成二十进制、二十五进制、五十进制和一百进制的计数器。

（2）几片集成计数器级联后再反馈清 0

若几片集成计数器级联后再进行反馈清 0 的话,可以更灵活地组成任意进制的计数器。图 5-45 中使用了两片 74LS90，每片都接成十进制计数器，级联后再采取反馈清 0 措施就构成了六十二进制的计数器。计数脉冲直接输入到片 B，当输入第 60 个计数脉冲时，片 A 的状态 $Q_DQ_CQ_BQ_A$ 为

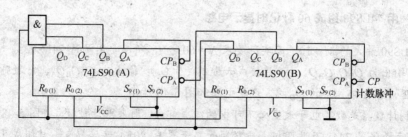

图 5-45   74LS90 级联构成六十二进制的计数器

0110，片 B 的状态 $Q_D Q_C Q_B Q_A$ 为 0000。当输入第 62 个计数脉冲时，片 A 的状态仍为 0110，片 B 的状态为 0010。此时与门输出为 1，这样片 A 和片 B 的 $R_{0(1)}$ 和 $R_{0(2)}$ 均为 1，两片集成计数器都清 0。此后若再输入计数脉冲，则又从 0 开始计数，这样就接成了六十二进制的计数器。

（3）每片集成计数器单独反馈清 0 后再进行级联

当两片集成计数器进行级联时，用反馈清 0 法将一片集成计数器接成 N_1 进制的计数器，将另一片接成 N_2 进制的计数器，然后两片集成计数器再进行级联，可得到 $N_1 \times N_2$ 进制的计数器。

图 5-46 中使用了两片集成计数器 74LS90。计数脉冲直接输入到片 B，片 B 接成八进制计数器，即每输入 8 个计数脉冲就向高位进位一次；片 A 接成六进制计数器，即逢六进一。所以级联后的计数器为四十八进制的计数器。

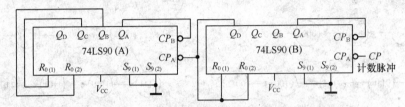

图 5-46　74LS90 级联构成四十八进制的计数器

【例 5.12】用 74161 组成 8 位二进制计数器。

解： 8 位二进制计数器的模数为 $N = 2^8 = 256 > 16$，且 $256 = 16 \times 16$，所以要用 2 片 74161 组成，如图 5-47 所示。每片均接成十六进制，2 个芯片的 CP、R_D 和 LD 并接后分别与计数脉冲和高电平相接。低位芯片（片 1）始终处于计数方式，其使能端 $ET = EP = 1$；高位芯片（片 2）只有在片 1 从 0000 状态计至 1111 状态后，其 $RCO = 1$ 时，才进入计数方式，否则为保持方式，因而其使能端 $ET = EP$ 接至片 1 的 RCO 端。这样，低位芯片每计 16 个脉冲，高位芯片计 1 个脉冲，当高位芯片计满 16 个脉冲，计数器完成 1 个周期的同步计数，共有 16×16 个状态。所以通过多个芯片的连接可以实现模数 N 大于芯片模数 $M = 16$ 的计数器。

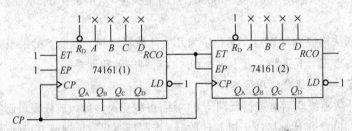

图 5-47　例 5.12 的连接图

【案例】 用 74LS90 组成 60 秒记时显示电路

由于 74LS90 最大的 $M = 10$，而实际要求 $N = 60 > M$，所以要用两片 74LS90。一片接成十进制（个位），输出为 $Q_D Q_C Q_B Q_A$ 另一片接成六进制（十位），输出为 $Q_C Q_B Q_A$，计数脉冲接片 1 的 CP_A 端，片 2 的 CP_A 接片 1 的 Q_D 端，逻辑电路如图 5-48 所示。

六十进制计数器是数字电子表里必不可少的组成部分，用来累计秒数。将图 5-48 所示电路与 BCD-七段显示译码器 7448 及共阴极七段数码管显示器 BS201A 连接起来，就组成了数字电子表里 60 秒计数、译码及显示电路，如图 5-49 所示。

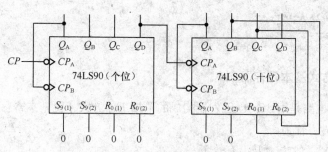

图 5-48 74LS90 组成六十进制计数器

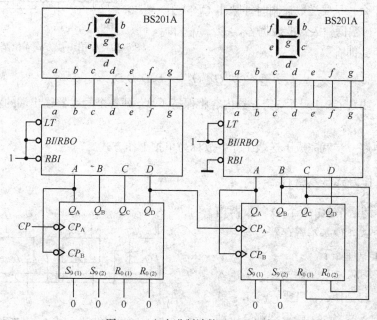

图 5-49 六十进制计数及显示电路

5.5 寄存器

数字电路中用来存放二进制数据或代码的电路称为寄存器。寄存器是一种基本时序逻辑电路。任何现代数字系统都必须把需要处理的数据和代码先寄存起来，以便随时取用。寄存器是由具有存储功能的触发器组合起来构成的。一个触发器可以存储 1 位二进制代码，存放 n 位二进制代码的寄存器，需用 n 个触发器来构成。

按照功能的不同，可将寄存器分为基本寄存器和移位寄存器两大类。基本寄存器又称为数码寄存器，其数据只能并行送入，需要时也只能并行输出。移位寄存器中的数据可以在移位脉冲作用下依次逐位右移或者左移，其数据既可以并行输入、并行输出，也可以串行输入、串行输出，还可以并行输入、串行输出，串行输入、并行输出，十分灵活，用途也很广泛。

寄存器有单拍工作方式和双拍工作方式。单拍工作方式就是时钟脉冲触发沿一到达就存入新数据。双拍工作方式则先将寄存器置 0，然后再存入新数据。现在大多采用单拍工作方式。

按照所用开关元件的不同，寄存器又有 TTL 寄存器和 CMOS 寄存器等。

5.5.1 基本寄存器

1. 单拍工作方式基本寄存器

如图 5-50 所示电路是由 4 个 D 触发器构成的单拍工作方式 4 位基本寄存器。

D 触发器的特性方程为

$$Q^{n+1} = D \quad (CP\ \text{上升沿有效})$$

所以，在如图 5-50 所示的电路中，无论寄存器中原来的内容是什么，只要送数控制时钟脉冲 CP 上升沿到来，加在并行数据输入端的数据 $D_0 \sim D_3$，就立即被送入寄存器中，即有

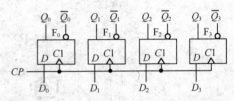

图 5-50　单拍工作方式 4 位基本寄存器逻辑图

$$Q_3^{n+1} Q_2^{n+1} Q_1^{n+1} Q_0^{n+1} = D_3 D_2 D_1 D_0$$

此后只要不出现 CP 上升沿，寄存器内容将保持不变，即各个触发器输出端的状态与 D 无关，都将保持不变。

由于这种电路一步就完成了送数工作，故称为单拍工作方式。

2. 双拍工作方式基本寄存器

图 5-51 所示电路是由 4 个 D 触发器构成的双拍工作方式 4 位基本寄存器。

电路的工作原理如下。

（1）清零。$\overline{CR} = 0$，异步清零。无论寄存器中原来的内容是什么，只要 $\overline{CR} = 0$，就立即通过异步输入端将 4 个触发器都复位到 0 状态，即有

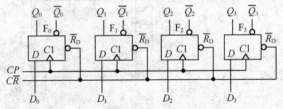

图 5-51　双拍工作方式 4 位基本寄存器逻辑图

$$Q_3^n Q_2^n Q_1^n Q_0^n = 0000$$

（2）送数。当 $\overline{CR} = 1$ 时，CP 上升沿送数。无论寄存器中原来存储的内容是什么，在 $\overline{CR} = 1$ 时，只要送数控制时钟脉冲 CP 上升沿到来，加在并行数据输入端的数据 $D_0 \sim D_3$，就立即被送入寄存器中，即有

$$Q_3^{n+1} Q_2^{n+1} Q_1^{n+1} Q_0^{n+1} = D_3 D_2 D_1 D_0$$

（3）保持。在 $\overline{CR} = 1$、CP 上升沿以外的时间，寄存器内容将保持不变。

由于这种电路需要两个步骤才能完成送数工作，所以称为双拍工作方式。

5.5.2 移位寄存器

移位寄存器除了具有存储数据的功能外，还可将所存储的数据逐位（由低位向高位或由高位向低位）移动。按照在移位控制时钟脉冲 CP 作用下移位情况的不同，移位寄存器又分为单向移位寄存器和双向移位寄存器两大类。

1. 单向移位寄存器

图 5-52 所示电路是用 4 个 D 触发器构成的 4 位右移移位寄存器，这是一个同步时序逻辑电路。

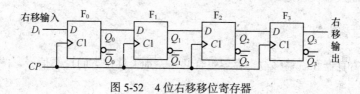

图 5-52　4 位右移移位寄存器

由图 5-52 可得驱动方程为

$$D_0 = D_i \qquad D_1 = Q_0^n \qquad D_2 = Q_1^n \qquad D_3 = Q_2^n$$

状态方程为

$$Q_0^{n+1} = D_i \qquad Q_1^{n+1} = Q_0^n$$
$$Q_2^{n+1} = Q_1^n \qquad Q_3^{n+1} = Q_2^n$$

假设各个触发器的初始状态均为 0，即 $Q_3^n Q_2^n Q_1^n Q_0^n = 0000$。根据状态方程和假设的初始状态，可列出如表 5-12 所示的状态表。状态表生动具体地描述了右移移位过程。当连续输入 4 个 1 时，D_i 经 F_0 在 CP 上升沿操作下，依次被移入寄存器中，经过 4 个 CP 脉冲，寄存器变成全 1 状态，即 4 个 1 右移输入完毕。再连续输入 4 个 0，4 个 CP 脉冲之后，寄存器变成全 0 状态。

表 5-12　　　　　　　　　　　单向移位寄存器状态表

D_i	CP	Q_0^n	Q_1^n	Q_2^n	Q_3^n	Q_0^{n+1}	Q_1^{n+1}	Q_2^{n+1}	Q_3^{n+1}	说　　明
1	↑	0	0	0	0	1	0	0	0	
1	↑	1	0	0	0	1	1	0	0	
1	↑	1	1	0	0	1	1	1	0	连续输入 4 个 1
1	↑	1	1	1	0	1	1	1	1	
0	↑	1	1	1	1	0	1	1	1	
0	↑	0	1	1	1	0	0	1	1	
0	↑	0	0	1	1	0	0	0	1	连续输入 4 个 0
0	↑	0	0	0	1	0	0	0	0	

图 5-53 所示是 4 位左移移位寄存器。其工作原理与右移移位寄存器没有本质区别，只是因为连接相反，所以移位方向也就由自左向右变为由右至左。

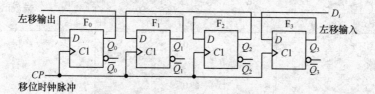

图 5-53　4 位左移移位寄存器

综上所述，单向移位寄存器具有以下主要特点。

（1）单向移位寄存器中的数码，在 CP 脉冲操作下，可以依次右移或左移。

（2）n 位单向移位寄存器可以寄存 n 位二进制代码。n 个 CP 脉冲即可完成串行输入工作，此后可从 $Q_0 \sim Q_{n-1}$ 端获得并行的 n 位二进制数码，再用 n 个 CP 脉冲又可实现串行输出操作。

（3）若串行输入端状态为 0，则 n 个 CP 脉冲后，寄存器便被清零。

2．双向移位寄存器

把左移移位寄存器和右移移位寄存器组合起来，加上移位方向控制信号，便可方便地构成双向移位寄存器。

图 5-54 所示电路是一个 4 位双向移位寄存器。图中 M 是移位方向控制信号，D_{SR} 是右移串行输入端，D_{SL} 是左移串行输入端，$Q_0 \sim Q_3$ 是并行数据输出端，CP 是移位脉冲。

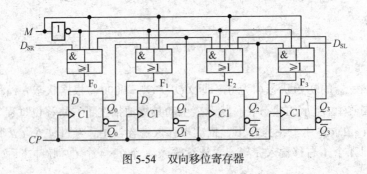

图 5-54　双向移位寄存器

其实，图 5-54 中的 4 个与或门构成了 4 个 2 选 1 数据选择器，其输出就是送给相应 D 触发器的同步输入信号。

图 5-54 所示电路具有双向移位功能，当 $M=0$ 时右移，$M=1$ 时左移。

3．集成移位寄存器

74LS194 是个多功能移位寄存器，由 4 个 D 触发器及它们的输入控制电路组成。

除有 4 个并行数据输入端 $D_0 \sim D_3$ 外，还有 2 个控制信号输入端 M_0、M_1，它们有 4 种组态，如表 5-13 所示，完成左移、右移、并入和保持 4 种功能，逻辑图如图 5-55(a)所示，引脚图如图 5-55(b)所示。其中左移和右移两项是指串行输入，数据分别从左移输入端 D_{SL} 和右移输入端 D_{SR} 送入寄存器，R_D 为异步清零输入端，表 5-14 是 74LS194 的功能表。

表 5–13　　　　　　　　　　74LS194 控制信号功能表

控制信号组态		完成的功能
M_1	M_0	
0	0	保　持
0	1	右　移
1	0	左　移
1	1	并行输入

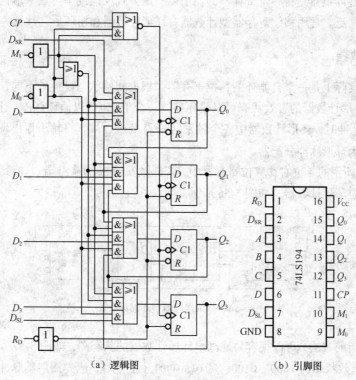

（a）逻辑图　　　　　　　　　（b）引脚图

图 5-55　74LS194 的逻辑图和引脚图

表 5-14　　　　　　　　　　　　　　74LS194 的功能表

序号	清零 R_D	输　入										输　出			
		控制信号		串行输入		时钟 CP	并　行　输　入				Q_0	Q_1	Q_2	Q_3
		M_1	M_0	左移 D_{SL}	右移 D_{SR}		D_0	D_1	D_2	D_3				
1	0	×	×	×	×	×	×	×	×	×	0	0	0	0
2	1	×	×	×	×	1（0）	×	×	×	×	Q_0	Q_1	Q_2	Q_3
3	1	1	1	×	×	↑	D_0	D_1	D_2	D_3	D_0	D_1	D_2	D_3
4	1	1	0	1	×	↑	×	×	×	×	Q_1	Q_2	Q_3	1
5	1	1	0	0	×	↑	×	×	×	×	Q_1	Q_2	Q_3	0
6	1	0	1	×	1	↑	×	×	×	×	1	Q_0	Q_1	Q_2
7	1	0	1	×	0	↑	×	×	×	×	0	Q_0	Q_1	Q_2
8	1	0	0	×	×	×	×	×	×	×	Q_0	Q_1	Q_2	Q_3

　　功能表第 1 行表示寄存器异步清零，第 2 行表示当 $R_D = 1$，$CP = 1$（或 0）时，寄存器处于原来状态，第 3 行表示为同步并行输入，第 4、5 行为串行输入左移，第 6、7 行为串行输入右移，第 8 行为保持状态。

5.5.3　寄存器的应用

　　寄存器的应用很广，特别是移位寄存器，不仅可将串行数码转换成并行数码，或将并行数码转换成串行数码，还可以很方便地构成移位寄存器型计数器和顺序脉冲发生器等电路。下面介绍移位寄存器型计数器的构成和工作原理。

移位寄存器型计数器是将移位寄存器的输出以一定方式反馈到串行输入端构成的，编码独具特色，用途极为广泛。常用移位寄存器型计数器有环形计数器和扭环形计数器。

1. 环形计数器

环形计数器实际上是一个自循环的移位寄存器。根据初始状态设置的不同，在输入计数脉冲 CP 的作用下，环形计数器的有效状态可以循环移位一个 1，也可以循环移位一个 0。也就是说，当连续输入 CP 脉冲时，环形计数器中各个触发器的 Q 端或 $\overline{Q}$ 端，将轮流地出现矩形脉冲，所以环形计数器又称为环形脉冲分配器。

在如图 5-52 所示的 4 位右移移位寄存器中，若把触发器 F_3 的输出端 Q_3 接到 F_0 的输入端 D_0，便构成了一个 4 位环形计数器，如图 5-56 所示。

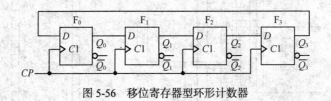

图 5-56 移位寄存器型环形计数器

利用逻辑分析的方法，可以很容易地画出环形计数器的状态图，如图 5-57 所示。这里选用循环移位一个 1，有效状态为 1000、0100、0010、0001。工作时，应先用启动脉冲将计数器置入有效状态，如 1000，然后才能加 CP。

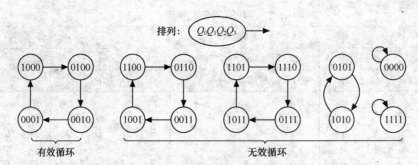

图 5-57 环形计数器的状态图

由状态图可知，这种计数器不能自启动。若电路由于某种原因而进入了无效状态，计数器就将一直工作在无效状态，只有重新启动，才能回到有效状态。

图 5-58 所示是能自启动的 4 位环形计数器。利用逻辑分析的方法，可以画出电路的状态图，如图 5-59 所示。

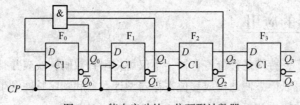

图 5-58 能自启动的 4 位环形计数器

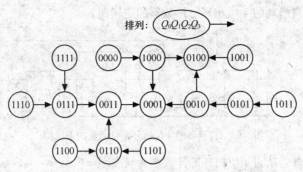

图 5-59 能自启动的 4 位环形计数器状态图

图 5-60 所示是由集成 4 位双向移位寄存器 74LS194 构成的能自启动的 4 位环形计数器。

当启动信号输入一低电平时，使与非门 G_2 输出为 1，从而 $M_1M_0 = 11$，寄存器执行并行输入功能，$Q_0Q_1Q_2Q_3 = D_0D_1D_2D_3 = 0111$。启动信号撤销后，由于 $Q_0 = 0$，使与非门 G_1 的输出为 1，与非门 G_2 的输出为 0，$M_1M_0 = 01$，开始执行循环右移操作。在移位过程中，与非门 G_1 的输入端总有一个为 0，因此总能保持与非门 G_1 的输出为 1，与非门 G_2 的输出为 0，维持 $M_1M_0 = 01$，使移位不断进行下去。这里选用循环移位一个 0，时序图如图 5-61 所示。

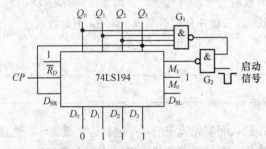

图 5-60 74LS194 构成 4 位环形计数器连接图

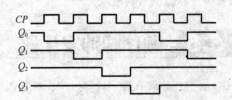

图 5-61 4 位环形计数器时序图

环形计数器的缺点是状态利用率低，记 n 个数需要 n 个触发器，使用触发器多。

2. 扭环形计数器

扭环形计数器与环形计数器相比，电路结构上的差别仅在于扭环形计数器最低位的输入信号取自最高位的 $\overline{Q}$ 端，而不是 Q 端。图 5-62 所示为 4 位扭环形计数器的逻辑图。

图 5-63 所示为 4 位扭环形计数器的状态图。

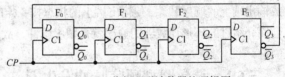

图 5-62 4 位扭环形计数器的逻辑图

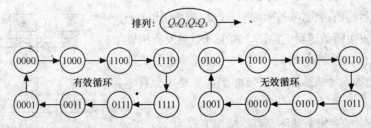

图 5-63 4 位扭环形计数器的状态图

图 5-64 所示是能自启动的 4 位扭环形计数器的逻辑图。

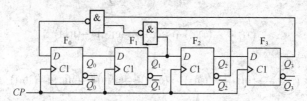

图 5-64　自启动的 4 位扭环形计数器的逻辑图

图 5-65 所示为能自启动的 4 位扭环形计数器的状态图。

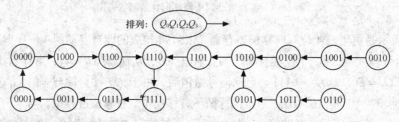

图 5-65　自启动的 4 位扭环形计数器的状态图

扭环形计数器的特点是计数器每次状态变化时仅有一个触发器翻转，因此译码时不存在竞争冒险。其缺点是仍然没有能够利用触发器的所有状态，n 位扭环形计数器只有 $2n$ 个有效状态，有 2^n-2n 个状态没有利用。

5.6　顺序脉冲发生器

在数控装置和数字计算机中，往往需要机器按照人们事先规定的顺序进行运算或操作，这就要求机器的控制部分不仅能正确地发出各种控制信号，而且要求这些控制信号在时间上有一定的先后顺序。通常采取的方法是，用一个顺序脉冲发生器来产生时间上有先后顺序的脉冲，以控制系统各部分协调地工作。

顺序脉冲发生器也称脉冲分配器或节拍脉冲发生器，一般由计数器（包括移位寄存器型计数器）和译码器组成。作为时间基准的计数脉冲由计数器的输入端送入，译码器即将计数器状态译成输出端上的顺序脉冲，使输出端上的状态按一定时间、一定顺序轮流为 1，或者轮流为 0。显然，前面介绍过的环形计数器的输出就是顺序脉冲，故不加译码电路即可直接作为顺序脉冲使用。

5.6.1　计数器型顺序脉冲发生器

计数器型顺序脉冲发生器一般用按自然态序计数的二进制计数器和译码器构成。图 5-66 所示是一个能循环输出 4 个脉冲的顺序脉冲发生器的逻辑电路图。两个 JK 触发器构成一个 4 进制即 2 位二进制计数器；4 个与门构成了 2 位二进制译码器；CP 是输入计数脉冲；Y_0、Y_1、Y_2、Y_3 是 4 个顺序脉冲输出端。

由图 5-66 所示的逻辑电路图，可得输出方程为

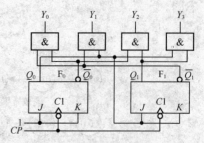

图 5-66　计数器型顺序脉冲发生器

$$Y_0 = \overline{Q}_1^n \overline{Q}_0^n$$

$$Y_1 = \overline{Q}_1^n Q_0^n$$

$$Y_2 = Q_1^n \overline{Q}_0^n$$

$$Y_3 = Q_1^n Q_0^n$$

状态方程为

$$Q_0^{n+1} = \overline{Q}_0^n \qquad Q_1^{n+1} = Q_0^n \overline{Q}_1^n + \overline{Q}_0^n Q_1^n$$

根据输出方程、状态方程及时钟方程 $CP_0 = CP_1 = CP$，可画出如图 5-67 所示的时序图。由时序图可见，图 5-66 所示电路是一个 4 输出顺序脉冲发生器。

如果用 n 位二进制计数器，由于有 2^n 个不同的状态，则经过译码器译码后，可获得 2^n 个顺序脉冲。

图 5-68 所示是用集成计数器 74LS163 和集成 3/8 线译码器 74LS138 构成的 8 个输出的顺序脉冲发生器。如果用两片 74LS138 构成 4/16 线译码器，则得到的是 16 个输出的顺序脉冲发生器。

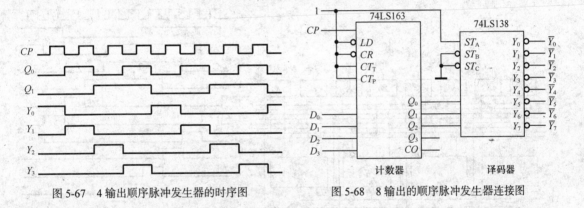

图 5-67　4 输出顺序脉冲发生器的时序图　　　　图 5-68　8 输出的顺序脉冲发生器连接图

计数型顺序脉冲发生器状态利用率高，但由于每次 CP 信号到来时，可能有两个或两个以上的触发器翻转，因此会产生竞争冒险，需要采取措施消除。

5.6.2　移位型顺序脉冲发生器

移位型顺序脉冲发生器由移位寄存器型计数器加译码电路构成。其中环形计数器的输出就是顺序脉冲，故不加译码电路就可直接作为顺序脉冲发生器，逻辑电路图如图 5-60 和图 5-62 所示。环形计数器每次 CP 信号到来时只有一个触发器翻转，没有竞争冒险问题，但状态利用率很低。

另外一种构成 4 位环形计数器的电路如图 5-69 所示，也可以作为顺序脉冲发生器使用。

在 M_1 端加预置脉冲，将寄存器初始状态预置成 $Q_0Q_1Q_2Q_3 = 1000$。预置脉冲结束后，寄存器处于右移工作方式。伴随着时钟脉冲 CP 的上升沿，寄存器的内容顺次右移一位，最右边的一位信息 Q_3 通过 D_{SR} 端移入 Q_0。4 个 CP 一个循环，经历 4 个状态，它们分别是 1000、0100、0010 和 0001，其时序图如图 5-69(b) 所示。

实际工作中，还可以用扭环形计数器和译码器构成移位型顺序脉冲发生器。

图 5-70 所示是一个由 4 位扭环形计数器和译码器构成的 8 个输出的移位型顺序脉冲发生器。

该电路的时序图如图 5-71 所示。由时序图可知，图 5-70 所示电路为一个 8 输出顺序脉冲发生器。

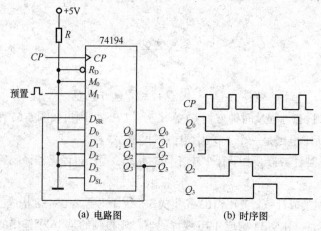

(a) 电路图　　　　　　　　(b) 时序图

图 5-69　74194 构成 4 位环形计数器

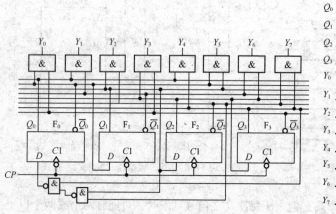

图 5-70　8 输出的移位型顺序脉冲发生器

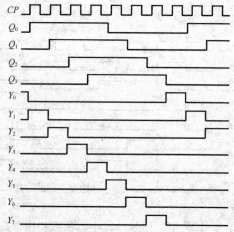

图 5-71　8 输出移位型顺序脉冲发生器的时序图

由扭环形计数器和译码器构成的顺序脉冲发生器，计数器部分电路连接简单，译码器部分用 2 输入与门即可，而且由于每次 CP 信号到来时，计数器中只有一个触发器改变状态，所以译码器无竞争冒险问题，其缺点是电路状态利用率仍然不高，有效状态数只是触发器数的两倍。

【案例】移位寄存器应用——流水彩灯

移位寄存器在移位脉冲的作用下内部数据从低位向高位"流动"，将移位寄存器的各级状态直接显示出来就形成"流水彩灯"。

图 5-72 为流水彩灯的电路，移位寄存器使用 74ACT164，由于 ACT 系列器件的灌电流驱动能力为 24mA，因此可以使用 74ACT164 直接驱动发光二极管（74ACT164 的逻辑功能与 74LS164 相同，相关逻辑功能及控制请查阅有关资料）。图中的 IC_1 与 IC_2 用的是 555 芯片，该部分电路的作用主要是产生脉冲波形（有关脉冲波形产生的内容将在后续章节中介绍）。

为了增加流水彩灯的显示长度，每一个输出点使用两只发光二极管同时发光显示。电路中 IC_2

为移位脉冲发生器，其振荡频率影响流水彩灯的流动速度，频率越高流动速度越快，调整 RP1 可改变流动速度。IC_1 控制流动段长度，当振荡频率为 IC_2 的 1/5 时流水彩灯流动段长度为五组灯，流动段中亮、灭比例取决与 IC_1 振荡电路的占空比，因此调节 IC_1 的频率和占空比就能改变流水彩灯的显示方式。振荡器输出波形与发光二极管的状态如图 5-73 所示。

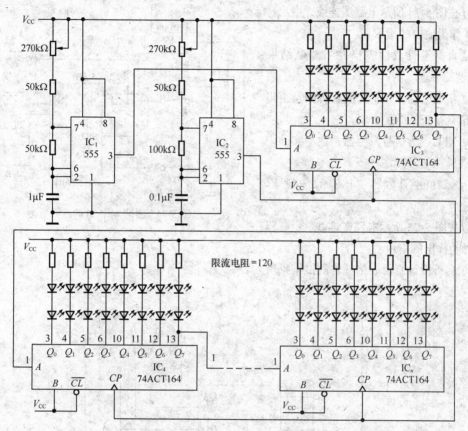

图 5-72　移位寄存器应用——流水彩灯电路图

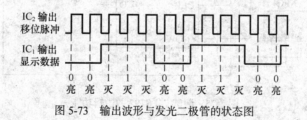

图 5-73　输出波形与发光二极管的状态图

5.7　仿真实训：仿真测试时序逻辑电路

一、实训的目的和任务

1. 掌握常用计数器、寄存器逻辑功能及测试方法

2. 熟悉仿真软件 Multisim 8 的使用

3. 仿真测试中规模应用时序电路

二、实训内容

1. 测试异步计数器 74LS90 的逻辑功能

（1）按图 5-74 所示电路图连线，指示灯 X1～X4 作为输出的指示。

（2）自行设计真值表格并将测试结果填入。

（3）集成电路 74LS90 的管脚图及逻辑功能，请自行查阅有关资料。

（4）XFG1 为信号发生器，在本实训中产生方波脉冲信号。

2. 测试可逆计数器 74LS192 的逻辑功能

（1）按图 5-75 所示电路图连线，示波器 XSC1 作为输出的指示。

（2）自行设计真值表格并将测试结果填入。

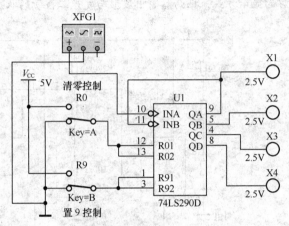

图 5-74　测试 74LS90 的逻辑功能

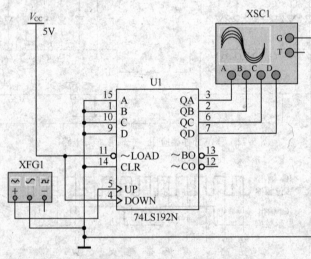

图 5-75　测试 74LS192 的逻辑功能

（3）集成电路 74LS192 的管脚图及逻辑功能，请自行查阅有关资料。

（4）XFG1 为信号发生器，在本实训中产生方波脉冲信号。

3. 测试中规模时序电路—60 循环控制电路的逻辑功能

（1）按图 5-76 所示电路图连线，7 段 LED 显示字段 U3、U4 作为输出的指示。

（2）自行设计真值表格并将测试结果填入。

（3）集成电路 74LS90 的连接及 60 循环控制的原理，自行查阅有关资料并分析工作过程。

（4）XFG1 为信号发生器，在本实训中产生方波脉冲信号。

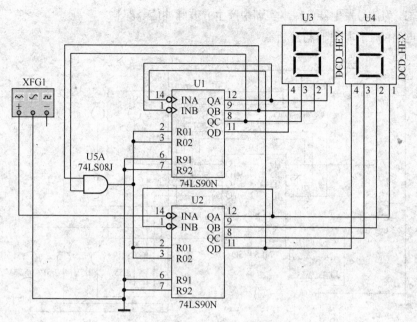

图 5-76 测试 60 循环控制电路的逻辑功能

4. 测试双向移位积存器 74LS194 的逻辑功能

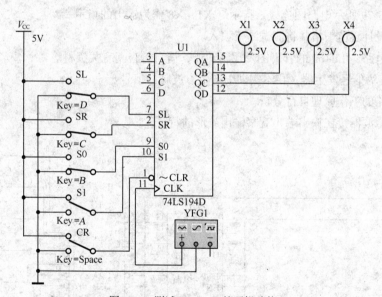

图 5-77 测试 74LS194 的逻辑功能

（1）按图 5-77 所示电路图连线，指示灯 X1～X4 作为输出的指示。

（2）自行设计真值表格并将测试结果填入。

（3）集成电路 74LS194 的管脚图及逻辑功能，请自行查阅有关资料。

5. 测试扭环型计数器—灯光控制电路

（1）按图 5-78 所示电路图连线，指示灯 X1～X8 作为输出的指示。

（2）自行设计真值表格并将测试结果填入。

（3）集成电路 74LS175 的管脚图及逻辑功能，请自行查阅有关资料。

（4）XFG1 为信号发生器，在本实训中产生方波脉冲信号。

（5）该电路的工作原理自行分析。

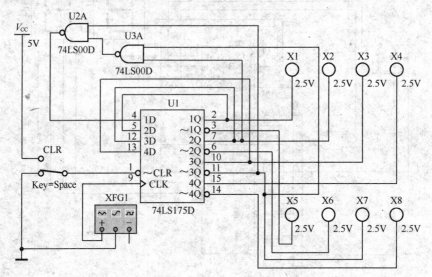

图 5-78 测试扭环型计数器—灯光控制电路

6. 测试 8 输出顺序脉冲发生器

（1）按图 5-79 所示电路图连线，指示灯 X1 ~ X8 作为输出的指示。

（2）自行设计真值表格并将测试结果填入。

（3）集成电路 74LS163 的管脚图及逻辑功能，请自行查阅有关资料。

（4）XFG1 为信号发生器，在本实训中产生方波脉冲信号。

（5）该电路的工作原理自行分析。

（6）可将示波器接在输出端，观察输出波形的特征。

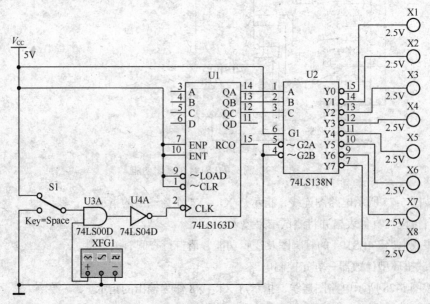

图 5-79 测试 8 输出顺序脉冲发生器

小结

1. 时序电路的特点是：在任何时刻的输出不仅和输入有关，而且还决定于电路原来的状态。为了记忆电路的状态，时序电路必须包含有存储电路。存储电路通常以触发器为基本单元构成电路。时序电路可分为同步时序电路和异步时序电路两类。它们的主要区别是，前者的所有触发器受同一时钟脉冲控制，而后者的各触发器则受不同的脉冲源控制。

2. 时序电路的逻辑功能可用逻辑图、状态方程、驱动方程、输出方程、状态转换表、状态转换图和时序图等方法来描述。时序电路分析的关键是求出状态方程和状态转换真值表，由此可分析出时序逻辑电路的功能。根据状态转换真值表可画出状态转换图和时序图。

3. 同步时序逻辑电路的设计主要分 3 个步骤：根据设计要求画出状态转换图、进行状态化简、列出状态转换真值表；根据状态转换真值表用卡诺图求出输出方程、各触发器的状态方程，由此求出驱动方程；根据驱动方程和输出方程画出所求同步时序逻辑电路的逻辑图。

4. 寄存器分为基本寄存器和移位寄存器两大类。基本寄存器的数据只能并行输入、并行输出。移位寄存器中的数据可以在移位脉冲作用下逐位右移或左移，数据可以并行输入、并行输出，串行输入、串行输出，并行输入、串行输出，串行输入、并行输出。

5. 集成移位寄存器使用方便、功能齐全、输入和输出方式灵活，功能表是其正确使用的依据。用移位寄存器可方便地组成计数器、顺序脉冲发生器。

6. 计数器是一种应用十分广泛的时序电路，按计数进制分有二进制计数器、十进制计数器和任意进制计数器。按计数增减分有加法计数器、减法计数器和加/减计数器。按触发器翻转是否同步分有同步计数器和异步计数器。

7. 中规模集成计数器功能完善，使用方便灵活。功能表是其正确使用的依据。用中规模集成计数器可方便地构成 N 进制（任意进制）计数器。主要方法有以下两种：用异步清 0 功能获得 N 进制计数器时，应根据 N 对应的二进制代码写反馈识别码。用同步清 0 功能获得 N 进制计数器时，应根据 $N-1$ 对应的二进制代码写反馈识别码。当需扩大计数器的计数容量时，可用多片集成计数器进行级联。

习题

5-1 试分析如图 5-80 所示时序逻辑电路的逻辑功能。写出它的驱动方程、状态方程、输出方程，列出状态转换真值表，并画出 Q_0、Q_1、Q_2 和 CO 的波形图。

5-2　试分析图题 5-81 所示时序电路，列出状态表，画出状态图。

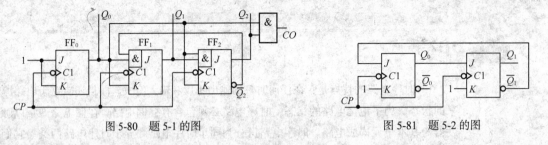

图 5-80　题 5-1 的图　　　　　　　图 5-81　题 5-2 的图

5-3　分析图 5-82 所示同步时序电路，写出各触发器的驱动方程、电路的状态方程，列出状态表，画出状态图，并指出电路的功能。

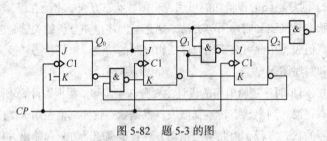

图 5-82　题 5-3 的图

5-4　分析图 5-83 所示电路，写出它的驱动方程、状态方程和输出方程，画出状态图。

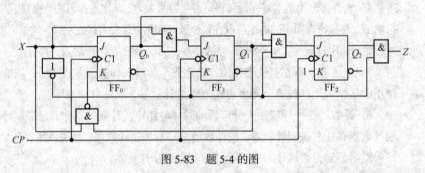

图 5-83　题 5-4 的图

5-5　试画出图 5-84 所示时序电路的状态转换图，并画出对应于 CP 的 Q_1、Q_0 和输出 Z 的波形，设电路的初始状态为 00。

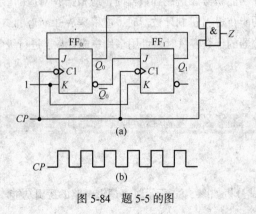

(a)

(b)

图 5-84　题 5-5 的图

5-6 试分析图 5-85 所示时序电路,列出状态表,画出状态图。

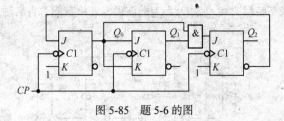

图 5-85 题 5-6 的图

5-7 试分析图 5-86 所示时序电路,列出状态表,画出状态图并指出电路存在的问题。

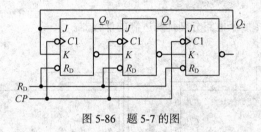

图 5-86 题 5-7 的图

5-8 试分析图 5-87 所示的时序电路,列出状态表,画出状态图。

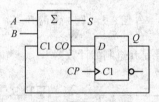

图 5-87 题 5-8 的图

5-9 试分析如图 5-88 所示时序逻辑电路的逻辑功能,写出它的驱动方程、状态方程和输出方程,并画出它的状态转换图和 Q_0、Q_1、Q_2 及 CO 的波形。

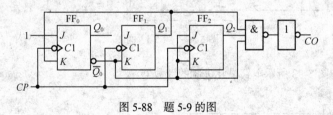

图 5-88 题 5-9 的图

5-10 试分析如图 5-89 所示时序逻辑电路的逻辑功能,写出它的输出方程、驱动方程、状态方程,列出状态表,并画出 Q_0、Q_1、Q_2 和 CO 的波形。

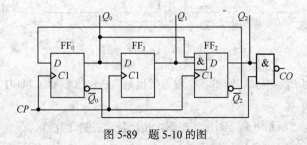

图 5-89 题 5-10 的图

5-11 试分析如图 5-90 所示时序逻辑电路的逻辑功能，写出时钟方程、驱动方程、状态方程，列出状态转换表，并画出状态转换图和 Q_0、Q_1、Q_2 的波形，并检查能否自启动。

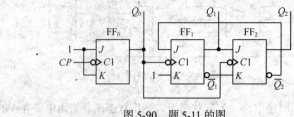

图 5-90 题 5-11 的图

5-12 试分析如图 5-91 所示电路分别是几进制的计数器。

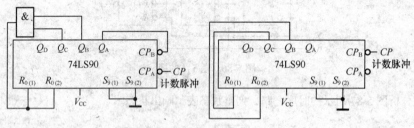

图 5-91 题 5-12 的图

5-13 试确定如图 5-92 所示电路是几进制的计数器。

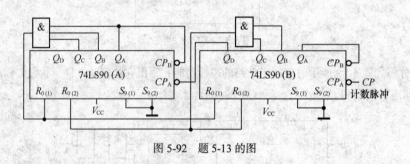

图 5-92 题 5-13 的图

5-14 试确定如图 5-93 所示电路是几进制的计数器。

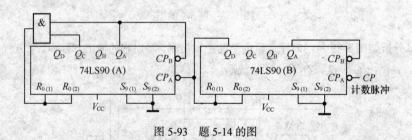

图 5-93 题 5-14 的图

5-15 分析图 5-94 所示电路，画出状态图，指出是几进制计数器（74161 与 74LS161 逻辑功能相同）。

5-16 分析图题 5-95 所示电路，画出状态图，指出是几进制计数器。

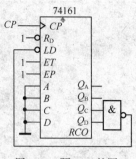

图 5-94　题 5-15 的图

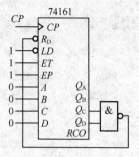

图 5-95　题 5-16 的图

5-17　分析图 5-96 所示电路，指出是几进制计数器。

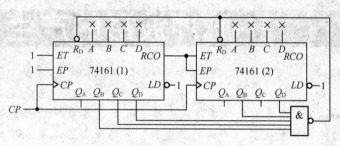

图 5-96　题 5-17 的图

5-18　分析图 5-97 所示电路，并指出是几进制计数器，图中 74160 是十进制计数器，使用方法与 74161 相同。

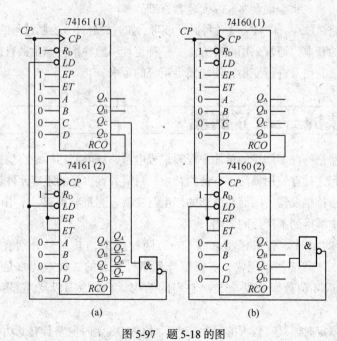

图 5-97　题 5-18 的图

5-19　用 74LS90 构成一个六十进制计数器。

5-20　用 74LS161 来构成一个六十进制计数器。

第6章

脉冲波形的产生与整形

【本章内容简介】本章以中规模集成电路 555 定时器为典型电路，主要讨论 555 定时器构成的施密特触发器、单稳态触发器、多谐振荡器以及 555 定时器的典型应用。

【本章重点难点】 重点是中规模集成电路 555 定时器原理及应用；难点是多谐振荡器、施密特触发器原理及应用。

【技能点】 中规模集成电路 555 定时器应用。

在数字电路系统中，常常需要各种脉冲波形，如时钟脉冲、控制过程的定时信号等。这些脉冲波形的获取，通常采用两种方法：一种是利用脉冲信号产生器直接产生；另一种则是通过对已有信号进行变换，使之满足系统的要求。

6.1 集成 555 定时器

555 定时器是一种多用途的单片中规模集成电路，该电路巧妙地将模拟功能与逻辑功能结合在一起，具有使用灵活、方便的特点，只需外接少量的阻容元件就可以构成单稳、多谐和施密特触发器，因而在波形的产生与变换、测量与控制、家用电器和电子玩具等许多领域中都得到了广泛的应用。

目前生产的定时器有双极型和 CMOS 两种类型，其型号分别有 NE555（或 5G555）和 C7555 等多种。通常，双极型产品型号最后的 3 位数码都是 555，CMOS 产品型号的最后 4 位数码都是 7555，它们的结构、工作原理以及外部引脚排列基本相同。

一般双极型定时器具有较大的驱动能力，而 CMOS 定时电路具有低功耗、输入阻抗高等优点。555 定时器工作的电源电压很宽，并可承受较大的负载电流。双极型定时器电源电压范围为 5~16 V，最大负载电流可达 200 mA；CMOS 定时器电源电压变化范围为 3~18 V，最大负载电流在 4mA 以下。

下面简单介绍 555 定时器的电路结构与工作原理。

1．555 定时器内部结构

（1）由 3 个阻值为 5 kΩ 的电阻组成的分压器。

（2）两个电压比较器 C_1 和 C_2（如图 6-1 所示）：

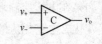

图 6-1　电压比较器示意图

$$v_+ > v_-,\quad v_O = 1;$$
$$v_+ < v_-,\quad v_O = 0。$$

（3）基本 RS 触发器。

（4）放电三极管 T 及缓冲器 G。

2．工作原理

555 定时器的电气原理图及其电路符号如图 6-2 所示。

当 5 脚悬空时，比较器 C_1 和 C_2 的比较电压分别为 $\frac{2}{3}V_{CC}$ 和 $\frac{1}{3}V_{CC}$。

（1）当 $v_{I1} > \frac{2}{3}V_{CC}$，$v_{I2} > \frac{1}{3}V_{CC}$ 时，比较器 C_1 输出低电平，C_2 输出高电平，基本 RS 触发器被置 0，放电三极管 VT 导通，输出端 v_O 为低电平。

（2）当 $v_{I1} < \frac{2}{3}V_{CC}$，$v_{I2} < \frac{1}{3}V_{CC}$ 时，比较器 C_1 输出高电平，C_2 输出低电平，基本 RS 触发器被置 1，放电三极管 VT 截止，输出端 v_O 为高电平。

（3）当 $v_{I1} < \frac{2}{3}V_{CC}$，$v_{I2} > \frac{1}{3}V_{CC}$ 时，比较器 C_1 输出高电平，C_2 也输出高电平，即基本 RS 触发器 $R = 1$，$S = 1$，触发器状态不变，电路亦保持原状态不变。

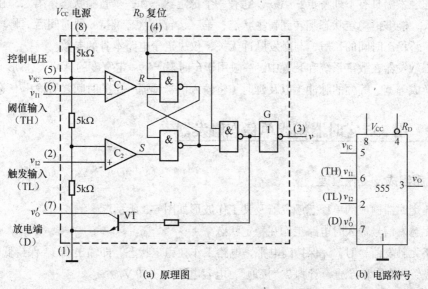

(a) 原理图　　　　　　　　(b) 电路符号

图 6-2　555 定时器的电气原理图和电路符号

由于阈值输入端（v_{I1}）为高电平（$> \frac{2}{3}V_{CC}$）时，定时器输出低电平，因此也将该端称为高触发端（TH）。

因为触发输入端（v_{I2}）为低电平（$< \frac{1}{3}V_{CC}$）时，定时器输出高电平，因此也将该端称为低触发端（TL）。

如果在电压控制端（5 脚）施加一个外加电压（其值在 $0 \sim V_{CC}$ 之间），比较器的参考电压将发生变化，电路相应的阈值、触发电平也将随之变化，并进而影响电路的工作状态。

另外，R_D 为复位输入端，当 R_D 为低电平时，不管其他输入端的状态如何，输出 v_O 为低电平，即 R_D 的控制级别最高。正常工作时，一般应将其接高电平。

综上所述，可得 555 定时器功能，如表 6-1 所示。

表 6-1　　　　　　　　　　　　555 定时器功能表

输　　入			输　　出	
高触发端 TH	低触发端 TL	复位（R_D）	输出（v_O）	放电管 T
X	X	0	0	导通
$> \frac{2}{3}V_{CC}$	$> \frac{1}{3}V_{CC}$	1	0	导通
$< \frac{2}{3}V_{CC}$	$< \frac{1}{3}V_{CC}$	1	1	截止
$< \frac{2}{3}V_{CC}$	$> \frac{1}{3}V_{CC}$	1	不变	不变

6.2　单稳态触发器

单稳态触发器具有下列特点：第一，它有一个稳定状态和一个暂稳状态；第二，在外来触发脉冲作用下，能够由稳定状态翻转到暂稳状态；第三，暂稳状态维持一段时间后，将自动返回到稳定状态。暂稳态时间的长短，与触发脉冲无关，仅决定于电路本身的参数。

单稳态触发器在数字系统和装置中，一般用于定时（产生一定宽度的脉冲）、整形（把不规则的波形转换成等宽、等幅的脉冲）以及延时（将输入信号延迟一定的时间之后输出）等。

6.2.1　用 555 定时器构成单稳态触发器

1. 电路组成及工作原理

用 555 定时器构成的单稳态触发器及其工作波形如图 6-3 所示。

（1）无触发信号输入时电路工作在稳定状态

当电路无触发信号时，v_I 保持高电平，电路工作在稳定状态，即输出端 v_O 保持低电平，555 内放电三极管 VT 饱和导通，管脚 7 "接地"，电容电压 v_C 为 0 V。

（2）v_I 下降沿触发

当 v_I 下降沿到达时，555 触发输入端（2 脚）由高电平跳变为低电平，电路被触发，v_O 由低电平跳变为高电平，电路由稳态转入暂稳态。

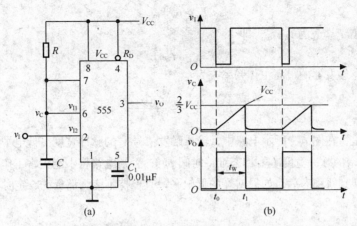

图 6-3　用 555 定时器构成的单稳态触发器及工作波形

（3）暂稳态的维持时间

在暂稳态期间，555 内放电三极管 VT 截止，V_{CC} 经 R 向 C 充电。其充电回路为 $V_{CC} \rightarrow R \rightarrow C$ $\rightarrow$ 地，时间常数 $\tau_1 = RC$，电容电压 v_C 由 0 V 开始增大，在电容电压 v_C 上升到阈值电压 $\frac{2}{3}V_{CC}$ 之前，电路将保持暂稳态不变。

（4）自动返回（暂稳态结束）时间

当 v_C 上升至阈值电压 $\frac{2}{3}V_{CC}$ 时，输出电压 v_O 由高电平跳变为低电平，555 内放电三极管 VT 由截止转为饱和导通，管脚 7 "接地"，电容 C 经放电三极管对地迅速放电，电压 v_C 由 $\frac{2}{3}V_{CC}$ 迅速降至 0 V（放电三极管的饱和压降），电路由暂稳态重新转入稳态。

（5）恢复过程

当暂稳态结束后，电容 C 通过饱和导通的三极管 VT 放电，时间常数 $\tau_2 = R_{CES}C$，式中 R_{CES} 是 VT 的饱和导通电阻，其阻值非常小，因此 τ_2 之值亦非常小。经过（3~5）τ_2 后，电容 C 放电完毕，恢复过程结束。

恢复过程结束后，电路返回到稳定状态，单稳态触发器又可以接收新的触发信号。

2．主要参数估算

（1）输出脉冲宽度 t_W

输出脉冲宽度就是暂稳态维持时间，也就是定时电容的充电时间，即

$$t_W \approx 1.1RC$$

上式说明，单稳态触发器输出脉冲宽度 t_W 仅决定于定时元件 R、C 的取值，与输入触发信号和电源电压无关，调节 R、C 的取值，即可方便的调节 t_W。

（2）恢复时间 t_{re}

一般取 $t_{re} = (3 \sim 5)\tau_2$，即认为经过 3~5 倍的时间常数电容就放电完毕。

（3）最高工作频率 f_{max}

若输入触发信号 v_I 是周期为 T 的连续脉冲时，为保证单稳态触发器能够正常工作，应满足下列条件

$$T > t_W + t_{re}$$

即 v_I 周期的最小值 T_{min} 应为 $t_W + t_{re}$，即

$$T_{min} = t_W + t_{re}$$

因此，单稳态触发器的最高工作频率应为

$$f_{max} = \frac{1}{T_{min}} = \frac{1}{t_W + t_{re}}$$

需要指出的是，在图 6-3 所示电路中，输入触发信号 v_I 的脉冲宽度（低电平的保持时间）必须小于电路输出 v_O 的脉冲宽度（暂稳态维持时间 t_W），否则电路将不能正常工作。因为当单稳态触发器被触发翻转到暂稳态后，如果 v_I 端的低电平一直保持不变，那么 555 定时器的输出端将一直保持高电平不变。

6.2.2　集成单稳态触发器

1. TTL 集成单稳态触发器 74121 的逻辑功能和使用方法

图 6-4(a)所示是 TTL 集成单稳态触发器 74121 的逻辑符号，图 6-4(b)所示是工作波形图。该器件是在普通微分型单稳态触发器的基础上附加以输入控制电路和输出缓冲电路而形成的。

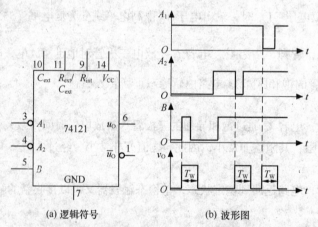

(a) 逻辑符号　　　　(b) 波形图

图 6-4　集成单稳态触发器 74121 的逻辑符号和波形图

它有两种触发方式：下降沿触发和上升沿触发。A_1 和 A_2 是两个下降沿有效的触发输入端，B 是上升沿有效的触发信号输入端。

v_O 和 $\overline{v_O}$ 是两个状态互补的输出端。R_{ext}/C_{ext}、C_{ext} 是外接定时电阻和电容的连接端，外接定时电阻 R_{ext}（阻值可在 1.4 ~ 40 kΩ 之间选择）应一端接 V_{CC}（引脚 14），另一端接引脚 11。外接定时电容 C（一般在 10pF ~ 10 μF 之间选择）一端接引脚 10，另一端接引脚 11 即可。若 C 是电解电容，则其正极接引脚 10，负极接引脚 11。74121 内部已经设置了一个 2 kΩ 的定时电阻，R_{int}（引脚 9）是其引出端，使用时只需将引脚 9 与引脚 14 连接起来即可，不用时则应使引脚 9 悬空。

表 6-2 是集成单稳态触发器 74121 的功能表，表中 1 表示高电平，0 表示低电平。

表 6-2   集成单稳态触发器 74121 的功能表

输 入			输 出		
A_1	A_2	B	v_O	$\overline{v_O}$	工作特征
0	×	1	0	1	
×	0	1	0	1	保持稳态
×	×	0	0	1	
1	1	×	0	1	
1	↓	1	⊓	⊔	
↓	1	1	⊓	⊔	下降沿触发
↓	↓	1	⊓	⊔	
0	×	↑	⊓	⊔	上升沿触发
×	0	↑	⊓	⊔	

图 6-5 表明了集成单稳态触发器 74121 的外部元件连接方法，图 6-5(a)是使用外部电阻 R_{ext} 且电路为下降沿触发连接方式，图 6-5(b)是使用内部电阻 R_{int} 且电路为上升沿触发连接方式。

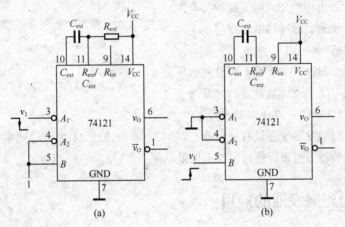

(a)   (b)

图 6-5 集成单稳态触发器 74121 的外部元件连接方法

2. 主要参数

（1）输出脉冲宽度 t_W

$$t_W = RC \cdot \ln 2$$
$$\approx 0.7RC$$

使用外接电阻： $t_W \approx 0.7R_{ext}C$

使用内部电阻： $t_W \approx 0.7R_{int}C$

（2）输入触发脉冲最小周期 T_{min}

$$T_{min} = t_W + t_{re}$$

式中，t_{re} 是恢复时间。

（3）周期性输入触发脉冲占空比 q

$$q = t_W/T$$

式中，T 是输入触发脉冲的重复周期，t_W 是单稳态触发器的输出脉冲宽度。

最大占空比
$$q_{max} = t_W/T_{min}$$

$$= \frac{t_W}{t_W + t_{re}}$$

74121 的最大占空比 q_{max}，当 $R = 2\,k\Omega$ 时，为 67%；当 $R = 40\,k\Omega$ 时，可达 90%。不难理解，若 $R = 2\,k\Omega$ 且输入触发脉冲重复周期 $T = 1.5\,\mu s$，则恢复时间 $t_{re} = 0.5\,\mu s$，这是 74121 恢复到稳态所必需的时间。如果占空比超过最大允许值，电路虽然仍可被触发，但 t_W 将不稳定，也就是说，74121 不能正常工作，这也是使用 74121 时应该注意的一个问题。

3. 关于集成单稳态触发器的重复触发问题

集成单稳有不可重复触发型和可重复触发型两种。不可重复触发的单稳一旦被触发进入暂稳态以后，再加入触发脉冲不会影响电路的工作过程，必须在暂稳态结束以后，它才能接受下一个触发脉冲而转入下一个暂稳态，如图 6-6(a)所示。而可重复触发的单稳态在电路被触发而进入暂稳态以后，如果再次加入触发脉冲，电路将重新被触发，使输出脉冲再继续维持一个 t_W 宽度，如图 6-6(b)所示。

74121、74221、74LS221 都是不可重复触发的单稳态触发器。属于可重复触发的触发器有 74122、74LS122、74123、74LS123 等。

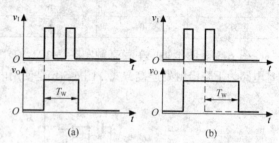

图 6-6　不可重复触发与可重复触发型
单稳态触发器的工作波形

有些集成单稳态触发器上还设有复位端（如 74221、74122、74123 等）。通过复位端加入低电平信号能立即终止暂稳态过程，使输出端返回低电平。

6.2.3　单稳态触发器的应用

1. 延时与定时

（1）延时

在图 6-7 中，v_O' 的下降沿比 v_I 的下降沿滞后了时间 t_W，即延迟了时间 t_W。单稳态触发器的这种延时作用常被应用于时序控制中。

（2）定时

在图 6-7 中，单稳态触发器的输出电压 v_O，用作与门的输入定时控制信号，当 v_O' 为高电平时，与门打开，$v_O = v_F$，当 v_O' 为低电平时，与门关闭，v_O 为低电平。显然与门打开的时间是恒定不变的，就是单稳态触发器输出脉冲 v_O' 的宽度 t_W。

2. 整形

单稳态触发器能够把不规则的输入信号 v_I，整形成为幅度和宽度都相同的标准矩形脉冲 v_O。v_O 的幅度取决于单稳态电路输出的高、低电平，宽度 t_W 决定于暂稳态时间。图 6-8 所示是单稳态触发器用于波形整形的一个简单例子。

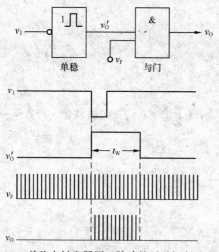

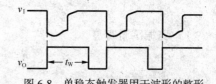

图 6-7　单稳态触发器用于脉冲的延时与定时选通　　　图 6-8　单稳态触发器用于波形的整形

6.3　多谐振荡器

多谐振荡器是一种产生矩形脉冲波的自激振荡器。多谐振荡器一旦起振之后，电路没有稳态，只有两个暂稳态，它们做交替变化，输出连续的矩形脉冲信号，因此它又称作无稳态电路，常用来做脉冲信号源。

6.3.1　用 555 定时器构成的多谐振荡器

1. 电路组成及工作原理

用 555 定时器构成的多谐振荡器及其工作波形如图 6-9 所示。

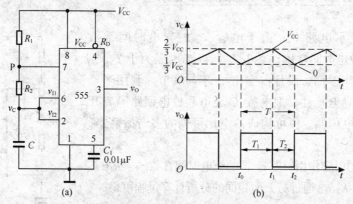

图 6-9　用 555 定时器构成的多谐振荡器及工作波形

2. 振荡频率的估算

（1）电容充电时间 T_1

电容充电时，时间常数 $\tau_1 = (R_1 + R_2)C$，起始值 $v_C(0^+) = \dfrac{1}{3}V_{CC}$，终了值 $v_C(\infty) = V_{CC}$，转换值

159

$v_C(T_1) = \frac{2}{3}V_{CC}$。$T_1$ 为从 $\frac{1}{3}V_{CC}$ 充电到 $\frac{2}{3}V_{CC}$ 所需的时间。

$$T_1 = 0.7(R_1 + R_2)C$$

（2）电容放电时间 T_2

电容放电时，时间常数 $\tau_2 = R_2C$，起始值 $v_C(0^+) = \frac{2}{3}V_{CC}$，终了值 $v_C(\infty) = 0$，转换值 $v_C(T_2) = \frac{1}{3}V_{CC}$。

T_2 为从 $\frac{2}{3}V_{CC}$ 放电到 $\frac{1}{3}V_{CC}$ 所需的时间。

$$T_2 = 0.7R_2C$$

（3）电路振荡周期 T

$$T = T_1 + T_2 = 0.7(R_1 + 2R_2)C$$

（4）电路振荡频率 f

$$f = \frac{1}{T} \approx \frac{1.43}{(R_1 + 2R_2)C}$$

（5）输出波形占空比 q

定义：$q = T_1/T$，即脉冲宽度与脉冲周期之比，称为占空比。

$$q = \frac{T_1}{T}$$
$$= \frac{0.7(R_1 + R_2)C}{0.7(R_1 + 2R_2)C}$$
$$= \frac{R_1 + R_2}{R_1 + 2R_2}$$

6.3.2　占空比可调的多谐振荡器电路

在图 6-9 所示电路中，由于电容 C 的充电时间常数 $\tau_1 = (R_1 + R_2)C$，放电时间常数 $\tau_2 = R_2C$，所以 T_1 总是大于 T_2，v_O 的波形不仅不可能对称，而且占空比 q 不易调节。利用半导体二极管的单向导电特性，把电容 C 充电和放电回路隔离开来，再加上一个电位器，便可构成占空比可调的多谐振荡器，如图 6-10 所示。

由于二极管的引导作用，电容 C 的充电时间常数 $\tau_1 = R_1C$，放电时间常数 $\tau_2 = R_2C$。通过与上面相同的分析计算过程可得

$$T_1 = 0.7R_1C$$
$$T_2 = 0.7R_2C$$

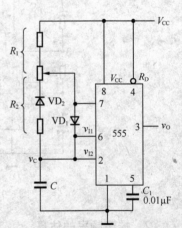

图 6-10　占空比可调的多谐振荡器

占空比：$q = \dfrac{T_1}{T} = \dfrac{T_1}{T_1 + T_2} = \dfrac{0.7R_1C}{0.7R_1C + 0.7R_2C} = \dfrac{R_1}{R_1 + R_2}$　只要改

变电位器滑动端的位置，就可以方便地调节占空比 q，当 $R_1 = R_2$ 时，$q = 0.5$，v_O 就成为对称的矩形波。

6.3.3 石英晶体多谐振荡器

许多数字系统，都要求时钟脉冲频率十分稳定，如在数字钟表里，计数脉冲频率的稳定性，就直接决定着计时的精度。在上面介绍的多谐振荡器中，由于其工作频率取决于电容 C 充、放电过程中，电压到达转换值的时间，因此稳定度不够高。这是因为，第一，转换电平易受温度变化和电源波动的影响；第二，电路的工作方式易受干扰，从而使电路状态转换提前或滞后；第三，电路状态转换时，电容充、放电的过程已经比较缓慢，转换电平的微小变化或者干扰，对振荡周期影响都比较大。一般在对振荡器频率稳定度要求很高的场合，都需要采取稳频措施，其中最常用的一种方法，就是利用石英谐振器（简称石英晶体或晶体），构成石英晶体多谐振荡器。

1．石英晶体的选频特性

石英晶体的电抗频率特性如图 6-11 所示。由图 6-11 可见，石英晶体有两个谐振频率。

（1）当 $f = f_s$ 时，为串联谐振，石英晶体的电抗 $X = 0$；

（2）当 $f = f_p$ 时，为并联谐振，石英晶体的电抗无穷大。

由晶体本身的特性决定：$f_s \approx f_p \approx f_0$（晶体的标称频率）

石英晶体的选频特性极好，f_0 十分稳定，其稳定度可达 $10^{-10} \sim 10^{-11}$。

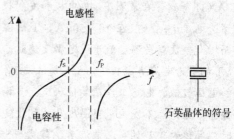

图 6-11　石英晶体的电抗频率特性和符号

2．石英晶体多谐振荡器

（1）串联式振荡器

如图 6-12 所示电路中，R_1、R_2 的作用是使两个反相器在静态时都工作在转折区，成为具有很强放大能力的放大电路。

对于 TTL 非门，常取 $R_1 = R_2 = 0.7 \sim 2\,\mathrm{k\Omega}$，若是 CMOS 门，则常取 $R_1 = R_2 = 10 \sim 100\,\mathrm{M\Omega}$；$C_1 = C_2$ 是耦合电容。

石英晶体工作在串联谐振频率 f_0 下，只有频率为 f_0 的信号才能通过，满足振荡条件。因此，电路的振荡频率为 f_0，与外接元件 R、C 无关，所以这种电路振荡频率的稳定度很高。

（2）并联式振荡器

图 6-13 所示电路中，R_F 是偏置电阻，保证在静态时使 G_1 工作转折区，构成一个反相放大器。

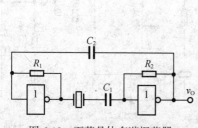

图 6-12　石英晶体多谐振荡器

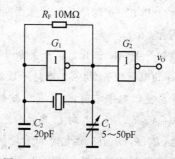

图 6-13　CMOS 石英晶体多谐振荡器

晶体工作在 f_S 与 f_P 之间，等效于电感，与 C_1、C_2 共同构成电容三点式振荡电路。电路的振荡频率为 f_0。

反相器 G_2 起整形缓冲的作用，同时 G_2 还可以隔离负载对振荡电路工作的影响。

6.3.4 多谐振荡器应用实例

【案例1】简易温控报警器

图 6-14 所示是利用多谐振荡器构成的简易温控报警电路，利用 555 构成可控音频振荡电路，用扬声器发声报警，可用于火警或热水温度报警，电路简单，调试方便。

图 6-14 中晶体管 VT 可选用锗管 3AX31、3AX81 或 3AG 类，也可选用 3DU 型光敏管。3AX31 等锗管在常温下，集电极和发射极之间的穿透电流 I_{CEO} 一般在 $10 \sim 50\mu A$，且随温度升高而增大较快。当温度低于设定温度值时，晶体管 VT 的穿透电流 I_{CEO} 较小，555 复位端 R_D（4脚）的电压较低，电路工作在复位状态，多谐振荡器停振，扬声器不发声。当温度升高到设定温度值时，晶体管 VT 的穿透电流 I_{CEO} 较大，555 复位端 R_D 的电压升高到解除复位状态之电位，多谐振荡器开始振荡，扬声器发出报警声。

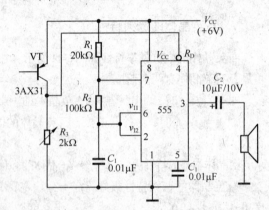

图 6-14 多谐振荡器用作简易温控报警电路

需要指出的是，不同的晶体管，其 I_{CEO} 值相差较大，故需改变 R_1 的阻值来调节控温点。其方法是先把测温元件 VT 置于要求报警的温度下，调节 R_1 使电路刚发出报警声。报警的音调取决于多谐振荡器的振荡频率，由元件 R_2、R_3 和 C_1 决定，改变这些元件值，可改变音调，但要求 R_2 大于 $1k\Omega$。

【案例2】双音门铃

图 6-15 所示是用多谐振荡器构成的电子双音门铃电路。

当按钮开关 AN 按下时，开关闭合，V_{CC} 经 VD_2 向 C_3 充电，P 点（4脚）电位迅速充至 V_{CC}，复位解除；由于 VD_1 将 R_3 旁路，V_{CC} 经 VD_1、R_1、R_2 向 C 充电，充电时间常数为（R_1+R_2）C，放电时间常数为 $R_2 C$，多谐振荡器产生高频振荡，喇叭发出高音。

当按钮开关 AN 松开时，开关断开，由于电容 C_3 储存的电荷经 R_4 放电要维持一段时间，在 P 点电位降至复位电平之前，电路将继续维持振荡；但此时 V_{CC} 经 R_3、R_1、R_2 向 C 充电，充电时间常数增加为（$R_3+R_1+R_2$）C，放电时间常数仍为 $R_2 C$，多谐振荡器产生低频振荡，喇叭发出低音。

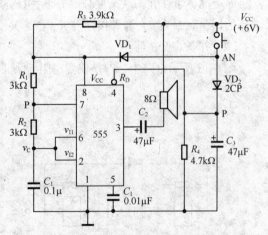

图 6-15 用多谐振荡器构成的双音门铃电路

当电容 C_3 持续放电，使 P 点电位降至 555 的复位电平以下时，多谐振荡器停止振荡，喇叭停止发声。

调节相关参数，可以改变高、低音发声频率以及低音维持时间。

【案例 3】秒脉冲发生器

CMOS 石英晶体多谐振荡器产生 $f = 32\ 768$ Hz 的基准信号，经 T′触发器构成的 15 级异步计数器分频后，便可得到稳定度极高的秒信号。这种秒脉冲发生器可作为各种计时系统的基准信号源，如图 6-16 所示。

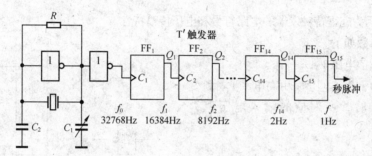

图 6-16　秒脉冲发生器

6.4　施密特触发器

施密特触发器——具有回差电压特性，能将边沿变化缓慢的电压波形整形为边沿陡峭的矩形脉冲，成为适合于数字电路需要的脉冲，而且由于具有滞回特性，所以抗干扰能力也很强。施密特触发器在脉冲的产生和整形电路中应用很广。

6.4.1　用 555 定时器构成的施密特触发器

1．电路组成及工作原理

图 6-17 所示电路为用 555 定时器构成的施密特触发器。

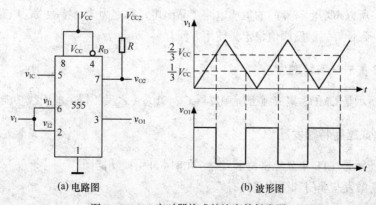

(a) 电路图　　　　　　(b) 波形图

图 6-17　555 定时器构成的施密特触发器

（1）$v_I = 0V$ 时，v_{O1} 输出高电平。

（2）当 v_I 上升到 $\frac{2}{3}V_{CC}$ 时，v_{O1} 输出低电平。当 v_I 由 $\frac{2}{3}V_{CC}$ 继续上升，v_{O1} 保持不变。

（3）当 v_I 下降到 $\frac{1}{3}V_{CC}$ 时，电路输出跳变为高电平，而且在 v_I 继续下降到 0V 时，电路的这种状态不变。

图 6-17 中，R、V_{CC2} 构成另一输出端 v_{O2}，其高电平可以通过改变 V_{CC2} 进行调节。

2. 电压滞回特性和主要参数

图 6-18 所示为施密特触发器的电路符号和电压传输特性。

主要静态参数如下。

（1）上限阈值电压 V_{T+}——v_I

上升过程中，输出电压 v_O 由高电平 V_{OH} 跳变到低电平 V_{OL} 时，所对应的输入电压值，$V_{T+} = \frac{2}{3}V_{CC}$。

（2）下限阈值电压 V_{T-}——v_I

下降过程中，v_O 由低电平 V_{OL} 跳变到高电平 V_{OH} 时，所对应的输入电压值，$V_{T-} = \frac{1}{3}V_{CC}$。

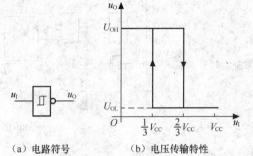

（a）电路符号　　　（b）电压传输特性

图 6-18　施密特触发器的电路符号和电压传输特性

（3）回差电压 ΔV_T

回差电压又叫滞回电压，定义为

$$\Delta V_T = V_{T+} - V_{T-} = \frac{1}{3}V_{CC}$$

若在电压控制端 V_{IC}（5 脚）外加电压 V_S，则将有 $V_{T+} = V_S$、$V_{T-} = V_S/2$、$\Delta V_T = V_S/2$，而且当改变 V_S 时，它们的值也随之改变。

6.4.2　集成施密特触发器

施密特触发器可以由 555 定时器构成，也可以用分立元件和集成门电路组成。因为这种电路应用十分广泛，所以市场上有专门的集成电路产品出售，称之为施密特触发门电路。集成施密特触发器性能的一致性好，触发阈值稳定，使用方便。

1. CMOS 集成施密特触发器

图 6-19(a)所示是 CMOS 集成施密特触发器 CC40106（六反相器）的引线功能图。

2. TTL 集成施密特触发器

图 6-19(b)所示是 TTL 集成施密特触发器 74LS14 外引线功能图。

TTL 施密特触发与非门和缓冲器具有以下特点。

（1）输入信号边沿的变化即使非常缓慢，电路也能正常工作。

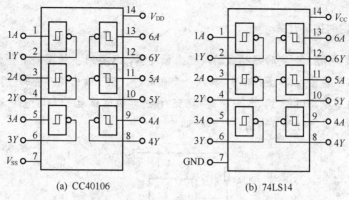

图 6-19 集成施密特触发器 CC40106 和 74LS14 引脚功能图

（2）对于阈值电压和滞回电压，均有温度补偿。

（3）带负载能力和抗干扰能力都很强。

集成施密特触发器不仅可以做成单输入端反相缓冲器形式，还可以做成多输入端与非门形式，如 CMOS 四 2 输入与非门 CC4093，TTL 四 2 输入与非门 74LS132 和双 4 输入与非门 74LS13 等。

3. 施密特触发器的应用举例

（1）用作接口电路——将缓慢变化的输入信号，转换成为符合 TTL 系统要求的脉冲波形，如图 6-20 所示。

（2）用作整形电路——把不规则的输入信号整形成为矩形脉冲，如图 6-21 所示。

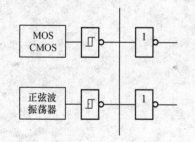

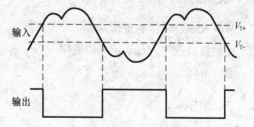

图 6-20 慢输入波形的 TTL 系统接口 　　　图 6-21 脉冲整形电路的输入输出波形

（3）用于脉冲鉴幅——将幅值大于 V_{T+} 的脉冲选出，如图 6-22 所示。

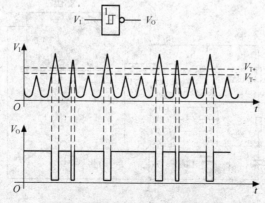

图 6-22 用施密特触发器鉴别脉冲幅度

【案例】触摸定时控制开关

图 6-23 所示是利用 555 定时器构成的单稳态触发器,只要用手触摸一下金属片 P,由于人体感应电压相当于在触发输入端(管脚 2)加入一个负脉冲,555 输出端(管脚 3)输出高电平,灯泡(R_L)发光,当暂稳态时间(t_W)结束时,555 输出端恢复低电平,灯泡熄灭。该触摸开关可用于夜间定时照明,定时时间可由 R,C 参数调节。

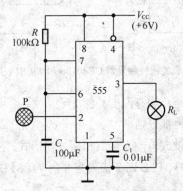

图 6-23 触摸式定时控制开关电路

6.5 仿真实训:555 定时器组成多谐振荡器

一、实训的目的和任务

1. 掌握 555 定时器的逻辑功能
2. 熟悉仿真软件 Multisim 8 的使用
3. 进一步熟悉示波器的应用

二、实训内容

1. 测试 555 定时器组成多谐振荡器的工作过程

(1)按图 6-24 所示电路图连线,示波器 XSC1 作为输出的指示。

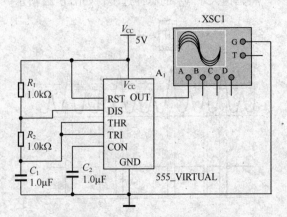

图 6-24 555 定时器组成多谐振荡器

（2）图 6-25 为仿真的结果，供分析电路工作过程时参考。

（3）集成电路 555 的管脚图及逻辑功能，请自行查阅有关资料。

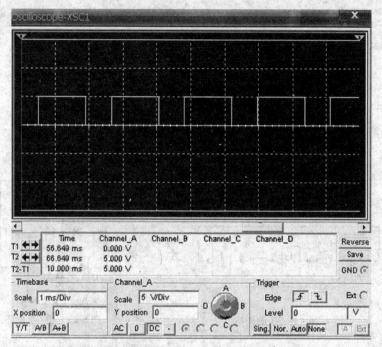

图 6-25　555 定时器组成多谐振荡器仿真结果

2. 该电路振荡周期为

$$T = 0.7(R_1 + 2R_2)C$$

占空比

$$q = \frac{R_1 + R_2}{R_1 + 2R_2}$$

可自行调整 R_1 和 R_2 的值，仿真后观察输出矩形波的变化。

 **小结**

　　1. 555 定时器是一种用途很广的集成电路，除了能组成施密特触发器、单稳态触发器和多谐振荡器以外，还可以接成各种灵活多变的应用电路。

　　2. 除了 555 定时器外，目前还有 556（双定时器）和 558（四定时器）等。

　　3. 多谐振荡器是一种自激振荡电路，不需要外加输入信号，就可以自动地产生出矩形脉冲。石英晶体多谐振荡器，利用石英晶体的选频特性，只有频率为 f_0 的信号才能满足自激条件，产生自激振荡，其主要特点是 f_0 的稳定性极好。

　　4. 施密特触发器和单稳态触发器，虽然不能自动地产生矩形脉冲，但却可以把其他形状的信号变换成为矩形波，为数字系统提供标准的脉冲信号。

习题

6-1　试分析图 6-26 所示的多谐振荡器的工作原理。

6-2　在图 6-27 所示的由 555 定时器组成的多谐振荡器中，当 $R_1 = R_2 = 40\ \Omega, C = 1\ \mu F$ 时，求输出方波的频率。

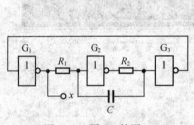

图 6-26　题 6-1 的图

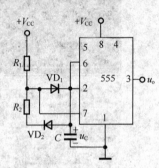

图 6-27　题 6-2 的图

6-3　试分析图 6-28 所示的由一个与非门组成的单稳态触发器的工作原理。

6-4　在图 6-29 所示的由 555 定时器组成的单稳态触发器中，如需要输出正脉冲的宽度在 0.1～10 s 可调，试选择可变电阻器（设 $C = 1\ \mu F$）。

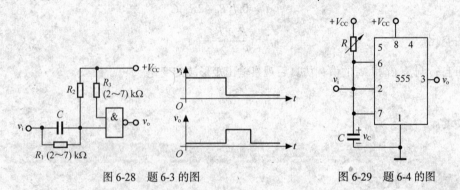

图 6-28　题 6-3 的图

图 6-29　题 6-4 的图

6-5　已知由 555 定时器组成的施密特触发器的输入电压波形如图 6-30 所示，试画出输出电压波形。

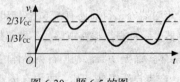

图 6-30　题 6-5 的图

第**7**章

数模与模数转换电路

【本章内容简介】 本章主要介绍几种常用 A/D 与 D/A 转换器的电路结构、工作原理及其应用。

【本章重点难点】 重点为 D/A 和 A/D 转换器的基本功能；难点为 D/A 和 A/D 转换器的应用。

【技能点】 D/A 和 A/D 转换器的使用。

随着数字技术，特别是计算机技术的飞速发展与普及，在现代控制、通信及检测领域中，对信号的处理广泛采用了数字计算机技术。由于系统的实际处理对象往往都是一些模拟量（如温度、压力、位移、图像等），所以要使计算机或数字仪表能识别和处理这些信号，必须首先将这些模拟信号转换成数字信号；而经计算机分析、处理后输出的数字量往往也需要将其转换成为相应的模拟信号才能为执行机构所接收。这样，就需要一种能在模拟信号与数字信号之间起桥梁作用的电路——模数转换电路和数模转换电路。

能将模拟信号转换成数字信号的电路，称为模数转换器（简称 A/D 转换器或 ADC）；而将能把数字信号转换成模拟信号的电路称为数模转换器（简称 D/A 转换器或 DAC），A/D 转换器和 D/A 转换器已经成为计算机系统中不可缺少的接口电路。

7.1 D/A 转换器

7.1.1 D/A 转换器的基本原理

数字量是用代码按数位组合起来表示的，对于有权码，每位代码都有一定的权。为了将数字量转换成模拟量，必须将每 1 位的代码按其权的大小转换成相应的模拟量，然后将这些模拟量相加，即可得到与数字量成正比的总模拟量，从而实现了数字-模拟转换，这就是构成 D/A 转换器的基本思路。

图 7-1 所示是 D/A 转换器的输入、输出关系框图，$D_0 \sim D_{n-1}$ 是输入的 n 位二进制数，

v_O是与输入二进制数成比例的输出电压。

图 7-2 所示是一个输入为 3 位二进制数时 D/A 转换器的转换特性，它具体而形象地反映了 D/A 转换器的基本功能。

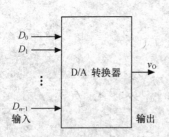

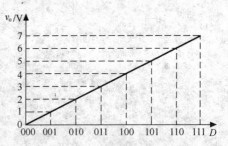

图 7-1　D/A 转换器的输入、输出关系框图　　　　图 7-2　3 位 D/A 转换器的转换特性

7.1.2　倒 T 形电阻网络 D/A 转换器

在单片集成 D/A 转换器中，使用最多的是倒 T 形电阻网络 D/A 转换器。该转换器具有转换速度快，转换精度高的特点。

四位倒 T 形电阻网络 D/A 转换器的原理图如图 7-3 所示。

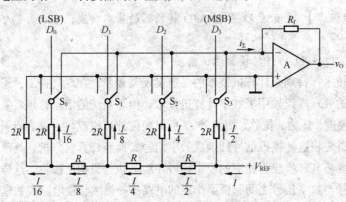

图 7-3　倒 T 形电阻网络 D/A 转换器

$S_0 \sim S_3$ 为模拟开关，$R\text{-}2R$ 电阻解码网络呈倒 T 形，运算放大器 A 构成求和电路。S_i 由输入数码 D_i 控制，当 $D_i = 1$ 时，S_i 接运放反相输入端（"虚地"），I_i 流入求和电路；当 $D_i = 0$ 时，S_i 将电阻 $2R$ 接地。

无论模拟开关 S_i 处于何种位置，与 S_i 相连的 $2R$ 电阻均等效接"地"（地或虚地）。这样，流经 $2R$ 电阻的电流与开关位置无关，为确定值。

分析 $R\text{-}2R$ 电阻解码网络不难发现，从每个接点向左看的二端网络等效电阻均为 R，流入每个 $2R$ 电阻的电流从高位到低位按 2 的整倍数递减。设由基准电压源提供的总电流为 I（$I = V_{REF}/R$），则流过各开关支路（从右到左）的电流分别为 $I/2$、$I/4$、$I/8$ 和 $I/16$。

于是可得总电流

$$i_\Sigma = \frac{V_{REF}}{R}\left(\frac{D_0}{2^4} + \frac{D_1}{2^3} + \frac{D_2}{2^2} + \frac{D_3}{2^1}\right)$$

$$= \frac{V_{REF}}{2^4 \times R}\sum_{i=0}^{3}(D_i \cdot 2^i)$$

输出电压

$$v_O = -i_\Sigma R_f$$
$$= -\frac{R_f}{R} \cdot \frac{V_{REF}}{2^4} \sum_{i=0}^{3}(D_i \cdot 2^i)$$

将输入数字量扩展到 n 位，可得 n 位倒 T 形电阻网络 D/A 转换器输出模拟量与输入数字量之间的一般关系式为

$$v_O = -\frac{R_f}{R} \cdot \frac{V_{REF}}{2^n}[\sum_{i=0}^{n-1}(D_i \cdot 2^i)]$$

设　$K = \frac{R_f}{R} \cdot \frac{V_{REF}}{2^n}$，$N_B$ 表示括号中的 n 位二进制数，则

$$v_O = -KN_B$$

要使 D/A 转换器具有较高的精度，对电路中的参数有以下要求。

（1）基准电压稳定性好。

（2）倒 T 形电阻网络中 R 和 $2R$ 电阻的比值精度要高。

（3）每个模拟开关的开关电压降要相等。为实现电流从高位到低位按 2 的整倍数递减，模拟开关的导通电阻也相应地按 2 的整倍数递增。

由于在倒 T 形电阻网络 D/A 转换器中，各支路电流直接流入运算放大器的输入端，它们之间不存在传输上的时间差。电路的这一特点不仅提高了转换速度，而且也减少了动态过程中输出端可能出现的尖脉冲。它是目前广泛使用的 D/A 转换器中速度较快的一种。常用的 CMOS 开关倒 T 形电阻网络 D/A 转换器的集成电路有 AD7520（10 位）、DAC1210（12 位）和 AK7546（16 位高精度）等。

7.1.3　权电流型 D/A 转换器

尽管倒 T 形电阻网络 D/A 转换器具有较高的转换速度，但由于电路中存在模拟开关电压降，当流过各支路的电流稍有变化时，就会产生转换误差。为进一步提高 D/A 转换器的转换精度，可采用权电流型 D/A 转换器，如图 7-4 所示。

1. 原理电路

这组恒流源从高位到低位电流的大小依次为 $I/2$、$I/4$、$I/8$、$I/16$。

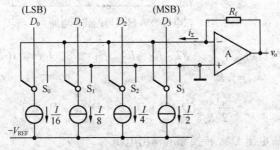

图 7-4　权电流型 D/A 转换器的原理电路

当输入数字量的某一位代码 $D_i = 1$ 时，开关 S_i 接运算放大器的反相输入端，相应的权电流流

入求和电路；当 $D_i = 0$ 时，开关 S_i 接地。分析该电路可得出

$$v_O = i_\Sigma R_f$$

$$= R_f(\frac{I}{2}D_3 + \frac{I}{4}D_2 + \frac{I}{8}D_1 + \frac{I}{16}D_0)$$

$$= \frac{I}{2^4} \cdot R_f(D_3 \cdot 2^3 + D_2 \cdot 2^2 + D_1 \cdot 2^1 + D_0 \cdot 2^0)$$

$$= \frac{I}{2^4} \cdot R_f \sum_{i=0}^{3} D_i \cdot 2^i$$

采用了恒流源电路之后，各支路权电流的大小均不受开关导通电阻和压降的影响，这就降低了对开关电路的要求，提高了转换精度。

2. 采用具有电流负反馈的 BJT 恒流源电路的权电流 D/A 转换器

如图 7-5 所示电路，为了消除因各 BJT 发射极电压 V_{BE} 的不一致性对 D/A 转换器精度的影响，图中 $VT_3 \sim VT_0$ 均采用了多发射极晶体管，其发射极个数是 8、4、2、1，即 $VT_3 \sim VT_0$ 发射极面积之比为 8：4：2：1。这样，在各 BJT 电流比值为 8：4：2：1 的情况下，$VT_3 \sim VT_0$ 的发射极电流密度相等，可使各发射结电压 V_{BE} 相同。由于 $T_3 \sim T_0$ 的基极电压相同，所以它们的发射极 e_3、e_2、e_1、e_0 就为等电位点。在计算各支路电流时将它们等效连接后，可看出倒 T 形电阻网络与图 7-5 中工作状态完全相同，流入每个 $2R$ 电阻的电流从高位到低位依次减少 1/2，各支路中电流分配比例满足 8：4：2：1 的要求。

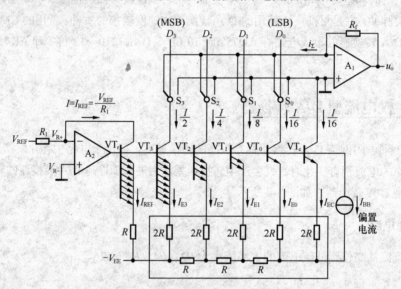

图 7-5　权电流 D/A 转换器的实际电路

由倒 T 形电阻网络分析可知，$I_{E3} = I/2$，$I_{E2} = I/4$，$I_{E1} = I/8$，$I_{E0} = I/16$，于是可得输出电压为：

$$v_O = i_\Sigma R_f$$

$$= \frac{R_f V_{REF}}{2^4 R_1}(D_3 \cdot 2^3 + D_2 \cdot 2^2 + D_1 \cdot 2^1 + D_0 \cdot 2^0)$$

可推得 n 位倒 T 形权电流 D/A 转换器的输出电压

$$v_O = \frac{V_{REF}}{R_1} \cdot \frac{R_f}{2^n} \sum_{i=0}^{n-1} D_i \cdot 2^i$$

该电路特点为，基准电流仅与基准电压 V_{REF} 和电阻 R_1 有关，而与 BJT、R、$2R$ 电阻无关。这样，电路降低了对 BJT 参数及 R、$2R$ 取值的要求，对于集成化十分有利。

由于在这种权电流 D/A 转换器中采用了高速电子开关，电路还具有较高的转换速度。采用这种权电流型 D/A 转换电路生产的单片集成 D/A 转换器有 AD1408、DAC0806、DAC0808 等。这些器件都采用双极型工艺制作，工作速度较高。

7.1.4　权电流型 D/A 转换器应用举例

图 7-6 是权电流型 D/A 转换器 DAC0808 的电路结构框图，图中 $D_0 \sim D_7$ 是 8 位数字量输入端，I_O 是求和电流的输出端。V_{REF+} 和 V_{REF-} 接基准电流发生电路中运算放大器的反相输入端和同相输入端。COMP 供外接补偿电容之用。V_{CC} 和 V_{EE} 为正负电源输入端。

用 DAC0808 这类器件构成 D/A 转换器时，需要外接运算放大器和产生基准电流用的电阻 R_1，如图 7-7 所示。

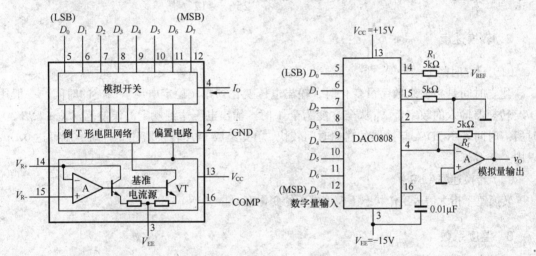

图 7-6　权电流型 D/A 转换器 DAC0808 的电路结构框图　　图 7-7　DAC0808 D/A 转换器的典型应用

在 $V_{REF} = 10\ V$、$R_1 = 5\ k\Omega$、$R_f = 5\ k\Omega$ 的情况下，可推导出输出电压为

$$v_O = \frac{R_f V_{REF}}{2^8 R_1} \sum_{i=0}^{7} D_i \cdot 2^i$$
$$= \frac{10}{2^8} \sum_{i=0}^{7} D_i \cdot 2^i$$

当输入的数字量在全 0 和全 1 之间变化时，输出模拟电压的变化范围为 $0 \sim 9.96\ V$。

7.1.5　D/A 转换器的主要技术指标

1. 转换精度

D/A 转换器的转换精度通常用分辨率和转换误差来描述。

（1）分辨率

分辨率为 D/A 转换器模拟输出电压可能被分离的等级数。

输入数字量位数越多，输出电压可分离的等级越多，即分辨率越高。在实际应用中，往往用输入数字量的位数表示 D/A 转换器的分辨率。此外，D/A 转换器也可以用能分辨的最小输出电压（此时输入的数字代码只有最低有效位为 **1**，其余各位都是 **0**）与最大输出电压（此时输入的数字代码各有效位全为 **1**）之比给出。n 位 D/A 转换器的分辨率可表示为 $\dfrac{1}{2^n-1}$。它表示 D/A 转换器在理论上可以达到的精度。

（2）转换误差

转换误差的原因很多，如转换器中各元件参数值的误差，基准电源不够稳定和运算放大器的零漂的影响等。

D/A 转换器的绝对误差（或绝对精度）是指输入端加入最大数字量（全 1）时，D/A 转换器的理论值与实际值之差，该误差值应低于 LSB/2。

例如，一个 8 位的 D/A 转换器，对应最大数字量（*FFH*）的模拟理论输出值为 $\dfrac{255}{256}V_{\text{REF}}$，$\dfrac{1}{2}LSB=\dfrac{1}{512}V_{\text{RFF}}$，所以实际值不应超过 $(\dfrac{255}{256}\pm\dfrac{1}{512})V_{\text{REF}}$。

2．转换速度

（1）建立时间（t_{set}）

建立时间是指输入数字量变化时，输出电压变化到相应稳定电压值所需的时间。一般用 D/A 转换器输入的数字量 N_B 从全 **0** 变为全 **1** 时，输出电压达到规定的误差范围（$\pm LSB/2$）时所需时间表示。D/A 转换器的建立时间较快，单片集成 D/A 转换器建立时间最短可达 0.1 μs 以内。

（2）转换速率（SR）

转换速率指大信号工作状态下模拟电压的变化率。

3．温度系数

温度系数指在输入不变的情况下，输出模拟电压随温度变化产生的变化量。一般用满刻度输出条件下温度每升高 1℃，输出电压变化的百分数作为温度系数。

7.2 A/D 转换器

A/D 转换器用来将模拟电压信号转换成相应的二进制码，常采用的 A/D 转换器有：并行 A/D 转换器、逐次逼近（逐次比较）A/D 转换器和双积分 A/D 转换器等。

7.2.1 A/D 转换器的基本原理

在 A/D 转换器中，因为输入的模拟信号在时间上是连续量，而输出的数字信号代码是离散量，所以进行转换时必须在一系列选定的瞬间（亦即时间坐标轴上的一些规定点上）对输入的模拟信号取样，然后再把这些取样值转换为输出的数字量。因此，一般的 A/D 转换过程是通过取样、保持、量化和编码这 4 个步骤完成的，如图 7-8 所示。

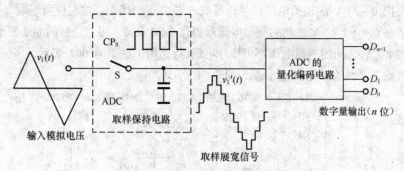

图 7-8　模拟量到数字量的转换过程

1. 取样定理

可以证明，为了正确无误地用图 7-9 中所示的取样信号 v_S 表示模拟信号 v_I，必须满足

$$f_S \geqslant 2f_{imax}$$

式中，f_S 为取样频率，f_{imax} 为输入信号 v_I 的最高频率分量的频率。

在满足取样定理的条件下，可以用一个低通滤波器将信号 v_S 还原为 v_I，这个低通滤波器的电压传输系数 $|A(f)|$ 在低于 f_{imax} 的范围内应保持不变，而在 f_S-f_{imax} 以前应迅速下降为零，如图 7-10 所示。因此，取样定理规定了 A/D 转换的频率下限。

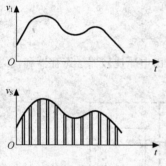

图 7-9　对输入模拟信号的采样

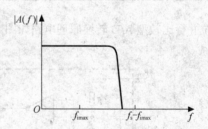

图 7-10　还原取样信号所用滤波器的频率特性

因为每次把取样电压转换为相应的数字量都需要一定的时间，所以在每次取样以后，必须把取样电压保持一段时间。可见，进行 A/D 转换时所用的输入电压，实际上是每次取样结束时的 v_I 值。

2. 量化和编码

数字信号不仅在时间上是离散的，而且在数值上的变化也不是连续的。这就是说，任何一个数字量的大小，都是以某个最小数量单位的整倍数来表示的。因此，在用数字量表示取样电压时，也必须把它化成这个最小数量单位的整倍数，这个转化过程就叫做量化。所规定的最小数量单位叫做量化单位，用 Δ 表示。显然，数字信号最低有效位中的 1 表示的数量大小，就等于 Δ。把量化的数值用二进制代码表示，称为编码。这个二进制代码就是 A/D 转换的输出信号。

既然模拟电压是连续的，那么它就不一定能被 Δ 整除，因而不可避免地会引入误差，把这种误差称为量化误差。在把模拟信号划分为不同的量化等级时，用不同的划分方法可以得到不同的量化误差。

假定需要把 0 ~ +1 V 的模拟电压信号转换成 3 位二进制代码，这时便可以取 $\Delta = (1/8)$ V，并规定凡数值在 0 ~ $(1/8)$ V 之间的模拟电压都当作 $0 \times \Delta$ 看待，用二进制的 **000** 表示；凡数值在 $(1/8)$ V ~ $(2/8)$ V 之间的模拟电压都当作 $1 \times \Delta$ 看待，用二进制的 **001** 表示，……如图 7-11(a) 所示。不难看出，最大的量化误差可达 Δ，即 $(1/8)$ V。

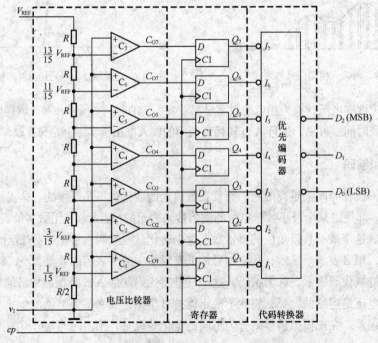

图 7-11　划分量化电平的两种方法

为了减少量化误差，通常采用图 7-11(b) 所示的划分方法，取量化单位 $\Delta = (2/15)$ V，并将 **000** 代码所对应的模拟电压规定为 0 ~ $(1/15)$ V，即 0 ~ $\Delta/2$。这时，最大量化误差将减少为 $\Delta/2 = (1/15)$ V。这个道理不难理解，因为现在把每个二进制代码所代表的模拟电压值规定为它所对应的模拟电压范围的中点，所以最大的量化误差自然就缩小为 $\Delta/2$ 了。

7.2.2　并行比较型 A/D 转换器

3 位并行比较型 A/D 转换原理电路如图 7-12 所示，它由电压比较器、寄存器和代码转换器 3 部分组成。

图 7-12　并行比较型 A/D 转换器

电压比较器中量化电平的划分采用图 7-11(b)所示的方式，用电阻链把参考电压 V_{REF} 分压，得到从 $\frac{1}{15}V_{REF} \sim \frac{13}{15}V_{REF}$ 之间 7 个比较电平，量化单位 $\Delta = \frac{2}{15}V_{REF}$。然后，把这 7 个比较电平分别接到 7 个比较器 $C_1 \sim C_7$ 的输入端作为比较基准。同时将将输入的模拟电压同时加到每个比较器的另一个输入端上，与这 7 个比较基准进行比较。

单片集成并行比较型 A/D 转换器的产品较多，如 AD 公司的 AD9012（TTL 工艺，8 位）、AD9002（ECL 工艺，8 位）AD9020（TTL 工艺，10 位）等。

表 7-1　　　　　　　　　3 位并行 A/D 转换器输入与输出转换关系对照表

输入模拟电压 v_I	寄存器状态（代码转换器输入）							数字量输出（代码转换器输出）		
	Q_7	Q_6	Q_5	Q_4	Q_3	Q_2	Q_1	D_2	D_1	D_0
$(0 \sim \frac{1}{15})V_{REF}$	0	0	0	0	0	0	0	0	0	0
$(\frac{1}{15} \sim \frac{3}{15})V_{REF}$	0	0	0	0	0	0	1	0	0	1
$(\frac{3}{15} \sim \frac{5}{15})V_{REF}$	0	0	0	0	0	1	1	0	1	0
$(\frac{5}{15} \sim \frac{7}{15})V_{REF}$	0	0	0	0	1	1	1	0	1	1
$(\frac{7}{15} \sim \frac{9}{15})V_{REF}$	0	0	0	1	1	1	1	1	0	0
$(\frac{9}{15} \sim \frac{11}{15})V_{REF}$	0	0	1	1	1	1	1	1	0	1
$(\frac{11}{15} \sim \frac{13}{15})V_{REF}$	0	1	1	1	1	1	1	1	1	0
$(\frac{13}{15} \sim 1)V_{REF}$	1	1	1	1	1	1	1	1	1	1

并行 A/D 转换器具有如下特点。

（1）由于转换是并行的，其转换时间只受比较器、触发器和编码电路延迟时间限制，因此转换速度最快。

（2）随着分辨率的提高，元件数目要呈几何级数增加。一个 n 位转换器，所用的比较器个数为 $2^n - 1$，如 8 位的并行 A/D 转换器就需要 $2^8 - 1 = 255$ 个比较器。由于位数越多，电路越复杂，因此制成分辨率较高的集成并行 A/D 转换器是比较困难的。

（3）使用这种含有寄存器的并行 A/D 转换电路时，可以不用附加取样-保持电路，因为比较器和寄存器这两部分也兼有取样-保持功能，这也是该电路的一个优点。

7.2.3　逐次比较型 A/D 转换器

逐次逼近转换过程与用天平称物重非常相似。

按照天平称重的思路，逐次比较型 A/D 转换器，就是将输入模拟信号与不同的参考电压做多次比较，使转换所得的数字量在数值上逐次逼近输入模拟量的对应值。

4 位逐次比较型 A/D 转换器的逻辑电路如图 7-13 所示。

图 7-13 中，5 位移位寄存器可进行并入/并出或串入/串出操作，其输入端 F 为并行置数使能端，高电平有效。其输入端 S 为高位串行数据输入。数据寄存器由 D 边沿触发器组成，数字量从 $Q_4 \sim Q_1$ 输出。

电路工作过程如下：当启动脉冲上升沿到达后，$FF_0 \sim FF_4$ 被清零，Q_5 置 1，Q_5 的高电平开启与门 G_2，时钟脉冲 CP 进入移位寄存器。在第一个 CP 脉冲作用下，由于移位寄存器的置数使能端 F 以由 0 变 1，并行输入数据 ABCDE 置入，$Q_AQ_BQ_CQ_DQ_E = 01\,111$，$Q_A$ 的低电平使数据寄存器的最高位（Q_4）置 1，即 $Q_4Q_3Q_2Q_1 = 1\,000$。D/A 转换器将数字量 $1\,000$ 转换为模拟电压 V'_0，送入比较器 C 与输入模拟电压 v_I 比较，若 $v_I > v'_0$，则比较器 C 输出 v_C 为 1，否则为 0。比较结果送 $D_4 \sim D_1$。

第二个 CP 脉冲到来后，移位寄存器的串行输入端 S 为高电平，Q_A 由 0 变 1，同时最高位 Q_A 的 0 移至次高位 Q_B。于是数据寄存器的 Q_3 由 0 变 1，这个正跳变作为有效触发信号加到 FF_4 的 CP 端，使 v_C 的电平得以在 Q_4 保存下来。此时，由于其他触发器无正跳变触发脉冲，v_C 的信号对它们不起作用。Q_3 变 1 后，建立了新的 D/A 转换器的数据，输入电压再与其输出电压 v'_0 进行比较，比较结果在第 3 个时钟脉冲作用下存于 Q_3……如此进行，直到 Q_E 由 1 变 0 时，使触发器 FF_0 的输出端 Q_0 产生由 0 到 1 的正跳变，做触发器 FF_1 的 CP 脉冲，使上一次 A/D 转换后的 v_C 电平保存于 Q_1。同时使 Q_5 由 1 变 0 后将 G_2 封锁，一次 A/D 转换过程结束。于是电路的输出端 $D_3D_2D_1D_0$ 得到与输入电压 v_I 成正比的数字量。

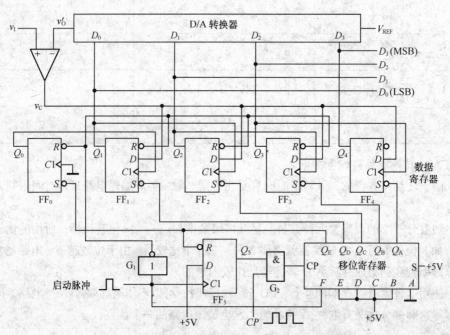

图 7-13　四位逐次比较型 A/D 转换器的逻辑电路

由以上分析可见，逐次比较型 A/D 转换器完成一次转换所需时间与其位数和时钟脉冲频率有关，位数愈少，时钟频率越高，转换所需时间越短。这种 A/D 转换器具有转换速度快，精度高的特点。

常用的集成逐次比较型 A/D 转换器有 ADC0808/0809 系列（8）位、AD575（10 位）、AD574A（12 位）等。

7.2.4　双积分型 A/D 转换器

双积分型 A/D 转换器是一种间接 A/D 转换器。它的基本原理是，对输入模拟电压和参考电压分别进行两次积分，将输入电压平均值变换成与之成正比的时间间隔，然后利用时钟脉冲和计数器测出此时间间隔，进而得到相应的数字量输出。由于该转换电路是对输入电压的平均值进行转换，所以它具有很强的抗工频干扰能力，在数字测量中得到广泛应用。

图 7-14 是这种转换器的原理电路，它由积分器（由集成运放 A 组成）、过零比较器（C）、时钟脉冲控制门（G）和定时器/计数器（$FF_0 \sim FF_n$）等几部分组成。

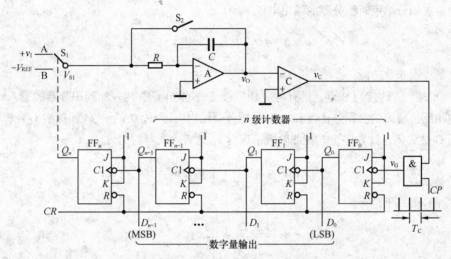

图 7-14　双积分型 A/D 转换器

积分器：积分器是转换器的核心部分，它的输入端所接开关 S_1 由定时信号 Q_n 控制。当 Q_n 为不同电平时，极性相反的输入电压 v_I 和参考电压 V_{REF} 将分别加到积分器的输入端，进行两次方向相反的积分，积分时间常数 $\tau = RC$。

过零比较器：过零比较器用来确定积分器输出电压 v_O 的过零时刻。当 $v_O \geqslant 0$ 时，比较器输出 v_C 为低电平；当 $v_O < 0$ 时，v_C 为高电平。比较器的输出信号接至时钟控制门（G）作为关门和开门信号。

计数器和定时器：它由 $n+1$ 个接成计数型的触发器 $FF_0 \sim FF_n$ 串联组成。触发器 $FF_0 \sim FF_{n-1}$ 组成 n 级计数器，对输入时钟脉冲 CP 计数，以便把与输入电压平均值成正比的时间间隔转变成数字信号输出。当计数到 2^n 个时钟脉冲时，$FF_0 \sim FF_{n-1}$ 均回到 **0** 状态，而 FF_n 反转为 **1** 态，$Q_n = 1$ 后，开关 S_1 从位置 A 转接到 B。

时钟脉冲控制门：时钟脉冲源标准周期 T_C，作为测量时间间隔的标准时间。当 $v_C = 1$ 时，与门打开，时钟脉冲通过与门加到触发器 FF_0 的输入端。

下面以输入正极性的直流电压 v_I 为例，说明电路将模拟电压转换为数字量的基本原理。电路工作过程分为以下几个阶段进行。

（1）准备阶段

首先控制电路提供 CR 信号使计数器清零，同时使开关 S_2 闭合，待积分电容放电完毕，再使 S_2 断开。

（2）第一次积分阶段

在转换过程开始时（$t=0$），开关 S_1 与 A 端接通，正的输入电压 v_I 加到积分器的输入端。积分器从 0 V 开始对 v_I 积分

$$v_O = -\frac{1}{\tau}\int_0^{T_1} v_I \mathrm{d}t$$

由于 $v_O<0$ V，过零比较器输出端 v_C 为高电平，时钟控制门 G 被打开。于是，计数器在 CP 作用下从 0 开始计数。经过 2^n 个时钟脉冲后，触发器 $FF_0 \sim FF_{n-1}$ 都翻转到 **0** 态，而 $Q_n=1$，开关 S_1 由 A 点转到 B 点，第一次积分结束。第一次积分时间为

$$t = T_1 = 2^n T_C$$

在第一次积分结束时积分器的输出电压 V_P 为

$$V_P = -\frac{T_1}{\tau}V_I = -\frac{2^n T_C}{\tau}V_I$$

（3）第二次积分阶段

当 $t=t_1$ 时，S_1 转接到 B 点，具有与 v_I 相反极性的基准电压 $-V_{REF}$ 加到积分器的输入端；积分器开始向相反进行第二次积分；当 $t=t_2$ 时，积分器输出电压 $v_O>0$ V，比较器输出 $v_C=0$，时钟脉冲控制门 G 被关闭，计数停止。在此阶段结束时 v_O 的表达式可写为

$$v_O(t_2) = V_P - \frac{1}{\tau}\int_{t_1}^{t_2}(-V_{REF})\mathrm{d}t = 0$$

设 $T_2 = t_2 - t_1$，于是有

$$\frac{V_{REF}T_2}{\tau} = \frac{2^n T_C}{\tau}V_I$$

设在此期间计数器所累计的时钟脉冲个数为 λ，则

$$T_2 = \lambda T_C$$

$$T_2 = \frac{2^n T_C}{V_{REF}}V_I$$

可见，T_2 与 V_I 成正比，T_2 就是双积分 A/D 转换过程的中间变量。

$$\lambda = \frac{T_2}{T_C} = \frac{2^n}{V_{REF}}V_I$$

上式表明，在计数器中所计得的数 λ（$\lambda = Q_{n-1}\cdots Q_1 Q_0$），与在取样时间 T_1 内输入电压的平均值 V_I 成正比。只要 $V_I<V_{REF}$，转换器就能将输入电压转换为数字量，并能从计数器读取转换结果。如果取 $V_{REF}=2^n$ V，则 $\lambda = V_I$，计数器所计的数在数值上就等于被测电压，工作波形如图 7-15 所示。

由于双积分 A/D 转换器在 T_1 时间内采的是输入电压的平均值，因此具有很强的抗工频干扰能力。尤其对周期等于 T_1 或几分之一 T_1 的对称干扰（所谓对称干扰是指整个周期内平均值为零的干扰），从理论上来说，有

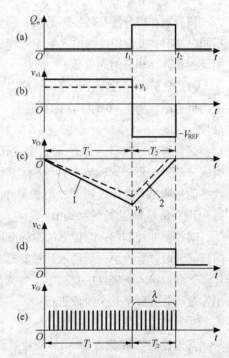

图 7-15 双积分型 A/D 转换器各点工作波形

无穷大的抑制能力。即使当工频干扰幅度大于被测直流信号，使输入信号正负变化时，仍有良好的抑制能力。在工业系统中经常碰到的是工频（50 Hz）或工频的倍频干扰，故通常选定采样时间 T_1 总是等于工频电源周期的倍数，如 20 ms 或 40 ms 等。另一方面，由于在转换过程中，前后两次积分所采用的是同一积分器，因此，在两次积分期间（一般在几十至数百毫秒之间），R、C 和脉冲源等元器件参数的变化对转换精度的影响均可以忽略。

最后必须指出，在第二次积分阶段结束后，控制电路又使开关 S_2 闭合，电容 C 放电，积分器回零。电路再次进入准备阶段，等待下一次转换开始。

单片集成双积分式 A/D 转换器有 ADC-EK8B（8 位，二进制码）、ADC-EK10B（10 位，二进制码）、MC14433（$3\frac{1}{2}$ 位，BCD 码）等。

7.2.5　A/D 转换器的主要技术指标

1. 转换精度

单片集成 A/D 转换器的转换精度是用分辨率和转换误差来描述的。

（1）分辨率

分辨率说明 A/D 转换器对输入信号的分辨能力。A/D 转换器的分辨率以输出二进制（或十进制）数的位数表示。从理论上讲，n 位输出的 A/D 转换器能区分 2^n 个不同等级的输入模拟电压，能区分输入电压的最小值为满量程输入的 $1/2^n$。在最大输入电压一定时，输出位数愈多，量化单位愈小，分辨率愈高。例如，A/D 转换器输出为 8 位二进制数，输入信号最大值为 5 V，那么这个转换器能区分输入信号的最小电压为 19.53 mV。

（2）转换误差

转换误差表示 A/D 转换器实际输出的数字量和理论上的输出数字量之间的差别。常用最低有效位的倍数表示。例如，给出相对误差 $\leqslant \pm LSB/2$，这就表明实际输出的数字量和理论上应得到的输出数字量之间的误差小于最低位的半个字。

2. 转换时间

转换时间指 A/D 转换器从转换控制信号到来开始，到输出端得到稳定的数字信号所经过的时间。

不同类型的转换器转换速度相差甚远。其中，并行比较 A/D 转换器转换速度最高，8 位二进制输出的单片集成 A/D 转换器转换时间可达 50 ns 以内。逐次比较型 A/D 转换器次之，多数转换时间在 10～50 μs 之间，也有达几百纳秒的。间接 A/D 转换器的速度最慢，如双积分 A/D 转换器的转换时间大都在几十毫秒至几百毫秒之间。在实际应用中，应从系统数据的总位数、精度要求、输入模拟信号的范围及输入信号极性等方面综合考虑 A/D 转换器的选用。

【例 7.1】　某信号采集系统要求用一片 A/D 转换集成芯片在 1 s（秒）内对 16 个热电偶的输出电压分时进行 A/D 转换。已知热电偶输出电压范围为 0～0.025 V（对应于 0～450℃温度范围），需要分辨的温度为 0.1℃，试问应选择多少位的 A/D 转换器，其转换时间为多少？

解：对于从 $0 \sim 450 ℃$ 温度范围，信号电压范围为 $0 \sim 0.025\ V$，分辨的温度为 $0.1℃$，这相当于 $\dfrac{0.1}{450} = \dfrac{1}{4500}$ 的分辨率。12 位 A/D 转换器的分辨率为 $\dfrac{1}{2^{12}} = \dfrac{1}{4096}$，所以必须选用 13 位的 A/D 转换器。

系统的取样速率为每秒 16 次，取样时间为 62.5 ms。对于这样慢的取样，任何一个 A/D 转换器都可以达到。可选用带有取样-保持（S/H）的逐次比较型 A/D 转换器或不带 S/H 的双积分式 A/D 转换器均可。

7.2.6 集成 A/D 转换器及其应用

在单片集成 A/D 转换器中，逐次比较型使用较多，下面以 ADC0804 介绍 A/D 转换器及其应用。

ADC0804 是 CMOS 集成工艺制成的逐次比较型 A/D 转换器芯片。分辨率为 8 位，转换时间为 100 μs，输出电压范围为 $0 \sim 5\ V$，增加某些外部电路后，输入模拟电压可为 $±5\ V$。该芯片内有输出数据锁存器，当与计算机连接时，转换电路的输出可以直接连接到 CPU 的数据总线上，无需附加逻辑接口电路，如图 7-16 所示为 ADC0804 的引脚图。

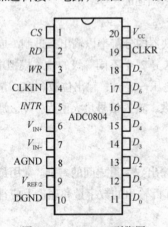

图 7-16 ADC0804 引脚图

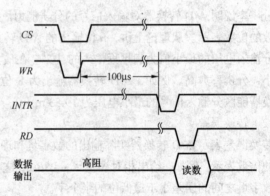

图 7-17 ADC0804 控制信号的时序图

ADC0804 引脚名称及意义如下。

V_{IN+}、V_{IN-}：ADC0804 的两模拟信号输入端，用以接收单极性、双极性和差模输入信号。

$D_7 \sim D_0$：A/D 转换器数据输出端，该输出端具有三态特性，能与微机总线相连接。

AGND：模拟信号地。

DGND：数字信号地。

CLKIN：外电路提供时钟脉冲输入端。

CLKR：内部时钟发生器外接电阻端，与 CLKIN 端配合，可由芯片自身产生时钟脉冲，其频率为 $1/1.1RC$。

CS：片选信号输入端，低电平有效，一旦 CS 有效，表明 A/D 转换器被选中，可启动工作。

WR：写信号输入，接受微机系统或其他数字系统控制芯片的启动输入端，低电平有效，当 CS、WR 同时为低电平时，启动转换。

RD：读信号输入，低电平有效，当 CS、RD 同时为低电平时，可读取转换输出数据。

$\overline{INTR}$：转换结束输出信号，低电平有效。输出低电平表示本次转换已经完成。该信号常作为向微机系统发出的中断请求信号。

在使用时应注意以下几点。

（1）转换时序

ADC0804 控制信号的时序图如图 7-17 所示，由图可见，各控制信号时序关系为：当 CS 与 $\overline{WR}$ 同为低电平时，A/D 转换器被启动，且在 $\overline{WR}$ 上升沿后 100 μs 模数转换完成，转换结果存入数据锁存器，同时 $\overline{INTR}$ 自动变为低电平，表示本次转换已结束。如 CS、$\overline{RD}$ 同时为低电平，则数据锁存器三态门打开，数据信号送出，而在 $\overline{RD}$ 高电平到来后三态门处于高阻状态。

（2）零点和满刻度调节

ADC0804 的零点无需调整。满刻度调整时，先给输入端加入电压 V_{IN+}，使满刻度所对应的电压值是 $V_{IN+} = V_{max} - 1.5\left[\dfrac{V_{max} - V_{min}}{256}\right]$，其中 V_{max} 是输入电压的最大值，V_{min} 是输入电压的最小值。当输入电压 V_{IN+} 值相当时，调整 $V_{REF}/2$ 端电压值使输出码为 FEH 或 FFH。

（3）参考电压的调节

在使用 A/D 转换器时，为保证其转换精度，要求输入电压满量程使用。如输入电压动态范围较小，则可调节参考电压 V_{REF}，以保证小信号输入时 ADC0804 芯片 8 位的转换精度。

（4）接地

模数、数模转换电路中要特别注意到地线的正确连接，否则干扰很严重，以致影响转换结果的准确性。A/D、D/A 及取样-保持芯片上都提供了独立的模拟地（AGND）和数字地（DGND）。在线路设计中，必须将所有器件的模拟地和数字地分别相连，然后将模拟地与数字地仅在一点上相连接。地线的正确连接方法如图 7-18 所示。

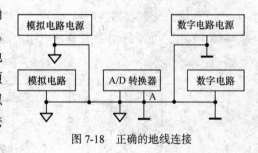

图 7-18　正确的地线连接

【案例】 ADC0804 **的典型应用**

在现代过程控制及各种智能仪器和仪表中，为采集被控（被测）对象数据以达到由计算机进行实时检测、控制的目的，常用微处理器和 A/D 转换器组成数据采集系统。单通道微机化数据采集系统的示意图如图 7-19 所示。

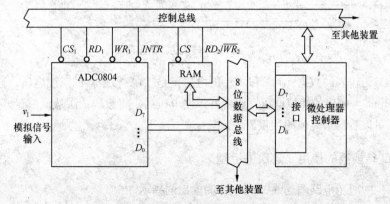

图 7-19　单通道微机化数据采集系统示意图

系统由微处理器、存储器和 A/D 转换器组成，它们之间通过数据总线（DBUS）和控制总线（CBUS）连接，系统信号采用总线传送方式。

现以程序查询方式为例，说明 ADC0804 在数据采集系统中的应用。采集数据时，首先微处理器执行一条传送指令，在指令执行过程中，微处理器在控制总线的同时产生 CS_1、WR_1 低电平信号，启动 A/D 转换器工作，ADC0804 经 $100\ \mu s$ 后将输入的模拟信号转换为数字信号，存于输出锁存器，并在 $INTR$ 端产生低电平表示转换结束，并通知微处理器可来取数。当微处理器通过总线查询到 $INTR$ 为低电平时，立即执行输入指令，以产生 CS、RD_2 低电平信号到 ADC0804 相应引脚，将数据取出并存入存储器中。整个数据采集过程中，由微处理器有序地执行指令。

7.3 仿真实训：D/A 和 A/D 转换器的使用

一．实训的目的和任务

1. 掌握 D/A 和 A/D 转换器的使用方法
2. 熟悉仿真软件 Multisim 8 的使用

二．实训内容

1. 测试 D/A 转换器的使用

（1）按图 7-20 所示电路图连线，示波器 XSC1 作为输出的指示。

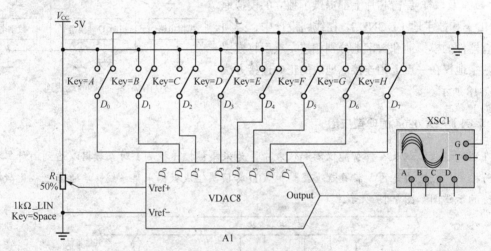

图 7-20　D/A 转换仿真电路图

（2）$D_0 \sim D_7$ 为输入的数据；V_{ref+} 和 V_{ref-} 的电压差是 D/A 转换器的满度电压，通过电位器 R_1 进行调节；Output 为输出的模拟电压。设置好满度电压后，将数码依次从低位置 0。仿真结果如图 7-21 所示，可以看到最高位的权重最大。

2. 试 A/D 转换器的使用（逐次逼近型）

（1）按图 7-22 所示电路图连线，LED 作为输出的指示。

（2）V_{ref+} 和 V_{ref-} 的电压差是 A/D 转换器的满度电压，V_{in} 是通过电位器 R_1 来调节的模拟电压；

SOC 是时钟脉冲，OE 是转换使能。连接好电路后，将 OE 由低电平置高，发出转换命令，就可以通过 LED 指示灯看到转换的数码。

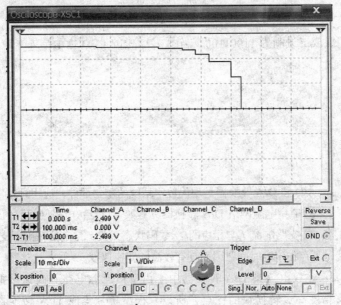

图 7-21　D/A 转换电路仿真结果

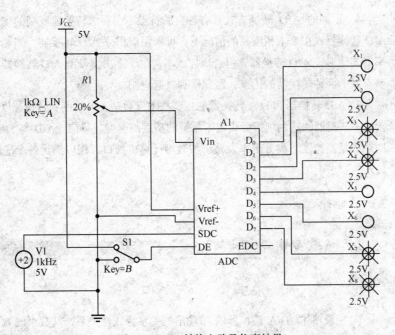

图 7-22　A/D 转换电路及仿真结果

（3）举例说明

当输入模拟电压为 4V 时，转换输出的数码结果如图 7-22 中的 LED 指示结果所示。

由于

$$\frac{V_m}{V_{in}} = \frac{C_m}{C_{in}}$$

其中，V_m 代表满度电压 5 V，V_{in} 代表输入的模拟电压（也就是需要转换的模拟量），C_m 代表该 A/D 转换器能够转换的最大数码，C_{in} 代表输入电压对应的转换后的数码。

$$\frac{5}{4} = \frac{255}{C_{in}}$$

$$C_{in} = 204$$

$C_{in} = 204$，转换成二进制为 11001100，与图 7-22 中的 LED 指示结果一致。

小结

1. A/D 和 D/A 转换器是现代数字系统的重要部件，应用日益广泛。

2. 倒 T 型电阻网络 D/A 转换器具有如下特点：电阻网络阻值仅有两种，即 R 和 2R；各 2R 支路电流 I_i 与相应的 D_i 数码状态无关，是定值；由于支路电流流向运放反相端时不存在传输时间，因而具有较高的转换速度。

3. 在权电流型 D/A 转换器中，由于恒流源电路和高速模拟开关的运用使其具有精度高、转换快的优点，所以双极型单片集成 D/A 转换器多采用此种类型电路。

4. 不同的 A/D 转换方式具有各自的特点，在要求转换速度高的场合，选用并行 A/D 转换器；在要求精度高的情况下，可采用双积分 A/D 转换器，当然也可选高分辨率的其他形式 A/D 转换器，但会增加成本。由于逐次比较型 A/D 转换器在一定程度上兼有以上两种转换器的优点，因此得到普遍应用。

5. A/D 转换器和 D/A 转换器的主要技术参数是转换精度和转换速度，在与系统连接后，转换器的这两项指标决定了系统的精度与速度。目前，A/D 与 D/A 转换器的发展趋势是高速度、高分辨率及易于与微型计算机接口，用以满足各个应用领域对信号处理的要求。

习题

7-1 设 8 位 D/A 转换器输入/输出的关系为线性关系，其数字码为 $D = 11111111$ 时，$A = +5$ V；$D = 00000000$ 时，$A = 0$ V。现要求 D/A 转换器的输出端输出一个近似梯形曲线的模拟信号，如图 7-23 所示，写出在相应时刻 $t_1 \sim t_{12}$ 应在 D/A 转换器输入端输入的数字信号。

7-2 在权电阻 D/A 转换器中，若 $n = 6$，并选最高数位 MSB 的权电阻 $R = 10 \text{ k}\Omega$，试求其余各位权电阻的阻值为多少？（权电阻 D/A 转换器的工作原理可自行查阅相关资料）

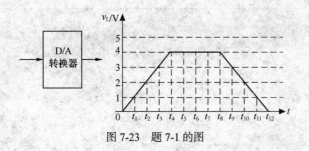

图 7-23　题 7-1 的图

7-3　10 位倒 T 形电阻网络 D/A 转换器如图 7-24 所示,当 $R = R_f$ 时,试求:(1)若 $v_R = 0.5$ V,输出电压的取值范围;(2)若要求电路输入数字量为 200H 时输出电压 $v_O = 5$ V,v_R 应取何值?

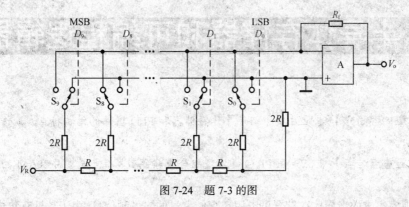

图 7-24　题 7-3 的图

7-4　设 4 位 A/D 转换器输入/输出的关系为线性关系,当 $A = +5$ V 时,$D = 1111$;$A = 0$ V 时,$D = 0000$,试将图 7-25 所示的模拟信号变换为数字信号(按图示时间间隔采样)。

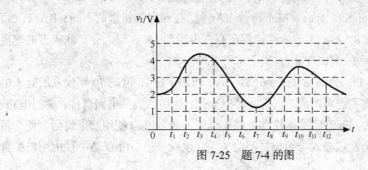

图 7-25　题 7-4 的图

7-5　在逐次逼近型 4 位 A/D 转换器中,若 $v_R = 5$ V,输入电压 $v_I = 3.75$ V,试问其输出 $D_3 \sim D_0$ 应为多少?

第8章

半导体存储器和可编程逻辑器件

【本章内容简介】本章主要介绍半导体存储器和 PLD 器件的结构特点、工作原理和使用方法。

【本章重点难点】重点是用 PROM 实现组合逻辑函数；难点是多片 RAM 的字和位同时扩展。

大规模集成的半导体存储器可以用来存储大量的二进制信息。由于其具有集成度高、功耗低、速度快、体积小、价格便宜等优点. 所以被广泛用于各种数字系统中。

根据功能的不同，半导体存储器可以分为只读存储器（Read-Only Memory，ROM）和随机存取存储器（Random Access Memory，RAM）。按照存储机理的不同，RAM 又可分为静态 RAM 和动态 RAM。半导体存储器还有双极型和 MOS 型之分，双极型的速度快，但功耗大；MOS 型的集成度高、功耗小。

可编程逻辑器件（Programmable Logic Device，PLD）是 20 世纪 70 年代发展起来的一种通用的可编程的数字逻辑电路。它是一种标准化、通用的数字电路器件，集门电路、触发器、多路选择开关、三态门等器件和电路连线于一身。PLD 使用起来灵活方便，可以根据逻辑设计要求来设定输入与输出之间的关系，也就是说，PLD 是一种由用户配置逻辑功能的器件。

8.1 只读存储器

在数字系统中，向存储器中存入信息称为写入，从存储器中取出信息称为读出。在用专用装置向 ROM 写入数据后，即使 ROM 掉电，数据也不会丢失，所以一般用它来存储固定不变的信息。

只读存储器因工作时其内容只能读出而得名，常用于存储数字系统及计算机中不需改写的数据，如数据转换表及计算机操作系统程序等。ROM（Read-Only Memory）存储的数据不会因断电而消失，即具有非易失性。

8.1.1　ROM 的分类

根据存入数据方式的不同，只读存储器可分为固定 ROM 和可编程 ROM。与 RAM 不同，ROM 一般需由专用装置写入数据。按照数据写入方式特点不同，ROM 可分为以下几种。

（1）固定 ROM

固定 ROM 也称掩膜 ROM，这种 ROM 在制造时，厂家利用掩膜技术直接把数据写入存储器中，ROM 制成后，其存储的数据也就固定不变了，用户对这类芯片无法进行任何修改。

（2）一次性可编程 ROM（PROM）

PROM 在出厂时，存储内容全为 1（或全为 0），用户可根据自己的需要，利用编程器将某些单元改写为 0（或 1）。PROM 一旦进行了编程，就不能再修改了。

（3）紫外线可擦除 EPROM

EPROM 内容可改写，在 25 V 的电压下可利用通用或专用设备向芯片写入用户所需的数据。当不需要 EPROM 中的原有信息时，可以将它擦除后重写，可用 EPROM 擦除器产生的强紫外线，对 EPROM 照射 10～20min，使全部存储单元恢复全 1 后，就可以写入新的信息。

常用的 EPROM 有 2716，2732，27512 等，即标号以 27 打头的芯片都是 EPROM。

（4）电可擦除可编程 ROM（E^2PROM）

E^2PROM 是近年来被广泛使用的一种只读存储器，它被称为电擦除可编程只读存储器，有时也写作 EEPROM。其主要特点是能在应用系统中进行在线改写，并能在断电的情况下保存数据而不需保护电源。特别是最近出现的+5 V 电擦除 E^2PROM，通常不需单独的擦除操作，就可在写入过程中自动擦除，使用非常方便。以 28 打头的系列芯片都是 E^2PROM。

E^2PROM 的电擦除过程就是改写过程，它具有 ROM 的非易失性，又具备类似 RAM 的功能，可以随时改写（可重复擦写 1 万次以上）。目前，大多数 E^2PROM 芯片内部都备有升压电路。因此，只需提供单电源供电，便可进行读、擦除/写操作，这为数字系统的设计和在线调试提供了极大方便。

（5）快闪存储器（Flash Memory）

快闪存储器又称为快速擦写存储器，是由 Intel 公司首先发明的，它是近年来较为流行的一种新型半导体存储器件。它在不加电的情况下，信息可以保存 10 年，可以在线进行擦除和改写。Flash Memory 是在 E^2PROM 基础上发展起来的，属于 E^2PROM 类型，其编程方法和 E^2PROM 类似，但 Flash Memory 不能按字节擦除。Flash Memory 既具有 ROM 非易失性的优点，又具有存取速度快、可读可写、集成度高、价格低、耗电省的优点，目前被广泛使用。Flash Memory 的型号也以 28 打头。

（6）串行 E^2PROM

上述介绍的存储器都是并行的，每块芯片都需要若干根地址总线和 8 位的数据总线。为了节省总线的引线数目，可以采用具有串行总线的 E^2PROM，即不同于传统存储器的串行 E^2PROM 芯片。对于二线制总线 E^2PROM，它用于需要 I^2C 总线的应用中，目前较多的应用在单片机的设计中。器件型号以 24 或 85 打头的芯片都是二线制 I^2C 串行 E^2PROM。其基本的总线操作端只有两个：串行时钟端 SCL 和串行数据/地址端 SDA。在 SDA 端，E^2PROM 根据 I^2C 总线协议串行传输地址信号和数据信号。串行 E^2PROM 的优点是引线数目大大减少，目前已被广泛使用。

8.1.2 ROM 的结构及工作原理

1. ROM 的内部结构

由地址译码器和存储矩阵组成，图 8-1 所示是 ROM 的内部结构示意图。

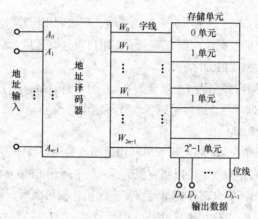

图 8-1 ROM 的内部结构示意图

2. ROM 的基本工作原理

（1）ROM 电路组成如图 8-2 所示。

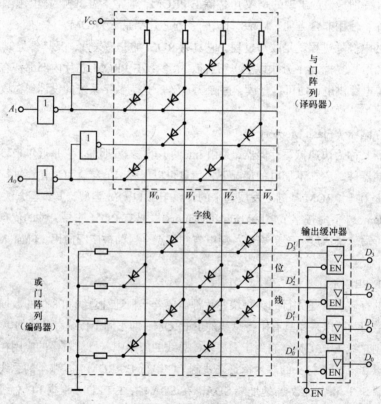

图 8-2 二极管 ROM 电路

输入地址码是 A_1A_0，输出数据是 $D_3D_2D_1D_0$。输出缓冲器用的是三态门，它有两个作用，一是提高带负载能力；二是实现对输出端状态的控制，以便于和系统总线的连接。

其中与门阵列组成译码器，或门阵列构成存储阵列，其存储容量为 4×4＝16 位。

（2）输出信号表达式

与门阵列输出表达式

$$W_0 = \overline{A_1}\,\overline{A_0} \qquad W_1 = \overline{A_1}A_0 \qquad W_2 = A_1\overline{A_0} \qquad W_3 = A_1A_0$$

或门阵列输出表达式

$$D_0 = W_0 + W_2 \qquad\qquad D_1 = W_1 + W_2 + W_3$$
$$D_2 = W_0 + W_2 + W_3 \qquad\qquad D_3 = W_1 + W_3$$

（3）ROM 输出信号真值表

ROM 输出信号的真值表如表 8-1 所示。

表 8-1　　　　　　　　　　　　　ROM 输出信号真值表

A_1	A_0	D_3	D_2	D_1	D_0
0	0	0	1	0	1
0	1	1	0	1	0
1	0	0	1	1	1
1	1	1	1	1	0

（4）功能说明

从存储器角度看，A_1A_0 是地址码，$D_3D_2D_1D_0$ 是数据。表 8-1 说明：在 **00** 地址中存放的数据是 **0101**；**01** 地址中存放的数据是 **1010**，**10** 地址中存放的是 **0111**，**11** 地址中存放的是 **1110**。

从函数发生器角度看，A_1、A_0 是两个输入变量，D_3、D_2、D_1、D_0 是 4 个输出函数。表 8-1 说明：当变量 A_1、A_0 取值为 **00** 时，函数 $D_3 = 0$、$D_2 = 1$、$D_1 = 0$、$D_0 = 1$；当变量 A_1、A_0 取值为 **01** 时，函数 $D_3 = 1$、$D_2 = 0$、$D_1 = 1$、$D_0 = 0$、……

从译码编码角度看，与门阵列先对输入的二进制代码 A_1A_0 进行译码，得到 4 个输出信号 W_0、W_1、W_2、W_3，再由或门阵列对 $W_0 \sim W_3$ 4 个信号进行编码。表 8-1 说明：W_0 的编码是 **0101**；W_1 的编码是 **1010**；W_2 的编码是 **0111**；W_3 的编码是 **1110**。

8.1.3　ROM 的应用

由于 ROM 在掉电时信息不丢失，所以常用来存储固定的数据和专用程序。另外，还可以利用 ROM 实现指定的逻辑函数、产生脉冲信号、进行算术运算、进行不同数制间的转换及查表等功能。

1. 存储数据、程序

单片机系统都含有一定单元的程序存储器 ROM（用于存放编好的程序和表格常数）。图 8-3 是以 EPROM2716 作为外部程序存储器的单片机系统。

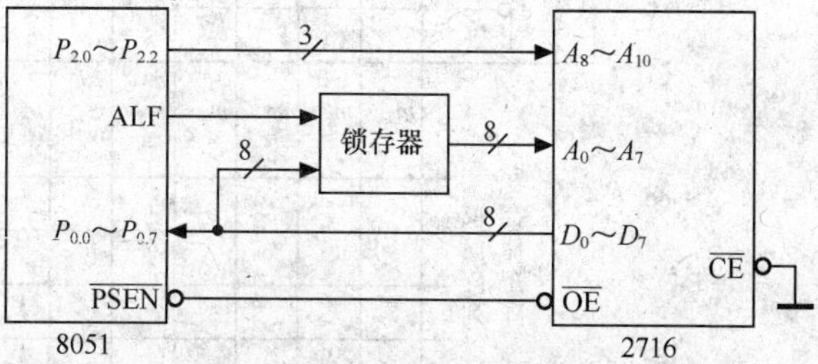

图 8-3　单片机系统的外部存储器

2. 作函数运算表电路

数学运算是数控装置和数字系统中需要经常进行的操作，如果事先把要用到的基本函数变量在一定范围内的取值和相应的函数取值列成表格，写入只读存储器中，则在需要时只要给出规定"地址"就可以快速地得到相应的函数值。这种 ROM，实际上已经成为函数运算表电路。

3. 实现组合逻辑函数

ROM 除用作存储器外，还可以用来实现各种组合逻辑函数。若把 ROM 的 n 位地址端作为逻辑函数的输入变量，则 ROM 的 n 位地址译码器的输出就是由输入变量组成的 2^n 个最小项，而存储矩阵把有关的最小项相或后输出，就获得了输出函数。

从 ROM 的逻辑结构示意图可知，只读存储器的基本部分是与门阵列和或门阵列，与门阵列实现对输入变量的译码，产生变量的全部最小项，或门阵列完成有关最小项的或运算，因此从理论上讲，利用 ROM 可以实现任何组合逻辑函数。

【例 8.1】 试用 ROM 实现下列函数：

$$Y_1 = \overline{A}\,\overline{B}C + \overline{A}B\overline{C} + A\overline{B}\,\overline{C} + ABC$$

$$Y_2 = BC + CA$$

$$Y_3 = \overline{A}\,\overline{B}\,\overline{C}\,\overline{D} + \overline{A}\,\overline{B}CD + \overline{A}BC\overline{D} + A\overline{B}\,\overline{C}D + AB\overline{C}\,\overline{D} + ABCD$$

$$Y_4 = ABC + ABD + ACD + BCD$$

解：（1）写出各函数的标准与或表达式

按 A、B、C、D 顺序排列变量，将 Y_1、Y_2、Y_3、Y_4 扩展成为四变量逻辑函数。

$$Y_1 = \sum m(2,3,4,5,8,9,14,15)$$

$$Y_2 = \sum m(6,7,10,11,14,15)$$

$$Y_3 = \sum m(0,3,6,9,12,15)$$

$$Y_4 = \sum m(7,11,13,14,15)$$

（2）选用 16×4 位 ROM，画存储矩阵连线图。

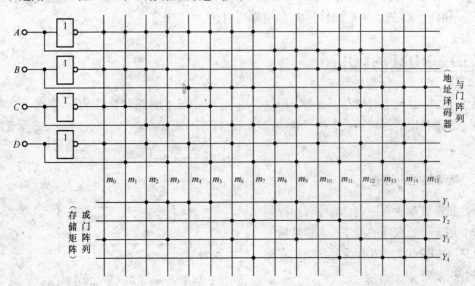

图 8-4　例 8.1 ROM 存储矩阵连线图

从上例可以看出，用 PROM 能够实现任何与或标准式的组合逻辑函数，方法非常简单，根据要实现函数的与或标准式（或列出该函数的真值表），使其有关的最小项相或，即可直接画出存储矩阵的编程图。

4．用 ROM 进行数制转换

如果 ROM 的地址译码器输入 8 位二进制数码，而在存储器中存储与每个二进制数码相对应的 BCD 码，就可以将输入的二进制数转换成 BCD 码输出。可见，用 ROM 可以实现数制之间的转换。

ROM 的应用非常灵活，使用者可以根据具体情况灵活设计使用。

8.1.4　常用 EPROM 举例——2764

EPROM 2764 的逻辑符号如图 8-5 所示，其外形和引脚信号如图 8-6 所示。

在正常使用时，$V_{CC} = +5$ V、V_{IH} 为高电平，即 V_{PP} 引脚接+5V、$\overline{PGM}$ 引脚接高电平，数据由数据总线输出。在进行编程时，$\overline{PGM}$ 引脚接低电平，V_{PP} 引脚接高电平（编程电平+25 V），数据由数据总线输入。

图 8-5　标准 28 脚双列直插 EPROM 2764 逻辑符号

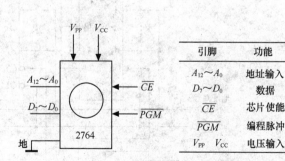

图 8-6　Intel 2764 EPROM 的外形和引脚信号

$\overline{OE}$：输出使能端，用来决定是否将 ROM 的输出送到数据总线上去，当 $\overline{OE} = 0$ 时，输出可以被使能，当 $\overline{OE} = 1$ 时，输出被禁止，ROM 数据输出端为高阻态。

$\overline{CS}$：片选端，用来决定该片 ROM 是否工作，当 $\overline{CS} = 0$ 时，ROM 工作，当 $\overline{CS} = 1$ 时，ROM 停止工作，且输出为高阻态（无论 $\overline{OE}$ 为何值）。

ROM 输出能否被使能取决于 $\overline{CS} + \overline{OE}$ 的结果，当 $\overline{CS} + \overline{OE} = 0$ 时，ROM 输出使能，否则将

被禁止，输出端为高阻态。另外，当$\overline{CS}=1$时，还会停止对 ROM 内部的译码器等电路供电，其功耗降低到 ROM 工作时的 10%以下，这样会使整个系统中 ROM 芯片的总功耗大大降低。

8.1.5 ROM 容量的扩展

（1）字长的扩展

现有型号的 EPROM，输出多为 8 位。图 8-7 所示是将两片 2764 扩展成 16 k×16 位 EPROM 的连线图。

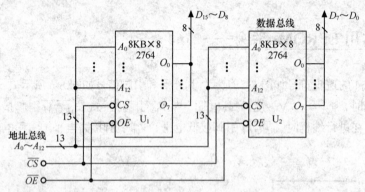

图 8-7 两片 2764 扩展成 16k×16 位 EPROM 的连线图

（2）字数扩展

图 8-8 所示为用 8 片 2764 扩展成 64k×8 位 EPROM。

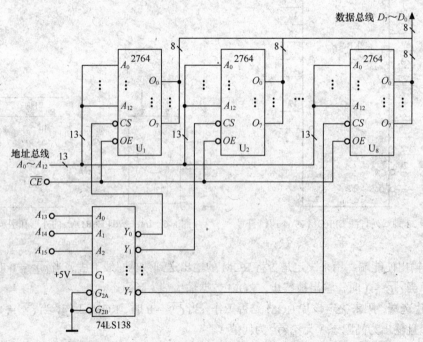

图 8-8 8 片 2764 扩展成 64k×8 位 EPROM 的连线图

8.2　随机存取存储器

随机存取存储器又叫读/写存储器，它具有与 ROM 类似的功能。RAM 与 ROM 的主要区别有两点：其一，RAM 可以随时从任一存储单元中读取数据，或向存储器中写入数据，读/写方便是它最大的优点；其二，RAM 一旦掉电，所存储的数据将随之丢失，所以它不适于用作需要长期保存信息的存储器。

随机存取存储器可分为静态 RAM 和动态 RAM 两类。动态 RAM 的集成度高、功耗小，但不如静态 RAM 使用方便。一般大容量存储器用动态 RAM，小容量存储器用静态 RAM。

存储器的容量 = 字长（n）×字数（m）

8.2.1　RAM 的基本结构

RAM 由存储矩阵、地址译码器、读写控制器、输入/输出控制、片选控制等几部分组成，如图 8-9 所示。

1. 存储矩阵

RAM 的核心部分是一个寄存器矩阵，用来存储信息，称为存储矩阵。

图 8-10 所示是 1 024×1 位的存储矩阵和地址译码器，属多字 1 位结构，1 024 个字排列成 32×32 的矩阵，中间的每一个小方块代表一个存储单元。为了存取方便，给它们编上号，32 行编号为 X_0，X_1，…，X_{31}，32 列编号为 Y_0，Y_1，…，Y_{31}。这样每一个存储单元都有了一个固定的编号（X_i 行、Y_j 列），称为地址。

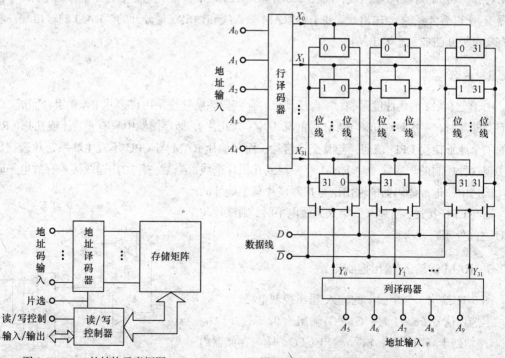

图 8-9　RAM 的结构示意框图　　　　图 8-10　1 024×1 位 RAM 的存储矩阵

2. 址译码器

址译码器的作用，是将寄存器地址所对应的二进制数译成有效的行选信号和列选信号，从而选中该存储单元。

存储器中的地址译码器常用双译码结构。上例中，行地址译码器用 5 输入 32 输出的译码器，地址线（译码器的输入）为 A_0, A_1, …, A_4，输出为 X_0, X_1, …, X_{31}；列地址译码器也用 5 输入 32 输出的译码器，地址线（译码器的输入）为 A_5, A_6, …, A_9，输出为 Y_0, Y_1, …, Y_{31}，这样共有 10 条地址线。例如，输入地址码 $A_9A_8A_7A_6A_5A_4A_3A_2A_1A_0$ = 0000000001，则行选线 X_1 = 1、列选线 Y_0 = 1，选中第 X_1 行第 Y_0 列的那个存储单元。从而对该寄存器进行数据的读出或写入。

3. 读/写控制

访问 RAM 时，对被选中的寄存器，究竟是读还是写，通过读/写控制线进行控制。如果是读，则被选中单元存储的数据经数据线、输入/输出线传送给 CPU；如果是写，则 CPU 将数据经过输入/输出线、数据线存入被选中单元。

一般 RAM 的读/写控制线高电平为读，低电平为写；也有的 RAM 读/写控制线是分开的，一根为读，另一根为写。

4. 输入/输出

RAM 通过输入/输出端与计算机的中央处理单元（CPU）交换数据，读出时它是输出端，写入时它是输入端，即一线二用，由读/写控制线控制。输入/输出端数据线的条数，与一个地址中所对应的寄存器位数相同，如在 1 024×1 位的 RAM 中，每个地址中只有 1 个存储单元（1 位寄存器），因此只有 1 条输入/输出线；而在 256×4 位的 RAM 中，每个地址中有 4 个存储单元（4 位寄存器），所以有 4 条输入/输出线。也有的 RAM 输入线和输出线是分开的。RAM 的输出端一般都具有集电极开路或三态输出结构。

5. 片选控制

由于受 RAM 的集成度限制，一台计算机的存储器系统往往是由许多片 RAM 组合而成。CPU 访问存储器时，一次只能访问 RAM 中的某一片（或几片），即存储器中只有一片（或几片）RAM 中的一个地址接受 CPU 访问，与其交换信息，而其他片 RAM 与 CPU 不发生联系，片选就是用来实现这种控制的。通常一片 RAM 有一根或几根片选线，当某一片的片选线接入有效电平时，该片被选中，地址译码器的输出信号控制该片某个地址的寄存器与 CPU 接通；当片选线接入无效电平时，则该片与 CPU 之间处于断开状态。

6. RAM 的输入/输出控制电路

图 8-11 给出了一个简单的输入/输出控制电路。

当选片信号 CS = 1 时，G_5、G_4 输出为 0，三态门 G_1、G_2、G_3 均处于高阻状态，输入/输出（I/O）端与存储器内部完全隔离，存储器禁止读/写操作，即不工作。

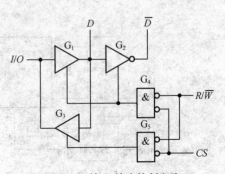

图 8-11 输入/输出控制电路

当 $CS = 0$ 时，芯片被选通。

当 $R/\overline{W} = 1$ 时，G_5 输出高电平，G_3 被打开，于是被选中的单元所存储的数据出现在 I/O 端，存储器执行读操作；

当 $R/\overline{W} = 0$ 时，G_4 输出高电平，G_1、G_2 被打开，此时加在 I/O 端的数据以互补的形式出现在内部数据线上，并被存入到所选中的存储单元，存储器执行写操作。

7．RAM 的工作时序

为保证存储器准确无误地工作，加到存储器上的地址、数据和控制信号必须遵守几个时间边界条件。

图 8-12 示出了 RAM 读出过程的定时关系。读出操作过程如下：

（1）欲读出单元的地址加到存储器的地址输入端；

（2）加入有效的选片信号 CS；

（3）在 $R/\overline{W}$ 线上加高电平，经过一段延时后，所选择单元的内容出现在 I/O 端；

（4）让选片信号 CS 无效，I/O 端呈高阻态，本次读出过程结束。

由于地址缓冲器、译码器及输入/输出电路存在延时，在地址信号加到存储器上之后，必须等待一段时间 t_{AA}，数据才能稳定地传输到数据输出端，这段时间称为地址存取时间。如果在 RAM 的地址输入端已经有稳定地址的条件下，加入选片信号，从选片信号有效到数据稳定输出，这段时间间隔记为 t_{ACS}。显然在进行存储器读操作时，只有在地址和选片信号加入，且分别等待 t_{AA} 和 t_{ACS} 以后，被读单元的内容才能稳定地出现在数据输出端，这两个条件必须同时满足。图 8-12 中 t_{RC} 为读周期，它表示该芯片连续进行两次读操作必须的时间间隔。

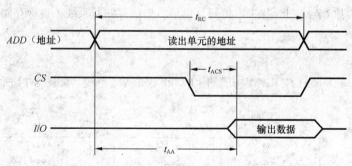

图 8-12　RAM 读操作时序图

写操作的定时波形如图 8-13 所示。写操作过程如下：

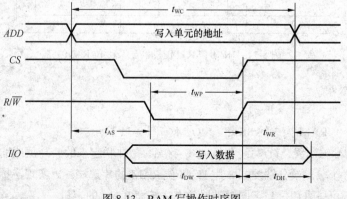

图 8-13　RAM 写操作时序图

（1）将欲写入单元的地址加到存储器的地址输入端；

（2）在选片信号 CS 端加上有效电平，使 RAM 选通；

（3）将待写入的数据加到数据输入端；

（4）在 $R/\overline{W}$ 线上加入低电平，进入写工作状态；

（5）使选片信号无效，数据输入线回到高阻状态。

由于地址改变时，新地址的稳定需要经过一段时间，如果在这段时间内加入写控制信号（即 $R/\overline{W}$ 变低），就可能将数据错误地写入其他单元。为防止这种情况出现，在写控制信号有效前，地址必须稳定一段时间 t_{AS}，这段时间称为地址建立时间。同时在写信号失效后，地址信号至少还要维持一段写恢复时间 t_{WR}。为了保证速度最慢的存储器芯片的写入，写信号有效的时间不得小于写脉冲宽度 t_{WP}。此外，对于写入的数据，应在写信号 t_{DW} 时间内保持稳定，且在写信号失效后继续保持 t_{DH} 时间。在时序图中还给出了写周期 t_{WC}，它反应了连续进行两次写操作所需要的最小时间间隔。对大多数静态半导体存储器来说，读周期和写周期是相等的，一般为十几到几十纳秒。

存储单元是存储器的核心部分，按工作方式不同可分为静态和动态两类，按所用元件类型又可分为双极型和 MOS 型两种，因此存储单元电路形式多种多样。

8.2.2　RAM 存储容量的扩展

在数字系统或计算机中，单片存储器芯片常不能满足存储容量的要求。在需要大容量的存储器时，通常是将多片 RAM 组合起来以扩展其容量，构成存储器系统（也称存储体）。

1．位扩展

用 8 片 1 024（1K）×1 位 RAM 构成的 1 024×8 位 RAM 系统，如图 8-14 所示。

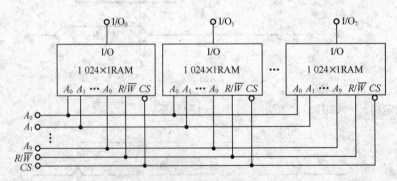

图 8-14　1K×1 位 RAM 扩展成 1K×8 位 RAM

2．字扩展

用 8 片 1K×8 位 RAM 构成的 8K×8 位 RAM 如图 8-15 所示。

图 8-15 中输入/输出线，读/写线和地址线 $A_0 \sim A_9$ 是并联起来的，高位地址码 A_{10}、A_{11} 和 A_{12} 经 74138 译码器 8 个输出端分别控制 8 片 1K×8 位 RAM 的片选端，以实现字扩展。

如果需要，还可以采用位与字同时扩展的方法扩大 RAM 的容量。

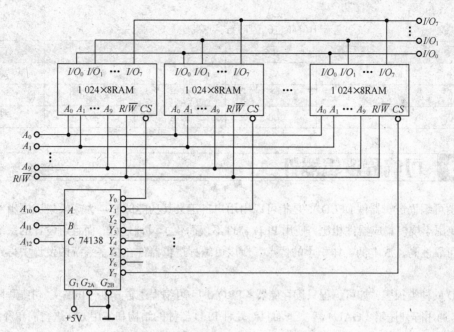

图 8-15　1K×8 位 RAM 扩展成 8K×8 位 RAM

8.2.3　RAM 的芯片简介

1. 芯片引脚排列图

图 8-16 所示是 2K×8 位静态 CMOS RAM6116 的引脚排列图。$A_0 \sim A_{10}$ 是地址码输入端，$D_0 \sim D_7$ 是数据输出端，$\overline{CS}$ 是选片端，$\overline{OE}$ 是输出使能端，$\overline{WE}$ 是写入控制端。

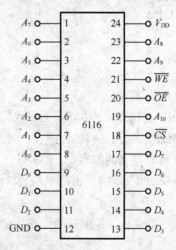

图 8-16　静态 RAM　6116 引脚排列图

2. 芯片工作方式和控制信号之间的关系

表 8-2 所列是 6116 的工作方式与控制信号之间的关系，读出和写入线是分开的，而且写入优先。

表 8-2　　　　　　　　　静态 RAM6116 工作方式与控制信号之间的关系

$\overline{CS}$	$\overline{OE}$	$\overline{WE}$	$A_0 \sim A_{10}$	$D_0 \sim D_7$	工 作 状 态
1	×	×	×	高阻态	低功耗维持
0	0	1	稳定	输出	读
0	×	0	稳定	输入	写

8.3 可编程逻辑器件

所谓可编程逻辑器件（PLD），是指可以由用户自定义其功能的一类大规模集成逻辑器件的总称。与使用小规模集成器件相比，使用 PLD 器件不仅简化了设计过程，而且所设计的系统具有性能好、可靠性高、成本低、体积小的优点。所以可编程逻辑器件在数字系统的设计中得到了广泛的应用。

PLD 的种类很多，如可编程只读存储器（PROM）、可编程逻辑阵列（PLA）、可编程阵列逻辑（PAL）、通用阵列逻辑（GAL）等。下面只对几种 PLD 器件的结构和使用方法进行简单介绍。

PLD 的基本结构可由图 8-17 所示的框图表示。PLD 器件的核心部分是由一个与阵列和一个或阵列组成的。输入数据通过输入电路送到与阵列并完成与运算，生成乘积项（即与项）；乘积项又送到或阵列中，在或阵列中对各乘积项进行组合，从而产生与或逻辑（即生成与或逻辑函数）。用户可以对其中的一个阵列编程，也可以同时对两个阵列编程。PLD 器件最终的逻辑功能是由用户编程决定的。

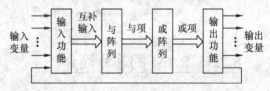

图 8-17　PLD 的基本结构框图

8.3.1　PLD 的电路表示法

1. PLD 的连线方式

图 8-18 所示是 PLD 使用的 3 种连线方式。

（1）黑点（·）表示该点是固定连接点。芯片出厂时已经被确定为永久性连接点，用户不能改变其连接方式。

（2）叉（×）表示该点为用户可自定义的编程点。芯片出厂时此点是接通的，保留"×"表示该单元存 1，去掉"×"表示该单元存 0。

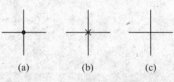

图 8-18　PLD 的 3 种连线方式

（3）既无"·"也无"×"处，表示该点是断开的，或是在编程时被擦除的。

2. PLD 的输入/输出缓冲器

PLD 的输入和输出电路一般都是由缓冲器组成的，以增强带负载能力，图 8-19 所示是各种缓冲器的符号。

（1）图 8-19(a)所示是输入缓冲器的符号，它有两个输出端，$F_1 = \overline{A}$，$F_2 = A$。

（2）图 8-19(b)所示是三态输出缓冲器的符号，其输出状态由控制端 EN 和 $\overline{EN}$ 控制。

（3）图 8-19(c)所示是带反馈的三态输出缓冲器的符号。当 $EN=1$ 时，I/O 端作为输出端使用；当 $\overline{EN}=0$ 时，I/O 端作为输入端使用，此时 $B=I$，$C=\overline{I}$。

3．PLD 器件中逻辑门电路的表示法

图 8-20 所示是几种 PLD 逻辑门电路的表示法。

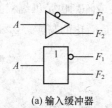

(a) 输入缓冲器

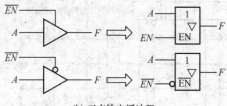

(b) 三态输出缓冲器

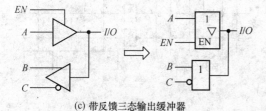

(c) 带反馈三态输出缓冲器

图 8-19　PLD 的输入/输出缓冲器

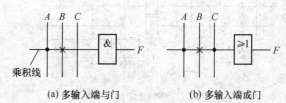

(a) 多输入端与门　　(b) 多输入端或门

图 8-20　PLD 逻辑门电路的表示法

（1）多输入端与门

图 8-20(a)所示是多输入端与门电路。多输入端的与门只用一条输入线，这条线叫乘积线。输入端与乘积线有交点的，则与此点对应的变量是与门的输入变量。例如，图 8-20(a)中 A、B 输入端与乘积线有交点，则 A、B 是与门的输入变量；而 C 输入端与乘积线无交点。则 C 不是与门的输入变量。因此与门的逻辑表达式为 $F=AB$。

（2）多输入端或门

图 8-20(b)所示是多输入端或门电路。A、B、C 输入端均与输入线有交点，所以 A、B、C 都是或门的输入变量。因此或门的逻辑表达式为 $F=A+B+C$。

8.3.2　PLD 器件结构

1．可编程只读存储器（PROM）

PROM 是一种只读存储器。与 ROM 不同的是，用户可以对它进行一次编程，所以 PROM 也属于可编程逻辑器件。

PROM 的 PLD 表示法如图 8-21 所示。它的地址译码器由一个固定的与阵列组成，即与阵列不可编程、它的存储矩阵由一个可编程的或阵列组成。或阵列全部为可编程的单元，用户可以自由处理。

2. 可编程逻辑阵列（PLA）

PLA 是处理逻辑函数的一种更有效的方法，其结构与 ROM 类似，但它的与阵列是可编程的，且不是全译码方式，而是部分译码方式只产生函数所需的乘积项。或阵列也是可编程的，它选择所需要的乘积项来完成或功能。在 PLA 的输出端产生的逻辑函数是简化的与或表达式，图 8-22 所示为 PLA 结构。

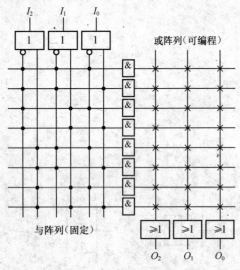

图 8-21 PROM 结构

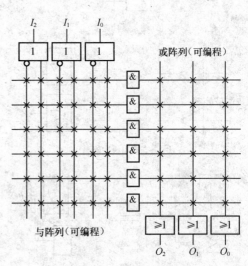

图 8-22 PLA 结构

3. 可编程阵列逻辑（PAL）

PLA 的利用率很高，但是与阵列，或阵列都可编程的结构，造成软件算法过于复杂，运行速度下降。人们在 PLA 后又设计了另外一种可编程器件，即 PAL。PAL 的结构与 PAL 相似，也包含与阵列、或阵列、但是或阵列是固定的，只有与阵列可编程，图 8-23 所示为 PAL 的结构。

上述提到的可编程结构只能解决组合逻辑的可编程问题，而对时序电路却无能为力。由于时序电路是由组合电路及存储单元构成（锁存器、触发器、RAM），对其中的组合电路部分的可编程问题已经解决. 所以只要再加上锁存器、触发器即可。PAL 加上了输出寄存器单元后，就实现了时序电路的可编程。

PAL 一般采用熔丝工艺生产，一次可编程，修改不方便。在中小规模可编程应用领域，PAL 已经被 GAL 取代。

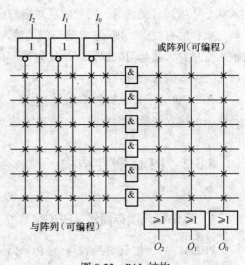

图 8-23 PAL 结构

4．通用阵列逻辑（GAL）

GAL 首次在 PLD 上采用了 E^2PROM 工艺，使得 GAL 具有电可擦除重复编程的特点，彻底解决了熔丝型可编程器件的一次可编程问题，GAL 在"与—或"阵列结构上沿用了 PAL 的与阵列可编程，或阵列固定的结构，但对 PAL 的输出 I/O 结构进行了较大的改进，在 GAL 的输出部分增加了输出逻辑宏单元 OLMC。

GAL 的 OLMC 单元设有多种组态，可配置成专用组合输出、专用输入、组合输出双向口、寄存器输出、寄存器输出双向口等，为逻辑电路设计提供了极大的灵活性。由于具有结构重构和输出端的任何功能均可移到另一输出引脚上的功能，在一定程度上，简化了电路板的布局布线，使系统的可靠性进一步得到了提高。

由于 GAL 是在 PAL 的基础上设计的，其与许多种 PAL 器件保持兼容性，GAL 能直接替换许多种 PAL 器件，方便应用厂商升级现有产品。因此，GAL 器件仍被广泛应用。对 GAL 芯片的编程是通过专用的编程器，在软件控制下完成的。

8.3.3　在系统可编程逻辑器件

在系统可编程逻辑器件，简称 ISP 器件，它不同于前面讲述的可编程逻辑器件 PAL 和 GAL。对 GAL 编程需要专用的编程器才能将设计好的 JEDEC 文件下载到芯片中，完成对 GAL 芯片的编程。而 ISP 器件不需要专用的编程器，它可以在编程软件提供的集成环境下，对源程序文件进行输入、编辑，并直接对源程序进行编译、修改，直到生成标准的 JEDEC 文件，然后通过下载电缆将用户系统板与计算机连接后，直接把 JEDEC 文件下载到用户系统板上的芯片中。它使用户在不改动系统电路设计和硬件设置的情况下，可以重构逻辑设计，对它进行反复编程，为系统在今后进行升级、改进提供了极大的方便。ISP 器件集成密度远大于 GAL 器件，并且工作速度很高。以 Lattice 公司的 ISP 器件为例，它有 4 个系列的 ispLSI 器件，其集成密度为数千门到 25 000 门，工作频率高达 180 MHz。

1．ISP 器件组成结构与特点

下面以 Lattice 公司的 isp1016 为例来介绍 ISP 器件的结构和特点。

isp1016 是 Lattice 公司 isp1000 系列中的一种，其功能框图和引脚图如图 8-24 所示。isp1016 的集成密度为等效 2000 门，共有 44 个引脚，其中有 32 个 I/O 引脚、4 个专用输入引脚、3 个时钟输入引脚（$Y0$、$Y1$、$Y2$）、一个专用的编程控制引脚和 4 个电源引脚。在这些引脚中有四个功能引脚和编程引脚复用，它们分别是：$SDI/IN0$，$SDO/IN1$，$SCLK/Y2$，$MODE/IN2$。当编程控制引脚 ispEN 为高电平时，这 4 个引脚为功能引脚 $IN0$、$IN1$、$Y2$、$IN2$；当编程控制引脚 ispEN 为低电平时，这 4 个引脚为编程引脚，分别为 SDI、SDO、$SCLK$ 和 $MODE$ 引脚。特别要说明的是，35 脚是一个功能复用脚 $Y1/RESET$，它可用于时钟输入，也可用于系统复位。默认状态为系统复位端，若要用于时钟输入，则必须通过编译器控制参数来定义。

isp1016 由两个宏块（megablock）、一个全局布线区和一个时钟分配网络组成。每个宏块中包含了 8 个通用逻辑块（GLB）、一个输出布线区、一个输入总线和 18 个引脚，其中 16 个是 I/O 引脚，2 个是专用输入引脚。GLB 的结构类似于 GAL，但比 GAL 更灵活、更完善、功能更强大，系统的主要逻辑功能都在 GLB 中完成。在 isp1016 中，信号的大致流向是：由 I/O 引脚输入信号，经输入总线进入全局布线区，再由全局布线区通过编程选择流向任一个 GLB。GLB 的输出信号，一方面反馈到全局布线区，另一方面经输出布线区，分配到各 I/O 引脚输出。

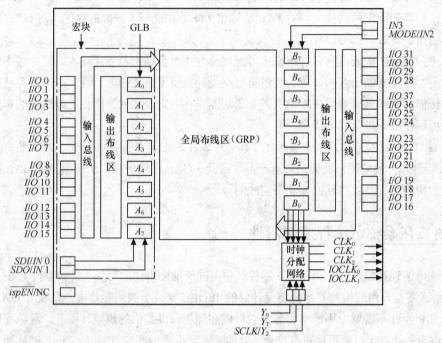

(a) 功能框图

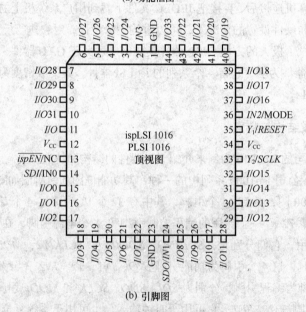

(b) 引脚图

图 8-24　功能框图和引脚图

2．ISP 器件开发系统

可编程逻辑器件的一般开发过程如图 8-25 所示。

首先要明确问题，确定设计要求，然后编写设计源文件，再对设计源文件进行编译，产生标准的 JEDEC 文件（也叫熔丝图文件），并将 JEDEC 文件写入到芯片中（又称下载到芯片），从而完成设计。这一过程中，从设计开始到产生 JEDEC 文件，都需借助计算机，在相应的开发系统软件平台上完成。而将 JEDEC 文件写入到芯片这一过程，则因器件类型不同而不同，对于普通的 PLD 器件，需要用专用的编程器把 JEDEC 文件下载到芯片中，而对于在系统可编程器件，则不需专用编程器，只要用一条下载电缆把计算机与用户系统板相连，就可直接把 JEDEC 文件下载到用户系统板上的 ISP 芯片中。由于后者更方便、快捷，故使用日益广泛，成为当今电子设计的趋势。

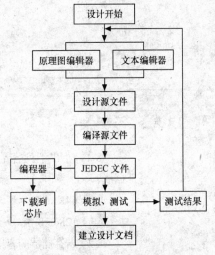

图 8-25　PLD 器件开发流程图

小结

1. 半导体存储器是现代数字系统特别是计算机系统中的重要组成部件，它可分为 RAM 和 ROM 两大类，绝大多数属于 MOS 工艺制成的大规模数字集成电路。

2. ROM 是一种非易失性的存储器，它存储的是固定数据，一般只能被读出。根据数据写入方式的不同，ROM 又可分成固定 ROM 和可编程 ROM。后者又可细分为 PROM、EPROM、E²PROM 和快闪存储器等，特别是 E²ROM 和快闪存储器可以进行电擦写，已兼有了 RAM 的特性。

3. RAM 是一种时序逻辑电路，具有记忆功能。其他存储的数据随电源断电而消失，因此 RAM 是一种易失性的读写存储器。它包含有 SRAM 和 DRAM 两种类型，在不停电的情况下，SRAM 的数据可以长久保持，而 DRAM 则必需定期刷新。

4. 从逻辑电路构成的角度看，ROM 是由与门阵列和或门阵列构成的组合逻辑电路。ROM 的输出是输入最小项的组合，因此采用 ROM 可方便地实现各种逻辑函数。随着大规模集成电路成本的不断下降，利用 ROM 构成各种组合、时序电路，愈来愈具有吸引力。

5. 可编程逻辑器件 PLD 的出现，使数字系统的设计过程和电路结构都大大简化，同时也使电路的可靠性得到了提高。简单的 PLD 器件主要有 PLA、PAL、GAL 等。GAL 是各种 PLD 器件中的理想产品，它的输出具有可编程的逻辑宏单元，可以由用户定义所需的输出状态，具有速度快、功耗低、集成度高等特点。GAL 器件的编程是在开发软件和硬件的支持下完成的。

6. 在系统可编程逻辑器件（ISP-PLD）由于可在用户板上对器件进行编程，使在不改动用户硬件电路的情况下实现对用户产品的改进和升级，也为维护工作带来了极大的方便。

习题

8-1 指出下列容量的存储器各具有多少个存储单元?至少需要多少条地址线和数据线?

（1）64K×4 位

（2）128K×8 位

8-2 若存储器的容量为 1K×4 位，其起始地址为全 0，试计算其最高地址是多少?

8-3 现有容量为 256×8 的 RAM 一片，试回答:

（1）该片 RAM 共有多少个存储单元?

（2）RAM 共有多少个字?字长多少位?

（3）该片 RAM 共有多少条地址线?

（4）访问该片 RAM 时，每次会选中多少个存储单元?

8-4 试将 2114（1 024×4）扩展成 1 024×8 的 RAM，画出连接图。

8-5 把 256×4RAM 扩展成 1 024×4 的 RAM，说明各片的地址范围。

8-6 用 ROM 构成 1 位全加器。设输入量为二进制数 A_i 和 B_i，低位进位为 C_{i-1}。输出量为本位和 S_i，本位进位 C_i。

（1）写出 S_i 和 C_i 的与或表达式。

（2）画出由 ROM 构成的阵列图。

8-7 已知 ROM 的阵列图如图 8-26 所示，请写出该图的逻辑函数表达式，并说明其逻辑功能。

8-8 比较 PLA、PAL、GAL 的异同。

8-9 什么是在系统可编程逻辑器件? 它有什么优点?

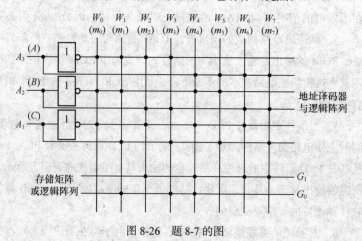

图 8-26 题 8-7 的图

附录一:
常用逻辑符号对照表

名称	国标符号	曾用符号	国外所用符号
与门			
或门			
非门			
与非门			
或非门			
与或非门			
异或门			
同或门			
集电极开路与非门			
三态输出与非门			

名称 \ 符号 说明	国 标 符 号	曾 用 符 号	国外所用符号
传输门	TG	TG	
半加器	Σ CO	HA	HA
全加器	Σ G CO	FA	FA
基本 RS 触发器	S R	S Q R Q̄	S Q R Q̄
同步 RS 触发器	IS CI IR	S Q CP R Q̄	S Q CR R Q̄
上升沿触发 D 触发器	S IO CI R	D Q CP Q̄	D S_D Q CR R_D Q̄
下降沿触发 JK 触发器	S IJ CI IK K	J Q CP K Q̄	J S_D Q CK K R_D Q̄
脉冲触发（主从）JK 触发器	S IJ CI IK K	J Q CP K Q̄	J S_D Q CK K R_D Q̄
带施密特触发特性的与门	& ⊓	⊓	⊓

附录二：

TTL 和 CMOS 逻辑门电路的技术参数

参数 名称	类别（系列）	TTL			CMOS	
		74	74LS	74ALS	74HC	74HCT
输入和输出电流	$I_{IH(max)}/mA$	0.04	0.02	0.02	0.001	0.001
	$I_{IL(max)}/mA$	1.6	0.4	0.1	0.001	0.001
	$I_{OH(max)}/mA$	0.4	0.4	0.4	4	4
	$I_{OL(max)}/mA$	16	8	8	4	4
输入和输出电压	$V_{IH(max)}/V$	2.0	2.0	2.0	3.5	2.0
	$V_{IL(max)}/V$	0.8	0.8	0.8	1.0	0.8
	$V_{OH(max)}/V$	2.3	2.7	2.7	4.9	4.9
	$V_{OL(max)}/V$	0.4	0.5	0.4	0.1	0.1
电源电压	V_{CC} 或 V_{DD}/V	4.75 ~ 5.25			2.0 ~ 6.0	
平均传输延迟时间	t_{pd}/ns	9.5	8	2.5	10	13
功耗	P_D/mW	10	4	2.0	0.8	0.5
扇出数	N_O	10	20		≥50	≥50
噪声容限	V_{NL}/V	0.4	0.3	0.4	0.9	0.7
	V_{NH}/V	0.4	0.7	0.7	1.4	2.9

附录三：

TTL74 系列常用集成电路国内外型号对照表

名　　称	国产型号	参考型号	国外型号	插座引脚数
四 2 输入与非门	CT74LS00	T4000	74LS00	14
四 2 输入或非门	CT74LS02	T4002	74LS02	14
六反相器	CT74LS04	T4004	74LS04	14
四 2 输入与门	CT74LS08	T4008	74LS08	14
四 2 输入与门（OC）	CT74LS09	T4009	74LS09	14
双 4 输入与非门	CT74LS20	T4020	74LS20	14
双 4 输入与门	CT74LS21	T4021	74LS21	14
双 4 输入或门	CT74LS32	T4032	74LS32	14
4 线-10 线译码器（BCD 输入）	CT74LS42	T4042	74LS42	16
4 线-七段译码器驱动器（BCD 输入，有上拉电阻）	CT74LS48	T4048 T1048	74LS48	16
4 线-七段译码器驱动器（BCD 输入，OC）	CT74LS49	T4049	74LS49	14
双上升沿 D 触发器（有预置、清除端）	CT74LS74	T4074	74LS74	14
4 位数值比较器	CT74LS85	T4085	74LS85	14
四 2 输入异或门	CT74LS86	T4086	74LS86	14
双下降沿 JK 触发器（有预置、公共清除端、公共时钟端）	CT74LS114	T4114	74LS114	14
3 线-8 线译码器	CT74LS138	T4138	74LS138	14
双 2 线-4 线译码器	CT74LS139	T4139	74LS139	16
双 4 选 1 数据选择器（有选通端）	CT74LS153	T4153	74LS153	16
4 位二进制同步计数器（有异步清除端）	CT74LS161	T4161	74LS161	16

续表

名　　称	国 产 型 号	参 考 型 号	国 外 型 号	插座引脚数
4 上升沿 D 触发器（有公共清除端）	CT74LS175	T4175	74LS175	16
十进制同步加/减计数器	CT74LS190	T4190	74LS190	16
4 位二进制同步加/减计数器	CT74LS191	T4191	74LS191	16
4 位双向移位寄存器（并行存取）	CT74LS194	T4194	74LS194	16
双单稳态触发器（有施密特触发器）	CT74LS221	T4221	74LS221	14
4 线-七段译码器/驱动器（BCD 输入，OC，15V）	CT74LS247	T4247	74LS247	14
4 线-七段译码器/驱动器（BCD 输入，有上拉电阻）	CT74LS248	T4248	74LS248	16
二-五-十进制计数器	CT74LS290	T4290	74LS290	14

CMOS4000 系列常用集成电路国内外型号对照表

名　称	中　国		国　外　型　号
	型　号	参　考　型　号	
四 2 输入或非门	CC4001	5G803　C3009　C093　C069	CD4001　HEF4001　SCL4001　HCF4001　TC4001　M74C02
超前进位 4 位全加器	CC4008	CH4008　5G843　C632　C662　C692	CD4008　HEF4008　MC14008　TP4008　HCF4008
四 2 输入与非门	CC4011	C066　C036　C006　CH4011	CD4011　HEF4011　SCL4011　HCF4011　TC4011　MC14011　TP4011　MM74C00
双 D 触发器	CC4013	C013　C043　C073　5G822	CD4013　HEF4013　TP4013　HCF4013　TC4013　SCL4013　MC14013　MM74C7
双 4 移位寄存器（串入、并出）	CC4015	CH4015　5G861　C423　C453　C393	CD4015　HEF4015　SCL4015　TP4015　TC4015　MC14015
十进制计数器/译码器	CC4017	CH4017　5G858　C187　C217　C157	CD4017　TP4017　SCL4017　TC4017
双 JK 触发器	CC4027	CH4027　5G824　C044　C074　C014	CD4027　HEF4027　SCL4027　HCF4027　TC4027　MC14027　TP4027　MM74C76
4 线-10 线译码器（BCD 输入）	CC4028	CH4028　5G833　C331　C361　C301	CD4028　HEF4028　MM74C12　TC4028　SCL4028　MC14028
4 线-七段译码器/LCD 驱动器（BCD 输入）	CC4055	C276　C306　CH4217　5G831	CD4055　TC4055
双 4 输入或门	CC4072	C002　C032　C062　5G831	CD4072　HEF4072　TP4072　HCF4072　TC4072　MC14072
双 4 输入与门	CC4082	CH4082　5G809　C031　C061　C001	CD4082　HEF4082　TP4082　HCF4082　TC4082　MC14082
可预置数二-十进制同步可逆计数器	CC4510	C158　C188　C218　CH4510	CD4510　HEF4510　SCL4510　HCF4510　TC4510　MC14510
4 线-16 线译码器	CC4514	C270　C300　C330　CH4514	CD4514　HEF4514　SCL4514　HCF4514　TC4514　MC14514
双单稳态触发器	CC14528	CH4528	MC14528

续表

名　称	中　国		国　外　型　号
	型　号	参　考　型　号	
双 4 通道数据选择器	CC14529	CH4529	MC14529
单定时器	CC7555	CH7555　5G7555	ICL7555
六施密特触发器	CC40106	CG40106　CM40106	CD40106　MC14584
十进制计数/锁存/译码/LED 驱动器	CC40110	C193 CH267　5G8659	CD40110
BCD 加法计数器	CC40162	C180　5G852	CD40162　TC40162　MC14162
可预置数 4 位二进制计数器	CC40193	C184　5G854	CD40193

参考文献

1. 康华光. 电子技术基础数字部分. 第 4 版. 北京：高等教育出版社，2000

2. 阎石. 数字电子技术基础. 第 4 版. 北京：高等教育出版社，1998

3. 徐淑华，宫淑贞. 电工电子技术. 北京：电子工业出版社，2005

4. 周良权，方向乔. 数字电子技术基础. 第二版. 北京：高等教育出版社，2002

5. 黄永定. 电子实验综合实训教程. 北京：机械工业出版社，2004

6. 李中发. 数字电子技术. 北京：中国水利水电出版社，2001

7. 臧春华，郑步生，魏小龙. 电子设计自动化. 北京：机械工业出版社，2004

8. 蔡良伟. 数字电路与逻辑设计. 西安：西安电子科技大学出版社，2003

9. 刘守义. 数字电子技术. 西安：西安电子科技大学出版社，2003

10. 王毓银. 脉冲与数字电路. 第 2 版. 北京：高等教育出版社，1992